Gudrun Sander / Elisabeth Bauer **Strategieentwicklung kurz und klar**

Gudrun Sander / Elisabeth Bauer

Strategieentwicklung kurz und klar

Das Handbuch für Non-Profit-Organisationen

Herausgeber:
Hochschule für Soziale Arbeit Zürich

Haupt Verlag
Bern · Stuttgart · Wien

Gudrun Sander ist mit Non-Profit-Organisationen ebenso vertraut wie mit der Sichtweise von gewinnorientierten Unternehmen. Bevor sie ihre Dissertation in Betriebswirtschaft an der Universität St. Gallen abschloss, arbeitete sie in der Privatwirtschaft und später in verschiedenen HSG-Projekten mit. Seit 1996 ist sie selbständige Organisationsberaterin. Ihre Arbeitsschwerpunkte sind Strategisches Management in Non-Profit-Organisationen, Gleichstellung und Management, Gleichstellungs-Controlling, Controlling, Führung und Organisation. Sie lehrt Betriebswirtschaftslehre und Gendermanagement an der Universität St. Gallen und an verschiedenen Fachhochschulen.

Elisabeth Bauer ist mit Non-Profit-Organisationen ebenso vertraut wie mit der Sichtweise von gewinnorientierten Unternehmen. Bevor sie das Studium in Betriebswirtschaft an der Universität St. Gallen absolvierte, arbeitete sie in verschiedenen Non-Profit-Organisationen als Sozialarbeiterin und Gleichstellungsbeauftragte. Das notwendige Rüstzeug dazu holte sie sich an der Universität Fribourg, wo sie ihr Erststudium in Sozialer Arbeit, Sozialphilosophie und Soziologie abschloss. Heute berät sie Non-Profit-Organsationen in strategischen und anderen betriebswirtschaftlichen Fragen und lehrt Sozialmanagement an verschiedenen Fachhochschulen.

1. Auflage: 2006

Bibliografische Information der *Deutschen Bibliothek*

Die Deutsche Bibliothek verzeichnet diese Publikation in der Deutschen Nationalbibliografie; detaillierte bibliografische Angaben sind im Internet über http://dnb.ddb.de abrufbar.

ISBN 13: 978-3-258-07002-5
ISBN 10: 3-258-07002-4

Alle Rechte vorbehalten
Copyright © 2006 by Haupt Berne
Jede Art der Vervielfältigung ohne Genehmigung des Verlages ist unzulässig
Gestaltung: gdm grafik design meili, wetzikon
Printed in Germany

www.haupt.ch

Vorwort

Non-Profit-Organisationen sind konfrontiert mit immer dynamischeren und komplexeren Entwicklungen in ihrem Umfeld. Zukünftige Entwicklungen von Problem- und Bedarfslagen sind entsprechend schwierig prognostizierbar. Gleichzeitig wachsen die Bedürfnisse der Anspruchsgruppen. Das Treffen langfristiger, die Zukunft der Organisation sichernder Entscheide wird immer anspruchsvoller. Zur wirksamen Bewältigung dieser Problemkonstellationen etablierte sich in der betriebswirtschaftlichen Managementlehre das Strategische Management als eigenständige Disziplin.

Sollen betriebswirtschaftliche Ansätze, ganz im Sinne des sogenannten «Generic Management», unbedacht auf das Management von Non-Profit-Organisationen übertragen werden? Die Antwort ist nein.

Aber die Erkenntnisse insbesondere integrierter, betriebswirtschaftlicher Managementlehren wie des Strategischen Managements bieten einen Fundus, den es zu nutzen gilt. Darauf aufbauend sind Anpassungen an die Besonderheiten des Non-Profit-Bereichs zu leisten. Übernommene Managementmodelle, -konzepte und -instrumente müssen entsprechend weiterentwickelt und wo nötig neue geschaffen werden.

Diesen Ansatz verfolgten wir auch bei der Entwicklung des Nachdiplomstudienganges Master of Advanced Studies (MAS) in Social Management. Das Strategische Management als Mittel zur Bewältigung der eingangs genannten Problemkonstellationen bildet einen zentralen Teil des Curriculums. Aufbauend auf bewährten Ansätzen der betriebswirtschaftlichen Managementlehre, insbesondere dem neuen St. Galler Management-Modell, entwarfen die Dozentinnen Gudrun Sander und Elisabeth Bauer ein auf den Non-Profit-Bereich angepasstes Modell zur Strategieentwicklung. Dieses stiess bei den

Studierenden – alles erfahrene Führungskräfte von Non-Profit-Organisationen – auf ausserordentliches Interesse. In engem Austausch mit diesen und unter Erweiterung aktueller Fallbeispiele bauten Gudrun Sander und Elisabeth Bauer das Modell weiter aus. Der Grundstein für ein spezifisch auf die Situation von Non-Profit-Organisationen ausgerichtetes, sehr praxisbezogenes Handbuch für die Strategieentwicklung war gelegt.

Besonders freut uns, dass der Haupt-Verlag das Handbuch in sein Programm aufgenommen hat. Damit wird das an unserer Hochschule vermittelte und weiterentwickelte Fachwissen im Bereich Sozialmanagement zugänglich für ein breites, interessiertes Fachpublikum und wir können über den Kreis unserer MAS-Absolvierenden hinaus einen Beitrag zur Verbesserung der Praxis des Sozialmanagements leisten.

Für Fortsetzung ist übrigens gesorgt. Die Gestaltung der durch die Strategieentwicklung ausgelösten Veränderungen in Non-Profit-Organisationen wird im geplanten Anschlussband behandelt.

Ich danke allen Beteiligten für ihren grossen Einsatz.

Für die Herausgeberin

Men Kaufmann
Leiter Weiterbildung,
Hochschule für Soziale Arbeit Zürich

Inhaltsverzeichnis

Vorwort   **5**
Einleitung   **11**

1 Einführung ins Strategische Management   **15**
   1.1 Strategiebegriff   15
   1.2 Strategisches Denken   17
   1.3 Strategisches Management   18
   1.4 Die typischen Phasen des Strategieentwicklungsprozesses   19
         Initiierungsphase   21
         Analysephase   22
         Konzeptionsphase   24
         Umsetzungsphase   25
         Laufende Evaluation   25
   1.5 Fallstudie: Entwicklung der Strategie 2010 für ein Mehrspartenhilfswerk   26
         Ausgangslage   26
         Überblick über das Vorgehen bei der Strategieentwicklung   27
         Die einzelnen Schritte des Strategieentwicklungsprozesses   28
         Erfahrungen aus dem Strategieentwicklungsprozess   32
   Zusammenfassung   33

Teil 1 Initiierungsphase   34

2 Den Strategieentwicklungsprozess planen   **36**
   2.1 Strategieentwicklung zwischen Planung und Zufälligkeit   36
   2.2 Instrumente   37
         Bezugsrahmen zur Planung von Strategieentwicklungsprozessen   37
         10 Thesen für die Strategieentwicklung   39
         Strategieentwicklung nach den Regeln des Projektmanagements   40
   Zusammenfassung   43

Teil 2 Analysephase   44

3 Organisation, Management und Führung: Das neue St. Galler Management-Modell   **46**
   3.1 Besonderheiten von Non-Profit-Organisationen   46
   3.2 Das neue St. Galler Management-Modell   48
   Zusammenfassung   52

4 Wertvorstellungen klären: Ansätze für den Umgang mit gesellschaftlicher Verantwortung   **54**
   4.1 Zur Rolle der Organisation in der Gesellschaft   54
   4.2 Instrumente   57
         Wertvorstellungsprofil   57
         Klärung der Interessen und der persönlichen Motivation   58
   Zusammenfassung   59

5 Umweltanalyse — 61
5.1 Strategische Frühaufklärung — 62
5.1.1 Umgang mit Unsicherheit über die zukünftige Entwicklung — 62
5.1.2 Instrumente — 63
- Szenariotechnik — 63
- STEP-Analyse — 65

Zusammenfassung — 67

5.2 Analyse der Anspruchsgruppen (Stakeholder) — 68
5.2.1 Shareholder-Value-Ansatz versus Stakeholder-Value-Ansatz — 68
5.2.2 Instrument — 70
- Relevanz-Matrix der Anspruchsgruppen — 70

Zusammenfassung — 75

5.3 Analyse der Branche und der Mitbewerber — 76
5.3.1 Branchen und ihre Mitglieder im Non-Profit-Bereich — 76
5.3.2 Instrumente/Konzepte — 77
- Konzept der fünf Einflusskräfte — 77
- Konzept der strategischen Gruppen — 79

Zusammenfassung — 82

5.4 Analyse des Marktes und der Kundinnen/Klienten — 83
5.4.1 Marktsegmentierung, Zielgruppendefinition und Positionierung — 83
5.4.2 Instrumente — 88
- Segmentierung — 88
- Nutzwertanalyse — 89

Zusammenfassung — 93

6 Organisationsanalyse — 95
6.1 Analyse der Wertschöpfung — 96
6.1.1 Was ist Wertschöpfung? — 96
6.1.2 Instrumente/Konzepte — 98
- Analyse der Wertkette — 98
- Benchmarking entlang der Wertkette — 101
- Veränderung der Wertkette — 103

Zusammenfassung — 105

6.2 Analyse der Ressourcen und Fähigkeiten — 106
6.2.1 Ressourcen, organisationale Fähigkeiten und Kernfähigkeiten — 106
6.2.2 Instrumente — 107
- Das 7-S-Modell von McKinsey — 107
- Eskalationstreppe zur Prüfung von Fähigkeiten — 109
- Stärken-Schwächen-Analyse — 111

Zusammenfassung — 113

7 Integrierte Betrachtung der Einflusskräfte — 115
7.1 Verbindung von Umwelt- und Organisationsanalyse — 115
7.2 Instrumente/Konzepte — 116
- SWOT-Analyse — 116
- Portfolio-Ansatz — 119
- Gap-Analyse — 124

Zusammenfassung — 127

Teil 3 Konzeptionsphase — 128

8 Abgleichung mit der Organisationspolitik — 131
- 8.1 Vision, Mission, Leitbild — 132
- 8.2 Instrumente — 136
  - Entwicklung eines Leitbildes — 136
- Zusammenfassung — 139

9 Formulierung konkreter Strategien — 141
- 9.1 Strategien auf Ebene der Gesamtorganisation — 142
  - 9.1.1 Dimensionen der Strategien — 143
  - 9.1.2 Instrumente/Konzepte — 144
    - Differenzierung oder Kostenführerschaft — 145
    - Mitspielen oder Verändern der Regeln des Wettbewerbs — 147
    - Konzentration oder Diversifikation — 148
    - Entscheidungskriterien für eine konkrete Strategie — 151
    - Formulierung der Strategie — 152
- 9.2 Strategien auf Ebene der Geschäftseinheiten — 156
  - 9.2.1 Was sind SGF/SGE? — 156
  - 9.2.2 Instrument/Konzept — 157
    - Produkt-Markt-Strategien — 157
  - Zusammenfassung — 161

Teil 4 Umsetzungsphase — 162

10 Operative Planung — 165
- 10.1 Umsetzungsverantwortung, Controllingphilosophie und Scorecards — 166
- 10.2 Instrumente — 167
  - Balanced Scorecard — 167
  - Businessplan (Geschäftsplan) — 170
  - Projektmanagement — 172
- Zusammenfassung — 176

Teil 5 Evaluation — 178

11 Laufende Evaluation — 180
- 11.1 Evaluieren, messen, kontrollieren — 181
- 11.2 Instrumente — 182
  - Prämissenkontrolle — 182
  - Durchführungskontrolle — 182
  - Wirksamkeitskontrolle — 183
- Zusammenfassung — 185

Fallstudie und Ausblick — 186

12 Fallstudie:
Strategische Neupositionierung eines Treffpunkts für Erwerbslose — 187

- 12.1 Worum geht es? — 187
- 12.2 Initiierung — 187
  - Projektplan — 188
  - Bezugsrahmen des Strategieentwicklungsprozesses — 189
- 12.3 Aussensicht: Analyse der weiteren Umwelt — 190
  - Vorbereitung des ersten Workshops durch die Leiterin — 190
  - Erster Workshop: Analyse der Chancen und Risiken im Umfeld des Treffpunkts — 191
  - Resultate der Chancen-Risiken-Analyse — 191
  - Nachbereitung des ersten Workshops durch die Leiterin — 193
- 12.4 Innensicht: Organisationsanalyse — 193
  - Zweiter Workshop: Stärken-Schwächen-Analyse — 193
  - Resultate der Stärken-Schwächen-Analyse — 194
  - Nachbereitung des zweiten Workshops: Bestimmung der Kernkompetenzen — 194
- 12.5 Aussensicht: Analyse des nahen Umfeldes — 195
  - Vorbereitung des dritten Workshops: Marktsegmentierung und Zielgruppendefinition — 195
- 12.6 Integrierte Betrachtungsweise — 196
  - Vorbereitung des dritten Workshops durch die Leiterin: SWOT-Analyse — 196
- 12.7 Formulierung konkreter Strategien — 197
  - Dritter Workshop: Erarbeitung Positionierung und Entscheid über strategische Entwicklung — 197
  - Resultate des dritten Workshops — 198
  - Nachbereitung des dritten Workshops durch die Leiterin — 199
- 12.8 Planung der Umsetzung — 200

13 Ausblick der Autorinnen des Handbuchs — 201

Anhang — 203
- Glossar — 204
- Stichwortverzeichnis — 215
- Verzeichnis der Fallbeispiele und Fallstudien — 219
- Abbildungsverzeichnis — 220
- Literaturverzeichnis — 223

Einleitung

Warum ist Strategisches Management für Non-Profit-Organisationen wichtig?

Für Organisationen im Sozial- und Gesundheitsbereich, kulturelle Einrichtungen oder Umweltorganisationen spielte das Strategische Management lange Zeit eine untergeordnete Rolle. Bis in die achtziger Jahre des letzten Jahrhunderts vollzogen sich die relevanten Veränderungen im Umfeld eher langsam und waren entsprechend gut prognostizierbar. Die Erfahrungen aus der Vergangenheit konnten in der Regel erfolgreich auf die Zukunft übertragen werden, so dass die Führungskräfte kein spezifisches Know-how in Strategischem Management benötigten.

Seit den neunziger Jahren des letzten Jahrhunderts hat sich die Situation der Non-Profit-Organisationen radikal verändert. Die gesellschaftlichen, wirtschaftlichen und technischen Entwicklungen verlaufen zunehmend dynamisch und vielfältig. Dies führt zu einer wachsenden Komplexität des Umfeldes. Es lässt sich immer weniger genau vorhersagen, wie sich die gesellschaftlichen Probleme in Zukunft verändern und welche Dienstleistungen im sozialen, kulturellen oder umweltpolitischen Bereich nachgefragt werden.

Veränderte Situation der Non-Profit-Organisationen

Gleichzeitig hat sich der Wettbewerb im Non-Profit-Bereich vor allem durch die fortschreitende Internationalisierung intensiviert. Die Anzahl der Organisationen, welche um die Gunst der Spendenden oder um staatliche Aufträge konkurrieren, nimmt zu. Die vormals kooperative Zusammenarbeit hat sich in vielen Fällen zu einer «Coopetition» – einer dynamischen Kombination von Cooperation und Competition (Wettbewerb) – entwickelt. Um ihr Überleben zu sichern, müssen deshalb heute auch Organisationen im Sozial- und Gesundheitsbereich, kulturelle Einrichtungen oder Umweltorganisationen strategische Entwicklungsprozesse initiieren und mit den Konzepten und Instrumenten des Strategischen Managements umsetzen.

Mehr Wettbewerb

So werden beispielsweise die Bedingungen verschiedener Non-Profit-Bereiche in der Schweiz durch die Neugestaltung des Finanzausgleichs und der Aufgabenteilung (NFA) einschneidend verändert. Die NFA ist ein umfangreiches Reformprojekt des Eidgenössischen Finanzdepartementes (www.nfa.ch) und zwingt die betroffenen Organisationen, ihr Verhältnis zur Umwelt – insbesondere zu Bund und Kanton – neu zu gestalten.

Überleben sichern

Mit systematischen strategischen Überlegungen können sich Non-Profit-Organisationen Erfolgspotentiale schaffen, welche ihr Überleben langfristig sichern. Doch wie können Sie als Führungskraft in Ihrer Organisation einen Strategieentwicklungsprozess konkret angehen? Was ist zu tun, um die passende, Nutzen schaffende Strategie zu ermitteln, umzusetzen und zu überprüfen? Welche Instrumente aus dem Profitbereich sind für Non-Profit-Organisationen brauchbar?

Den Strategieentwicklungsprozess schrittweise planen und umsetzen

Das vorliegende Buch richtet sich an Personen im Non-Profit-Bereich, insbesondere an Führungskräfte von Organisationen im Sozial- und Gesundheitsbereich, kulturellen Einrichtungen oder Umweltschutzorganisationen. Es soll Interessierte befähigen, einen Strategieentwicklungsprozess in ihrer Organisation zu initiieren und durchzuführen. Im Sinne eines praktischen Handbuchs werden die einzelnen Schritte eines Strategieentwicklungsprozesses dargestellt. Es wird gezeigt, welche Schlüsselfragen in jedem Schritt beantwortet werden und welche Instrumente für Non-Profit-Organisationen geeignet sind, um die zentralen Fragen im Laufe des Strategieentwicklungsprozesses zu beantworten. Die theoretischen Grundlagen sind bewusst kurz gehalten zugunsten vieler praktischer Beispiele. Wer sie vertiefen möchte, findet im Literaturverzeichnis die entsprechenden Quellenangaben. Als umfangreiches Nachschlagewerk zu einer vertieften Auseinandersetzung mit dem Thema empfehlen wir das Buch von Günter Müller-Stewens und Christoph Lechner «Strategisches Management – Wie strategische Initiativen zum Wandel führen».

Wir haben das vorliegende Buch bewusst so verfasst, dass Sie es ohne vertiefte betriebswirtschaftliche Vorkenntnisse oder Fachkenntnisse im Strategischen Management lesen können. Trotzdem kann ein Strategieentwicklungsprozess nicht auf Fachbegriffe verzichten. Erklärungen zu den wichtigen, wiederkehrenden Fachausdrücken finden Sie im Glossar (siehe S. 204 ff.).

Zu den einzelnen Kapiteln

Einführung ins Strategische Management

Im ersten Kapitel «Einführung ins Strategische Management» werden die bedeutendsten Begriffe geklärt und gezeigt, dass Strategisches Management eine besondere Art des Denkens ist. Als Leserin oder Leser erhalten Sie einen ersten Überblick über die wichtigsten inhaltlichen Fragestellungen, die mit Hilfe einer konkreten Strategie beantwortet werden sollen, und eine Einführung in die typischen Phasen eines Strategieentwicklungsprozesses. Das Buch folgt im weiteren Aufbau diesen fünf Phasen mit den entsprechenden Kapiteln. Im Einführungskapitel finden Sie auch eine erste Kurzfallstudie, welche illustriert, wie ein Mehrspartenhilfswerk seine Strategie für die nächsten fünf Jahre überprüft und den neuen Herausforderungen angepasst hat.

Im zweiten Kapitel wird die Initiierungsphase als erste wichtige Phase eines Strategieentwicklungsprozesses besprochen. Hier wollen wir Sie dafür sensibilisieren, dass auch die perfekteste Planung kein Garant für eine erfolgreiche Strategie ist. Neben einer steuernden Planung des Prozesses ist es ganz wichtig, dass Sie als Führungskraft offen bleiben für Initiativen von der Basis und für das Zufällige.

Initiierungsphase

Die zweite und umfangreichste Phase ist die Analysephase. Sie beginnt mit dem dritten Kapitel, wo wir Ihnen das neue St. Galler Management-Modell kurz vorstellen. Wir verwenden es als Bezugsrahmen für den Strategieentwicklungsprozess und wollen Sie daher mit den Begriffen vertraut machen. Im vierten Kapitel geht es um den Umgang mit gesellschaftlicher Verantwortung. Jede Organisation hat eine gesellschaftliche Verantwortung. Sie muss sich normativ positionieren, indem sie ihre Rolle in der Gesellschaft und ihren Umgang mit den Anspruchsgruppen festlegt. Im Strategieentwicklungsprozess ist die Frage der gemeinsamen Wertebasis nicht zu unterschätzen. Daher haben wir sie an den Beginn der Analysephase gestellt. Im fünften Kapitel richten wir den Blick nach aussen. Die Umwelt der Organisation wird auf verschiedenen Ebenen analysiert. Welche Chancen und Gefahren können Sie für Ihre Organisation aus dieser Umweltanalyse ableiten? Im sechsten Kapitel richten wir den Fokus in die Organisationen selber. Sie lernen Instrumente und Vorgehensweisen kennen, mit deren Hilfe Sie die Ressourcen und Kernfähigkeiten Ihrer Organisation identifizieren und die Stärken und Schwächen Ihrer Wertschöpfung genauer analysieren können. Schliesslich führen wir im siebten Kapitel die Innen- und die Aussensicht zusammen. Bei dieser integrierten Betrachtung erkennen Sie erste strategische Optionen für Ihre Organisation.

Analysephase

Die dritte Phase, die Konzeptionsphase, beginnt mit dem achten Kapitel. Dort werden die strategischen Optionen der bisherigen Organisationspolitik (z. B. dem Leitbild) gegenübergestellt und auf ihre Kompatibilität geprüft. Bei dieser Abgleichung werden die strategischen Alternativen allmählich konkreter. Im neunten Kapitel zeigen wir Ihnen dann, wie Sie konkrete Strategien für die Zukunft formulieren, bewerten und auswählen können und worauf Sie dabei achten sollten. Damit ist der eigentliche Strategieentwicklungsprozess abgeschlossen.

Konzeptionsphase

In der vierten Phase geht es um die Umsetzung der neuen Strategie. Im zehnten Kapitel erhalten Sie Ideen, wie Sie bei der Umsetzung der neuen Strategie in die operative Planung vorgehen können. Die grosse Herausforderung der Gestaltung der verschiedenen Veränderungsprojekte ist nicht mehr Inhalt dieses Buches. Wir planen jedoch einen zweiten Band, der speziell das Change-Management in Non-Profit-Organisationen im Anschluss an einen Strategieentwicklungsprozess im Fokus hat.

Umsetzungsphase

Laufende Evaluation

Im elften Kapitel finden Sie Informationen über die laufende Evaluation eines Strategieentwicklungsprozesses und die Performance-Messung. Den Abschluss bildet mit Kapitel zwölf eine ausführliche Fallstudie zum Strategieentwicklungsprozess eines Treffpunktes für Erwerbslose. Diese Fallstudie haben wir anstelle einer Zusammenfassung eingefügt, weil sie die verschiedenen Phasen des Strategieentwicklungsprozesses und den Einsatz von geeigneten Instrumenten im Überblick zu veranschaulichen vermag.

Aufbau der einzelnen Kapitel

Die einzelnen Kapitel sind so aufgebaut, dass die Schlüsselfragen, die es im jeweiligen Kapitel zu beantworten gilt, zu Beginn aufgeführt sind. Dann erfolgt ein sehr kurzer Theorieteil, der einige wichtige Punkte im thematischen Zusammenhang reflektiert. Im Anschluss an den Theorieteil finden Sie jeweils passende Instrumente oder Konzepte, welche Sie zur Beantwortung der Schlüsselfragen anwenden können und die speziell auch für Non-Profit-Organisationen geeignet sind. Am Schluss jedes Kapitels werden die wichtigsten Punkte nochmals stichwortartig zusammengefasst. Die Instrumente und die Fallbeispiele sind zudem graphisch hervorgehoben, so dass Sie sie jeweils rasch wieder finden können. Wir haben uns bemüht, viele praktische Beispiele einzufügen, damit mögliche Anwendungen der verschiedenen Instrumente im Kontext von Non-Profit-Organisationen anschaulich werden.

Diese anonymisierten Praxisbeispiele zu verfassen wäre ohne Unterstützung von Kursteilnehmenden und Kolleginnen und Kollegen nicht möglich gewesen. Ihnen allen danken wir an dieser Stelle herzlich für ihren Beitrag. Ein besonderer Dank geht an Christine Koradi Weber und Werner Riedweg für ihre ausführlichen Fallbeispiele sowie an Men Kaufmann für die kontinuierliche Begleitung und Unterstützung unseres Vorhabens.

Unser Ziel war es, mit dem vorliegenden Buch und seiner sehr praxisbezogenen Ausrichtung die Potenziale des Strategischen Managements für Non-Profit-Organisationen nutzbar zu machen und damit einen Betrag zur Zukunftssicherung vieler Non-Profit-Organisationen zu leisten. Wir hoffen, dass uns dies gelungen ist, und freuen uns über Ihr Feedback (gudrun.sander@hsp-con.ch und bauer@elbauer.ch).

Gudrun Sander und Elisabeth Bauer, Juli 2006

1 Einführung ins Strategische Management

«Da bin ich strategisch geschickt vorgegangen!» So oder ähnlich drücken wir uns im Alltag aus, wenn wir ein bestimmtes Ziel trotz Widerständen erfolgreich haben erreichen können. Was genau ist mit dem Begriff «Strategie» gemeint?

In diesem Kapitel geht es um die Grundbegriffe des Strategischen Managements. Hier finden Sie Antworten auf die folgenden Schlüsselfragen:

> Was wird in Wissenschaft und Praxis unter dem Begriff Strategie verstanden?
> Wodurch zeichnet sich strategisches Denken aus?
> Was bedeutet Strategisches Management und welche Aufgaben können damit gelöst werden?
> Warum ist das Strategische Management heute auch im Non-Profit-Bereich notwendig?
> Wie sieht der Strategieentwicklungsprozess in einer Non-Profit-Orgaisation im Überblick aus?

1.1 Strategiebegriff

Strategie ist ursprünglich ein militärischer Begriff und stammt aus dem antiken Griechenland. Sie entspringt der Kunst der Heerführung und unterscheidet sich klar von der Taktik, welche das angemessene Verhalten in konkreten Situationen beschreibt. In der Betriebswirtschaft gewann der Strategiebegriff erst gegen Ende der sechziger Jahre des letzten Jahrhunderts an Bedeutung. In Folge des verschärften Wettbewerbs begann sich damals das Strategische Management als eigenständige wissenschaftliche Disziplin zu formieren. Heute kann es sich kein gewinnorientiertes Unternehmen mehr leisten, auf eine systematische Strategieentwicklung zu verzichten, wenn es längerfristig überleben will. Im Non-Profit-Bereich gewinnt das Strategische Management seit den neunziger Jahren ebenfalls an Bedeutung (vgl. S. 11 ff.).

Bildlich betrachtet, können Strategien als Leitplanken gesehen werden, welche die grundlegende Entwicklungsrichtung einer Organisation vorgeben, gleichzeitig aber auch einen Bewegungsspielraum offen lassen. Sie zeigen auf, wie sich eigene Stärken bewahren, weiterentwickeln oder neue Fähigkeiten aufbauen lassen und wo in der Umwelt Chancen bestehen, die es mit diesen Stärken zu nutzen gilt. Mit der Umsetzung der Strategien schafft sich eine Organisation Erfolgspotentiale, welche ihr Überleben langfristig sichern, manchmal unter Inkaufnahme kurzfristiger Verluste.

Erfolgspotentiale schaffen

Innen- und Aussensicht

Der Strategiebegriff wird in Wissenschaft und Praxis unterschiedlich gefüllt, und die Theorien zur Entwicklung von Strategien gehören zu den kontroversesten Forschungsthemen der Managementlehre. Während die einen den Aussenfokus einer Strategie betonen und den Blick in erster Linie auf das Umfeld richten, konzentrieren sich andere auf die eigene Organisation und suchen nach den strategisch relevanten Fähigkeiten, den so genannten Kernfähigkeiten. Mintzberg et al. (2004, S. 22 f.), einer der bedeutendsten nordamerikanischen Managementspezialisten, gibt mit seinen fünf Ps einen Überblick über die verschiedenen Arten, den Strategiebegriff zu definieren.

Die 5 Ps der Strategie

> **Plan:** Vor dem Hintergrund fundierter Analysen beschreibt eine Strategie die zukünftigen Wege und Ziele einer Organisation. Was will sie erreichen und wie will sie es erreichen?
> *Das Wohnheim für geistig Behinderte Langenberg will ein neues, auf die spezifischen Bedürfnisse von älteren geistig Behinderten abgestimmtes Wohnangebot aufbauen. Es plant die Finanzierung und den Bau des neuen Heimes, die Finanzierung des Betriebs sowie die Gewinnung des Personals und der Bewohnerinnen und Bewohner.*

> **Pattern (Muster):** In den strategischen Entscheiden einer Organisation lassen sich bestimmte charakteristische Muster erkennen, welche auch die zukünftigen Entscheide prägen werden.
> *Schon in der Vergangenheit zeichnete sich das Wohnheim Langenberg durch Innovationsgeist aus, indem es neue Betreuungskonzepte entwarf und umsetzte.*

> **Position:** Bei einer Strategie geht es um die Positionierung der eigenen Leistungen auf einem bestimmten Markt.
> *Das Wohnheim Langenberg will seine anerkannten «Langenberg-Kompetenzen» in der Betreuung von jüngeren geistig Behinderten auf die Betreuung von geistig behinderten Seniorinnen und Senioren übertragen. In der Folge bietet es ein «Langenberg-Angebot» für ältere Behinderte auf dem Markt an.*

> **Perspektive:** Eine Strategie beinhaltet auch eine bestimmte Art, sich selber und die Umwelt zu sehen und zu interpretieren.
> *Das Wohnheim Langenberg sieht sich als führender Anbieter von Betreuungsangeboten für geistig Behinderte in der Region und will es auch zukünftig bleiben.*

> **Ploy (Spielzug):** Eine Strategie ist auf antizipierte Aktionen und Reaktionen der Mitspielenden abgestimmt. Sie beschreibt, wie die Mitspielenden dazu gebracht werden können, ein für die eigene Organisation vorteilhaftes Verhalten zu zeigen.
> *Das Wohnheim Langenberg gibt seine Pläne möglichst rasch breit bekannt und legt einen unrealistisch frühzeitigen Eröffnungstermin fest, in der Absicht, jene Heime von ihrem Vorhaben abzubringen, welche Konkurrenzangebote planen.*

1.2 Strategisches Denken

Strategie wird vielfach mit dem ersten P – dem Plan – gleichgesetzt. Die Vertreterinnen und Vertreter dieser Sichtweise setzen strategisches Denken mit analytischem und zielorientiertem Vorgehen gleich und vernachlässigen den inspirativen und intuitiven Zugang zum Thema. Dadurch liegt ein Teil des kreativen Potentials der Organisation brach. Mintzberg et al. (2004, S. 151 ff.) fordert deshalb einen erweiterten Blickwinkel, indem er «Strategisches Denken als eine Art zu "sehen"» definiert. Was meint er damit?

Neben dem üblichen Blick nach vorn (Planung der Zukunft) und dem Blick nach hinten (Analyse der Vergangenheit) umfasst das strategische Denken nach Mintzberg auch den Blick von oben nach unten. Indem wir uns einen Überblick verschaffen, nehmen wir die einzelnen Bäume als Wald wahr. Das genügt jedoch nicht. Vom Helikopter (oder vom Bürotisch) aus können wir nämlich die Edelsteine, welche sich inmitten von wertlosem Geröll befinden, nicht erkennen. Erst wenn wir unseren Blick unter die Oberfläche richten und im Untergrund graben, stossen wir auf Perlen, d.h. auf Ideen, welche die Organisation verändern können. Es gilt also nicht nur das Ganze zu sehen, sondern sich auch in die Details zu vertiefen.

Blicke in verschiedene Richtungen

Zur erweiterten Perspektive gehört ausserdem der Blick zur Seite. Indem wir die konventionellen Denkbahnen verlassen und Seitenwege ausprobieren, kann es uns gelingen, kreative Ideen zu entwickeln. Um diese Ideen nutzen zu können, brauchen wir den Blick über die Dinge hinaus. Was ist damit gemeint? «Kreative Ideen müssen in den richtigen Kontext gestellt werden, damit sie in einer sich entfaltenden, gerade erst entstehenden Welt auch gesehen werden. Der Blick nach vorn nimmt eine Zukunft vorweg, indem er auf der Grundlage der vergangenen Ereignisse einen Rahmen konstruiert; er prognostiziert Diskontinuitäten auf intuitive Weise. Über die Dinge hinauszublicken bedeutet, die Zukunft zu konstruieren – eine Welt zu erfinden, die ohne diesen Blick nicht existieren würde.» (Mintzberg et al. 2004, S. 152) Schliesslich müssen wir durch die Dinge hindurchblicken, indem wir unsere Erkenntnisse priorisieren, bündeln und als Strategie formulieren.

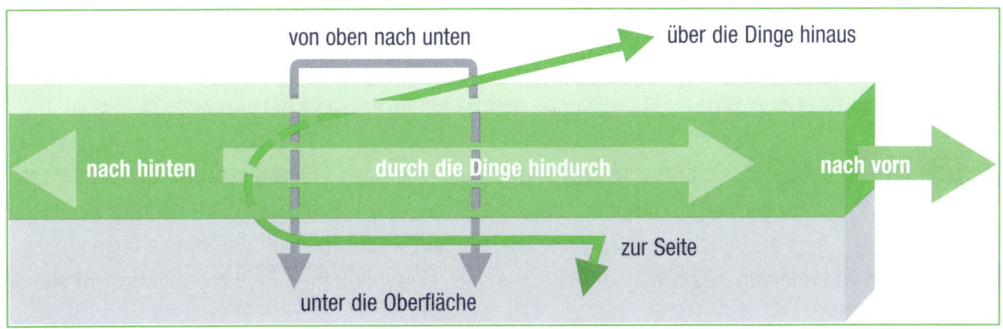

Abb. 1: *Strategisches Denken als Art des Sehens (in Anlehnung an Mintzberg et al. 2004, S. 153)*

1.3 Strategisches Management

Gezielter Einsatz von Konzepten und Instrumenten

Strategisches Denken alleine genügt jedoch nicht. Um Antworten darauf zu finden, was Ihre Organisation unternehmen muss, damit sie auch in fünf oder zehn Jahren nutzbringend wirken kann, benötigen Sie den gezielten Einsatz von Konzepten und Instrumenten des Strategischen Managements. Das Strategische Management befasst sich in systematischer Weise mit den Grundlagen der Zukunftssicherung einer Organisation. Mit seiner Hilfe lässt sich die grundlegende Entwicklungsrichtung der Organisation bestimmen und lassen sich die folgenden Fragen beantworten:

> **Anspruchsgruppen:** Wer sind unsere relevanten Anspruchsgruppen und was sind ihre Anliegen und Bedürfnisse? Wie wollen wir die Beziehungen zu ihnen in Zukunft gestalten?
> **Leistungsangebot:** Welche Leistungen wollen wir inskünftig anbieten und welchen Nutzen stiften wir damit für unsere Zielgruppen?
> **Fokus der Wertschöpfung:** Welchen Teil der Gesamtleistung (Wertschöpfungskette) wollen wir selbst erbringen und welche Teilleistungen übergeben wir anderen Organisationen?
> **Kooperationsfelder:** Mit welchen Organisationen wollen wir in Zukunft zusammenarbeiten und wie wollen wir die Zusammenarbeit gestalten?
> **Kernkompetenzen:** Welche Fähigkeiten besitzen wir bereits und welche müssen wir entwickeln?

Abb. 2: Inhaltliche Fragestellungen einer Strategie (in Anlehnung an Rüegg-Stürm 2003, S. 40)

Keine Totalplanung

Das Strategische Management stellt demnach Führungskräften die Grundlagen zur Verfügung, um eine Strategie entwickeln und umsetzen zu können. Dabei gilt es zu beachten, dass eine Totalplanung selbst mit den differenziertesten Instrumenten nicht möglich ist. Einerseits sind zukünftige Entwicklungen nicht sicher prognostizierbar; selbst die plausibelsten Vermutungen können sich im Nachhinein als falsch erweisen. Andererseits stellen Umwelt und Organisationen so komplexe Systeme dar, dass sie in ihrer Gesamtheit von Menschen gar nicht zu erfassen sind.

Das Strategische Management kann Ihnen also den Erfolg auch nicht garantieren. Es ermöglicht Ihnen jedoch, die Entwicklung Ihrer Organisation bewusst zu gestalten. Ideen werden fortlaufend entworfen, geprüft, umgesetzt und durch die Erfahrung revidiert, wodurch die gesamte Organisation lernt und damit die Grundlagen für langfristigen Erfolg schafft.

Kollektiver Lernprozess

1.4 Die typischen Phasen des Strategieentwicklungsprozesses

Der Strategieentwicklungsprozess verläuft in der Regel phasenweise. Nach der Planung des gesamten Prozesses analysieren Sie Ihre Organisation und das Umfeld. Aufbauend auf den Resultaten der durchgeführten Analysen, suchen Sie nach verschiedenen strategischen Optionen und bewerten diese. Schliesslich wählen Sie die aussichtsreichste Strategie aus und setzen sie um. Die Evaluation erfolgt nicht nur im Rückblick, sondern auch parallel zum Strategieentwicklungsprozess. Die absolvierten Schritte werden laufend ausgewertet.

In der Praxis sind die einzelnen Phasen nicht klar voneinander zu trennen und verlaufen auch nicht stur hintereinander. Vor der Ausformulierung der Strategie kann es beispielsweise vorkommen, dass wichtige Informationen fehlen. Dann muss von der Konzeptions- nochmals in die Analysephase zurückgegangen werden. Begonnen wird jedoch stets mit der Planung des Strategieentwicklungsprozesses, d.h. mit der Initiierungsphase.

Flexibler Verlauf der Phasen

a) **Initiierungsphase:** Wie wollen wir die Strategieentwicklung in unserer Organisation gestalten? Wer ist daran beteiligt?
b) **Analysephase:** Welches sind unsere Stärken und Schwächen? Welche Chancen und Gefahren zeigen sich in unserem nahen Umfeld und in der weiteren Umwelt?
c) **Konzeptionsphase:** Mit welcher Strategie können wir unsere eigenen Stärken einsetzen und weiterentwickeln, um die Chancen im Umfeld optimal zu nutzen und die Risiken abzuwenden?
d) **Umsetzungsphase:** Wie wollen wir unsere Strategie umsetzen? Wie gehen wir die notwendigen Veränderungen unserer Organisation an?
e) **Laufende Evaluation:** Wie wollen wir die Strategie, deren Effektivität und Effizienz, beobachten und beurteilen?

Jede strategische Planung und Entscheidung endet letztlich in ganz konkreten Tätigkeiten, im Alltagsgeschäft. Die nachfolgende Abbildung zeigt Ihnen die erwähnten typischen Phasen der Strategieentwicklung und -umsetzung.

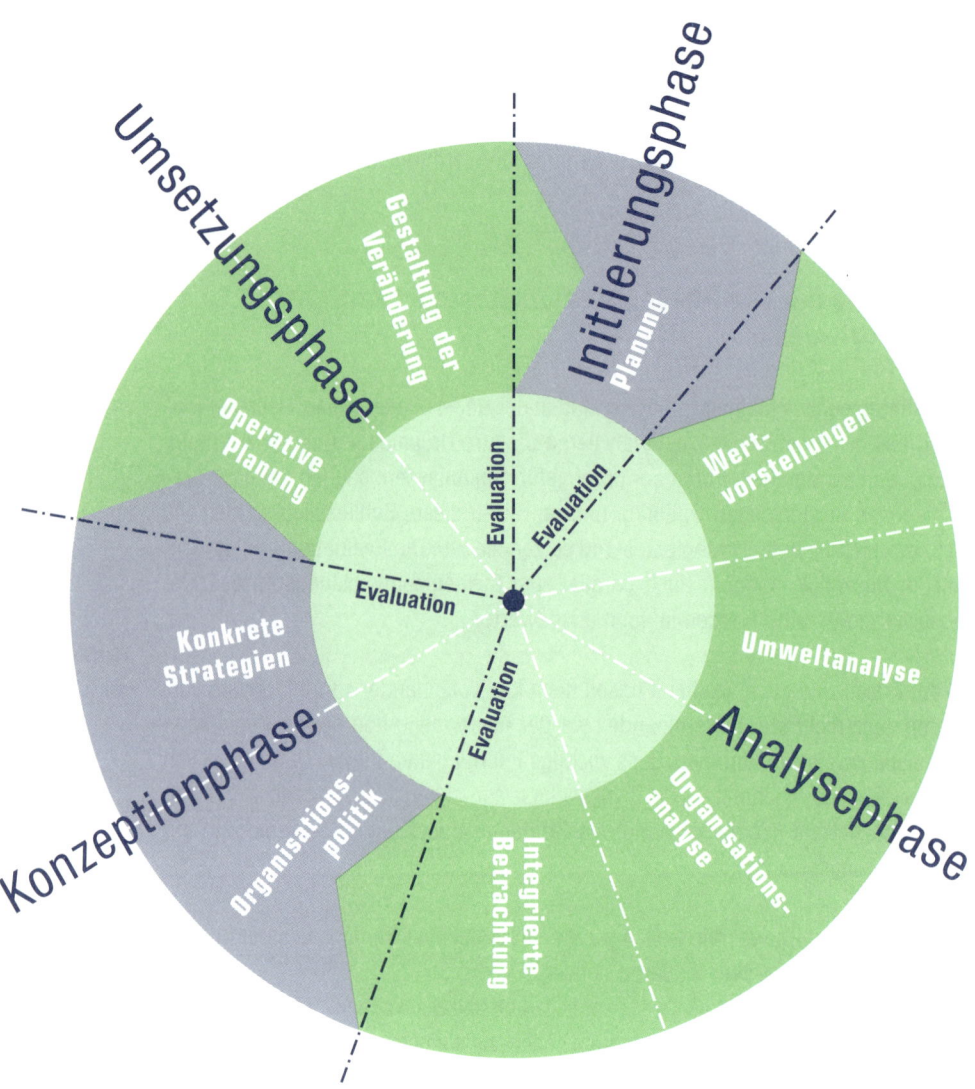

Abb. 3: *Prozess der Strategieentwicklung und -umsetzung (eigene Darstellung)*

Im Laufe der Entwicklung des Strategischen Managements wurden zahlreiche Instrumente geschaffen, welche sich jedoch nicht beliebig einsetzen lassen, sondern abgestimmt auf die Fragestellungen der verschiedenen Phasen auszuwählen sind. Eine umfassende Dokumentation der Instrumente ist von den beiden Managementspezialisten Müller-Stewens und Lechner (2005) erarbeitet worden, allerdings bezogen auf den Einsatz in grösseren Unternehmen der Privatwirtschaft.

Welche Instrumente des Strategischen Managements können auch für die Strategieentwicklung von Non-Profit-Organisationen eingesetzt werden? Der nachfolgende Überblick ordnet für Non-Profit-Organisationen geeignete Instrumente den einzelnen Phasen des Strategieentwicklungsprozesses zu und benennt die jeweiligen Grundfragen, welche mit Hilfe der Instrumente zu beantworten sind.

a) Initiierungsphase
Den Strategieentwicklungsprozess planen
Strategische Initiativen können von Mitgliedern aller Hierarchiestufen einer Organisation kommen. Sie können bewusst lanciert werden oder «zufällig» entstehen. Zu Beginn jeder Strategieentwicklung müssen Sie sich deshalb überlegen, wie Sie den Prozess gestalten wollen.
> Wo und wie entstehen strategische Initiativen in unserer Organisation?
> Welche Initiativen wollen wir fördern? Welche Bedingungen schaffen wir zur Unterstützung ihrer Entwicklung?
> Welche Ressourcen stellen wir zur Verfügung?

Folgende Instrumente können Ihnen in der Initiierungsphase nützlich sein und werden im Buch (S. 37 ff.) vorgestellt: *Planungsinstrumente*
> Bezugsrahmen zur Gestaltung der Initiierung
> 10 Thesen für die Strategieentwicklung
> Strategieentwicklung nach den Regeln des Projektmanagements

b) Analysephase
Wertvorstellungen klären
Wenn Sie zum ersten Mal einen Strategieentwicklungsprozess durchführen oder wenn ein Teil der am Prozess beteiligten Führungskräfte und Mitarbeitenden neu ist, empfehlen wir Ihnen, mit der Klärung der gemeinsamen Werte zu beginnen. Viele Diskussionen, die in späteren Phasen den Prozess ins Stocken bringen können, erübrigen sich, wenn von Anfang an klar ist, ob für die Strategieentwicklung eine gemeinsame Wertebasis vorhanden ist oder ob hier noch Diskussionsbedarf besteht. In diesem Schritt fragen Sie sich:
> Was sind unsere gemeinsamen Werte?
> Welche Werte hinsichtlich des Umgangs mit gesellschaftlicher Verantwortung herrschen in unserer Organisation vor («normative Positionierung»)?
> Wo und wie beeinflussen persönliche Interessen und Motivation der Organisationsführung den Strategieentwicklungsprozess?

Folgende Instrumente können Sie dabei unterstützen und werden im Buch (S. 57 ff.) vorgestellt: *Instrumente für die Analyse der Wertvorstellungen*
> Wertvorstellungsprofil
> Klärung der Interessen und der persönlichen Motivation

Umweltanalyse

Ein wichtiger Schritt im Strategieentwicklungsprozess ist die Umweltanalyse oder der «Blick nach aussen». Von Bedeutung sind die Trends in der weiten Umwelt sowie die Anspruchsgruppen, welche das nahe Umfeld bilden. Dabei stellen sich je nach Untersuchungsfeld unterschiedliche Fragen:

> **Trends:**
> > Welche allgemeinen Trends haben Einfluss auf unsere Tätigkeit?
> > Welche Entwicklungen der Umwelt bestimmen unsere Branche?
> > Welche Chancen und Gefahren finden sich in der Umwelt unserer Organisation?

> **Anspruchsgruppen allgemein:**
> > Welches sind unsere wichtigsten Anspruchsgruppen?
> > Wie stehen wir zu unseren wichtigsten Anspruchsgruppen?
> > Mit welchen (neuen) Erwartungen werden wir konfrontiert?
> > Wie können wir den Handlungsspielraum im Umgang mit den Anspruchsgruppen vergrössern?

> **Anspruchsgruppe «Mitbewerber»:**
> > Welche Bedingungen prägen unsere Branche?
> > Welche Position nimmt unsere Organisation innerhalb der Branche ein?

> **Anspruchsgruppe «Klientinnen/Kunden»:**
> > Wer sind unsere Klientinnen/Kunden? Welche Bedürfnisse haben sie?
> > An welche Zielgruppen richten sich unsere Angebote?
> > In welchen Marktfeldern wollen wir in Zukunft tätig sein?
> > Wie wollen wir uns im Vergleich zur Konkurrenz im Markt positionieren?

Instrumente für die Umweltanalyse

Folgende Konzepte und Instrumente können Sie dabei unterstützen und werden im Buch (S. 63 ff.) vorgestellt:

> **Instrumente für die Analyse von Trends:**
> > Szenariotechnik
> > STEP-Analyse

> **Instrument für die Analyse der Anspruchsgruppen:**
> > Relevanzmatrix der Anspruchsgruppen

> **Instrumente für die Analyse der Anspruchsgruppe «Mitbewerber»:**
> > Konzept der fünf Einflusskräfte
> > Konzept der strategischen Gruppen

> **Instrumente für die Analyse der Anspruchsgruppe «Klientinnen/Kunden»**
> > Segmentierung
> > Nutzwertanalyse

Organisationsanalyse
Für die Strategieentwicklung ist nicht nur der «Blick nach aussen», sondern auch «der Blick nach innen» wichtig. Um die Stärken und Schwächen Ihrer Organisation zu erkennen, analysieren Sie einerseits die Wertschöpfung und andererseits die Ressourcen sowie die Fähigkeiten Ihrer Organisation. Dabei stellen sich je nach Untersuchungsfeld unterschiedliche Fragen:

> **Analyse der Wertschöpfung:**
> > Wie sind die Wertschöpfungsprozesse unserer Organisation momentan aufgebaut?
> > Welche strategische Bedeutung haben die einzelnen Aktivitäten?
> > Wo liegen die Stärken und Schwächen unserer Aktivitäten? Wie stehen die Kosten der einzelnen Aktivitäten im Verhältnis zu den Gesamtkosten? Was sind die Treiber der Kosten in den einzelnen Aktivitäten?
> > Wo stehen wir, wenn wir unsere Aktivitäten mit jenen der Mitanbietenden vergleichen?
> > Welche strategischen Optionen ergeben sich, wenn wir die Wertkette verändern?

> **Analyse der Ressourcen und Fähigkeiten:**
> > Über welche besonderen Fähigkeiten und Ressourcen (Mitarbeitende, Strukturen, Managementsysteme und Wissen) verfügt unsere Organisation?
> > Welche Fähigkeiten und Ressourcen wollen wir in Zukunft entwickeln oder stärken?

Folgende Konzepte und Instrumente können Sie dabei unterstützen und werden im Buch (S. 98 ff.) vorgestellt:

Instrumente für die Organisationsanalyse

> **Instrumente für die Analyse der Wertschöpfung:**
> > Analyse der Wertkette
> > Benchmarking entlang der Wertkette
> > Veränderung der Wertkette

> **Instrumente für die Analyse der Ressourcen und Fähigkeiten:**
> > 7-S-Modell
> > Eskalationstreppe zur Prüfung von Fähigkeiten
> > Stärken-Schwächen-Analyse

Integrierte Betrachtung der Einflusskräfte

In diesem Schritt führen Sie die bisher isoliert durchgeführten Analysen der Umwelt und Ihrer Organisation zusammen. Sie suchen nach Wechselwirkungen zwischen Umwelt und Organisation und prüfen, wie sich diese auf die Handlungsmöglichkeiten Ihrer Organisation auswirken können. Die zentralen Fragen lauten:
> Wie wirken sich die festgestellten Einflusskräfte der Umwelt und der Organisation aufeinander aus?
> Welche strategischen Optionen ergeben sich aus der Verbindung von Umwelt- und Organisationsanalyse?
> Besitzen wir die nötigen Fähigkeiten, um die möglichen Strategien umzusetzen?

Instrumente für die integrierte Betrachtung der Einflusskräfte

Folgende Konzepte und Instrumente können Sie dabei unterstützen und werden im Buch (S. 116 ff.) vorgestellt:
> SWOT-Analyse
> Portfolio-Ansatz
> Gap-Analyse

c) Konzeptionsphase
Abgleichung mit der Organisationspolitik

Die Organisationspolitik ist in der Regel im Leitbild festgehalten und setzt den Rahmen für die Strategieentwicklung. Nun prüfen Sie, inwiefern Ihre erarbeiteten strategischen Optionen mit Ihrem Leitbild übereinstimmen. Manchmal wird es notwendig sein, im Zuge der Strategieentwicklung neue Visionen zu entwickeln oder das bestehende Leitbild anzupassen. In diesem Schritt fragen Sie sich:
> Was bezweckt unsere Organisation überhaupt? Wozu existieren wir eigentlich?
> Was ist unser übergeordnetes Ziel?
> Wer wollen wir sein?

Instrumente für den Abgleich mit der Organisationspolitik

Folgende Instrumente können Sie dabei unterstützen und werden im Buch (S. 136 ff.) vorgestellt:
> Entwicklung eines Leitbildes
> Wertvorstellungsprofil

Formulierung konkreter Strategien

Nachdem Sie die strategischen Optionen auf Ihre Kompatibilität mit dem Leitbild überprüft haben, wählen Sie nun die vielversprechendste Option aus. Sie fragen sich:
> Welche strategischen Optionen verfolgen wir weiter?
> Was ist die Strategie der Gesamtorganisation?
> Was bedeutet die Gesamtstrategie für die strategischen Geschäftseinheiten?
> Was bedeutet die neue Strategie für die zentralen Funktionen oder Prozesse?

Folgende Konzepte und Instrumente können Sie dabei unterstützen und werden im Buch (S. 144 ff.) vorgestellt:

> Generische Strategietypen nach Porter
> Veränderung der Regeln des Wettbewerbs
> Diversifikationsüberlegungen
> Produkt-Markt-Strategien
> Entscheidungskriterien für eine konkrete Strategie
> Formulierung der Strategie

Instrumente für die Formulierung konkreter Strategien

d) Umsetzungsphase
Operative Planung

Mit der Formulierung und Verabschiedung konkreter Strategien ist der Kern des Strategieentwicklungsprozesses abgeschlossen. Doch jetzt stellen sich Ihnen die eigentlichen Herausforderungen. Sie fragen sich, wie Sie die Strategie in konkretes Alltagshandeln überführen können:
> Wie erreichen wir unsere strategischen Ziele?
> Welche konkreten Ziele leiten sich aus unseren strategischen Zielen ab?
> Wie kommunizieren wir die neue Strategie intern und nach aussen?

Folgende Konzepte und Instrumente können Sie dabei unterstützen und werden im Buch (S. 167 ff.) vorgestellt:
> Balanced Scorecard
> Businessplan
> Projektmanagement

Instrumente für die operative Planung

Gestaltung der Veränderung

Neue Strategien machen in der Regel organisationale Veränderungsprozesse auf verschiedenen Ebenen erforderlich. Das Change-Management zeigt, wie Sie in Ihrer Organisation die notwendigen Veränderungen bewältigen können. Da wir uns in diesem Buch auf die Strategieentwicklung konzentrieren, müssen wir es bei diesem Hinweis belassen und können nicht näher auf das Change-Management eingehen.

e) Laufende Evaluation

Wir empfehlen Ihnen, den Strategieentwicklungsprozess von Anfang an regelmässig auszuwerten. In den ersten Phasen reflektieren Sie mit kritischem Blick die durchgeführten Schritte, beispielsweise jene der Analysephase. Im Zuge der Umsetzung der Strategie wird dann die Frage der Wirksamkeit immer wichtiger. Dazu müssen Sie aus der Strategie überprüfbare Ziele ableiten und deren Erreichung evaluieren. Dies kann im Zuge eines Zielvereinbarungsprozesses (Management by Objectives [MbO]) passieren oder im Rahmen des Qualitätsmanagements. Je nach Zielerreichungsgrad werden in der Folge kleinere oder grössere Korrekturen notwendig sein, die bis hin zur Initiierung eines neuen Strategieentwicklungsprozesses führen können. Sie fragen sich:
> Stimmen die Annahmen, auf denen die beschlossene Strategie aufbaut, immer noch?

> Können die geplanten Aktivitäten zur Implementierung der beschlossenen Strategie innerhalb des geplanten Zeitraums mit den geplanten Mitteln umgesetzt werden?
> Konnten mit der gewählten Strategie die beabsichtigten Ziele erreicht werden?
> Was ist bei diesem Strategieentwicklungsprozess besonders gut bzw. besonders schlecht gelaufen? Was würden wir beim nächsten Mal anders machen?

Evaluationsinstrumente

Folgende Instrumente können dabei hilfreich sein und werden im Buch (S.182 f.) vorgestellt:
> Prämissenkontrolle
> Durchführungskontrolle
> Wirksamkeitskontrolle

1.5 Fallstudie: Entwicklung der Strategie 2010 für ein Mehrspartenhilfswerk[1]

Ausgangslage

Überprüfung und Neuausrichtung

Im Jahr 2000 erarbeitete das kirchliche Hilfswerk (HW) mit kantonaler Trägerschaft erstmals eine auf die nachfolgenden fünf Jahre ausgerichtete Strategie und gab sie zusammenfassend als strategische Positionierung «Glaubwürdigkeit und Akzeptanz durch soziales Engagement mit Fachkompetenz» wieder. In der Folge setzte das HW die Strategie um und entschied sich im Jahr 2005, den Strategieentwicklungsprozess mit einer Überprüfung und Ausrichtung auf das Jahr 2010 weiterzuführen. In Abstimmung mit der strategischen Ausrichtung sollte auch die Aufbau- und Ablauforganisation durchleuchtet und bei Bedarf angepasst werden.

Tätigkeitsfelder des Hilfswerks

Das HW arbeitet mit der nationalen Zentrale zusammen und ist Teil eines internationalen Netzwerks. Als vielfältige soziale Dienstleistungsorganisation ist es im Kanton sehr gut verankert. Neben der Sozialberatung mit Not- und Überbrückungshilfe, den Besuchsgruppen für Gefangene und der Fachstelle Begleitung in der letzten Lebensphase führt es einen Lebensmittelladen für sozial Benachteiligte. Diese Angebote werden über kirchliche Gelder und Spenden finanziert. Weitere Dienstleistungen erbringt das HW im Auftrag und in Zusammenarbeit mit dem Kanton und den Gemeinde: ein Sozialdienst für Asylsuchende und für anerkannte Flüchtlinge sowie Beschäftigungsprogramme für ausgesteuerte und für versicherte Erwerbslose. Insgesamt sind 107 Mitarbeitende (78 Vollstellen) beim HW beschäftigt. Dazu kommen rund 120 Dolmetscherinnen und Dolmetscher, die nach Bedarf eingesetzt werden, und rund 180 Freiwillige. Der Jahresumsatz liegt bei CHF 40 Mio. Das HW hat ein Qualitäts- und Managementsystem nach ISO 9001:2000.

---

[1] Wir danken Werner Riedweg für die Erarbeitung der Fallstudie. Die Fallstudie basiert auf einem realen Strategieentwicklungsprozess, wurde aber aus didaktischen Gründen teilweise modifiziert.

Überblick über das Vorgehen bei der Strategieentwicklung

Über die Leistungsverträge und die seit 2000 verstärkte Zusammenarbeit mit Partnerorganisationen steht das HW in engem Kontakt mit verschiedenen staatlichen und privaten gemeinnützigen Organisationen. Deren Sichtweise erschien für die Überprüfung der strategischen Ausrichtung zentral. Um eine differenzierte und detaillierte «Aussensicht» zu erhalten, beauftragte das HW deshalb ein Fachinstitut mit der Befragung der wichtigsten Auftraggeber und Partnerorganisationen.

Befragung der Auftraggeber

Die Strategie 2010 zu erarbeiten, war in erster Linie Aufgabe der Geschäftsleitung. Bei den Workshops zog sie externe Expertinnen und Experten bei. Diese hatten weniger eine Moderationsfunktion, vielmehr waren sie als inhaltlich «Mitarbeitende» gefragt.

Verantwortung der Geschäftsleitung

Die ersten Teilergebnisse des Strategieentwicklungsprozesses wurden an einem Kadertag im Mai 2005 breit reflektiert, diskutiert und ergänzt. Im Juli befasste sich dann der Vorstand im Rahmen eines Workshops intensiv mit den Resultaten. Zusätzlich wurde die Strategie intern in die Vernehmlassung gegeben und zur Diskussion gestellt. Im Februar 2006 genehmigte schliesslich der Vorstand die neue Strategie 2010 «Wir fördern die Integration und fordern soziale Gerechtigkeit». Seither wird die neue Strategie mit verschiedenen Massnahmen und Projekten umgesetzt.

Die einzelnen Schritte im Überblick:

Januar	Auswertung der «alten» Strategie
Februar	Umweltanalyse
Januar–Mai	Organisationsanalyse
Juli–Oktober	Strategische Positionierung und strategische Leitlinien

Die einzelnen Schritte des Strategieentwicklungsprozesses

Erster Schritt: Auswertung der Strategie 2005 «Glaubwürdigkeit und Akzeptanz durch soziales Engagement mit Fachkompetenz»

Zeitraum	Methode	Beteiligte
Januar 2005	Workshop mit > Diskussion der Strategie 2005 inkl. Mission, geschäftspolitische Grundsätze und Zielsystem > Bewertung der Umsetzung der Strategie mit einem gemeinsam erarbeiteten Punktesystem	> Geschäftsleiter > Bereichsleiter (5 Personen) > Präsidentin

Abb. 4: *Auswertung der Strategie 2005 eines Hilfswerks*

Wichtigste Ergebnisse der Auswertung der «alten» Strategie
Grundsätzlich hat sich die Strategie bewährt. Das HW konnte die Glaubwürdigkeit bei der Bevölkerung (Spenderinnen und Spender), bei der Trägerschaft und bei den Auftraggebern stärken. Die Mitarbeitenden sind sehr motiviert, leistungsbereit und identifizieren sich mit ihrer Tätigkeit. Nicht nur die Bevölkerung, sondern auch die Auftraggebenden attestieren dem HW Fachkompetenz und Qualität. Dieses positive Fazit wird durch die Ergebnisse der externen Befragung bestätigt.

Das HW konnte die im Zielsystem festgelegten Ziele weitgehend erreichen. Es gelang ihm sehr gut, die geplanten Leistungen in den verschiedenen Geschäftsbereichen zu erbringen. Auch die finanziellen Ziele konnten u.a. dank einer gezielten Personalförderung und der ISO-Zertifizierung umgesetzt werden. Als verbesserungsfähig erscheint das Produktmarketing.

Zweiter Schritt: Umweltanalyse

Zeitraum	Methode	Beteiligte

Februar 2005	> Einschätzung der wichtigsten Entwicklungen in
	  > Gesellschafts- und Sozialpolitik
	  > Wirtschaft und Arbeitsmarkt
	  > Politik und Gesetzgebung
	  > Sozialarbeit
	  > Branche
	mittels STEP-Analyse. Als Grundlage dienen die fundierten Unterlagen der nationalen Zentrale.
	> Überprüfung der Anspruchsgruppen
		> Geschäftsleitung
		> Externer Experte

Abb. 5: *Umweltanalyse eines Hilfswerks*

Wichtigste Ergebnisse der Umweltanalyse
Das Hilfswerk kann folgende Chancen im Umfeld nutzen:
> Polarisiertes politisches Umfeld ermöglicht klare Positionierung
> Potential des Fairtrade
> Möglichkeiten zu strategischen Allianzen

Gleichzeitig hat das Hilfswerk folgende Risiken zu beachten:
> Rechtsrutsch in der politischen Landschaft
> Armut in der Schweiz versus Armut im «Süden»
> Verschärfte Konkurrenz im Spendenmarkt

Die Anspruchsgruppen wurden bereits im letzten Strategieentwicklungsprozess detailliert analysiert und beschrieben. An dieser Einschätzung hat sich grundsätzlich nichts geändert. Es bleibt die herausfordernde Aufgabe, den unterschiedlichen und teilweise auch widersprüchlichen Erwartungen der verschiedenen Anspruchsgruppen gerecht zu werden.

Die wichtigsten Anspruchsgruppen sind:
> Auftraggeber: Landeskirche/Bund/Kanton/Stadt/Gemeinden
> Träger-/Partnerorganisationen: Landeskirche/kath. ArbeitnehmerInnenbewegung/kath. Frauenbund/Nationale Zentrale des HW
> Klientinnen und Klienten / Kundinnen und Kunden
> Mitarbeitende
> Partnerorganisationen und Mitbewerber
> Spenderinnen und Spender

Dritter Schritt: Organisationsanalyse

Teilschritte, Zeitraum	Methode	Beteiligte
Aussensicht der Stärken und Schwächen Januar bis Mai 2005	> Auftrag an ein Fachinstitut für Politikstudien, die Wahrnehmung des HW durch die wichtigsten kommunalen und kantonalen Auftraggeber und Partnerorganisationen bezüglich: > Tätigkeitsbereiche > Qualität > Zusammenarbeit > Stellenwert > Image und > Perspektiven zu untersuchen (20 Interviews) > Kadertag: Präsentation und Diskussion des Berichts > Präsentation des Berichts für Belegschaft und Befragte	> Fachinstitut > Vertreterinnen und Vertreter der wichtigsten Auftraggeber, Träger- und Partnerorganisationen > Vorstand > Geschäftsleitung > Kader > Belegschaft
Stärken-Schwächen-Analyse Mai 2005	> Workshop der Geschäftsleitung: Bestimmung der Stärken und Schwächen des HW gestützt auf die Ergebnisse der Aussensicht > Kadertag: Diskussion und Ergänzung der Ergebnisse	> Geschäftsleitung, externer Experte > Kader des HW
Strategische Erfolgsfaktoren Mai 2005	> Geschäftsleitung: Identifikation der wichtigsten Erfolgspositionen > Kadertag: Diskussion der Erfolgspositionen	> Geschäftsleitung, externer Experte > Kader des HW
Zentrale Herausforderungen Juni 2005	> Geschäftsleitung: Bestimmung jener Faktoren (Herausforderungen), welche eine besondere Hebelwirkung entfalten und für das Überleben des HW kritisch sind	> Geschäftsleitung, externer Experte
Schlüsselfähigkeiten Mai–Juni 2005	> Geschäftsleitung: Überprüfung und Aktualisierung der bereits früher identifizierten Schlüsselfähigkeiten, indem sie zu den strategischen Erfolgsfaktoren und den zentralen Herausforderungen in Bezug gesetzt werden	> Geschäftsleitung, externer Experte

Abb. 6: *Organisationsanalyse eines Hilfswerks*

Wichtigste Ergebnisse der Organisationsanalyse

Die Analyse der Aussensicht zeigt, dass das HW als breit tätiges Mehrspartenhilfswerk wahrgenommen wird. Das Angebot ist zwar bekannt, wird aber teilweise auch als diffus bezeichnet («Gemischtwarenladen»). Das Profil scheint nach aussen unklar zu sein. Die Qualität der Dienstleistungen wird von allen Anspruchsgruppen generell als hoch eingeschätzt und die Zusammenarbeit als positiv beurteilt. Das HW konnte sein Image in den letzten Jahren verbessern. Grundsätzlich bestehen gute Perspektiven für eine weitere Zusammenarbeit.

Die nachfolgende Tabelle fasst die wichtigsten Stärken und Schwächen des HW zusammen:

Stärken	Schwächen
> Qualifizierte und motivierte Mitarbeitende	> Mangelnde Fokussierung
> Image und Bekanntheit	> Unsystematisches Controlling
> Flexibilität	> Teilweise schlechte Zusammenarbeit zwischen den Bereichen
> Managementsysteme und Führungsinstrumente	
> Klare Wertebasis	

Abb. 7: Stärken und Schwächen eines Hilfswerks

Die strategischen Erfolgsfaktoren, zentralen Herausforderungen und Schlüsselfähigkeiten des HW sind in der folgenden Tabelle zu finden:

Strategische Erfolgsfaktoren	Zentrale Herausforderungen	Schlüsselfähigkeiten
> Glaubwürdigkeit und Vertrauen	> Wahrnehmung von aussen	> Managementkompetenz
> Marktnähe	> Werte	> Multiple Fachkompetenz
> Klare Angebote	> Mitarbeitende	> Kommunikationskompetenz
> Effektivität, Effizienz und Produktivität	> Organisation	> Kooperationsfähigkeit
> Grösse	> Partner	> Ethische Kompetenz
> Finanzen		> Motivationskompetenz
> Flexibilität		
> Innovation		
> Mitarbeitende		
> Unternehmenskultur		

Abb. 8: Strategische Erfolgsfaktoren, zentrale Herausforderungen und Schlüsselfähigkeiten eines Hilfswerks

Vierter Schritt: Strategische Positionierung und strategische Leitlinien

Zeitraum	Methode	Beteiligte
Juli– Oktober 2005	> Workshop der Geschäftsleitung: Erarbeitung der strategischen Positionierung mit Aussagen zu folgenden Bereichen: > Normative Orientierung > Handlungsfelder > Einzugsgebiet > Anspruchsgruppen > Zusammenarbeit > Kommunikation > Grundlagenarbeit > Interessenvertretung > Festlegung der strategischen Leitlinen, welche die Positionierung konkretisieren und die Basis für einen Umsetzungsplan mit Zielen, Massnahmen, Zeitplan, Zuständigkeiten und Indikatoren für die Überprüfung der Zielerreichung bilden > Workshop der Geschäftsleitung und des Vorstands: Diskussion und Ergänzung der Ergebnisse > Interne Vernehmlassung: Einholen der Stellungnahme der gesamten Belegschaft > Kadertag: Diskussion und Ergänzung der Ergebnisse > Vorstand: abschliessende Stellungnahme	> Geschäftsleitung, externe Expertin > Vorstand > Kader des HW > Belegschaft

Abb. 9: *Vorgehen bei der strategischen Positionierung eines Hilfswerks*

Wichtigste Ergebnisse der strategischen Positionierung

Die neue strategische Positionierung lautet: «Wir fördern die Integration und fordern soziale Gerechtigkeit». Das HW muss sich also gleichzeitig als Interessenvertreterin von sozial benachteiligten Menschen und als Dienstleistungsorganisation positionieren und behaupten. Dazu kommt die Anforderung, innovativ neue Angebote und Projekte zu entwickeln.

Die Tätigkeit des HW soll klar erkennbar und kommunizierbar sein. Die Mehrspartentätigkeit bleibt ein wesentliches Merkmal des HW und gehört zur Identität. Die Handlungsfelder zeigen auf, wo das HW aktiv und kompetent ist:
> Armut und soziale Benachteiligung
> Erwerbslosigkeit
> Migration
> Begleitung in der letzte Lebensphase

Das HW bleibt in erster Linie für den Kanton zuständig. Eine schrittweise Ausweitung des Angebots in die Nachbarkantone wird aber angestrebt. Die Anspruchsgruppen bleiben dieselben.

Erfahrungen aus dem Strategieentwicklungsprozess

Bereits mit der Entwicklung der ersten Strategie (2000–2005) konnte das HW eine wichtige Lücke füllen. Zuvor war es oftmals schwierig, Kriterien zu finden, mit welchen sich begründen liess, warum das HW jetzt in einem bestimmten Gebiet tätig sein soll und in einem anderen nicht. Die Strategieentwicklung hat eine Verbindung zwischen dem Leitbild (normatives Management) und den operativen Tätigkeiten hergestellt.

Hoher Aufwand für die Geschäftsleitung

Der Aufwand war besonders für die Geschäftsleitung, welche sechs Workshoptage einsetzte, erheblich. Auch die externe Befragung der wichtigsten Partnerorganisationen und Auftraggeber verursachte beträchtliche Kosten. Dazu kam der Einbezug von vier verschiedenen externen Expertinnen und Experten. Grundsätzlich hat sich aber dieses Vorgehen bewährt. Dank der externen Befragung kann das HW seine Möglichkeiten und Grenzen wesentlich besser einschätzen. Die Befragung wurde auch von den befragten Personen sehr geschätzt und als Wertschätzung qualifiziert.

Externe Unterstützung

Der Beizug von wechselnden externen Expertinnen und Experten war in der Vorbereitung aufwändig, hat aber in hohem Masse dazu beigetragen, den Blick zu öffnen und nicht in einer Innensicht zu verharren.

Partizipation aller Führungskräfte

Die Reflexion der Zwischenergebnisse mit den Führungskräften des HW hat sich sehr bewährt. Einerseits waren sie so aktiv in den Prozess einbezogen, andererseits konnten die Zwischenergebnisse immer wieder gut rückgekoppelt und zur Praxis in Bezug gesetzt werden.

Die Umsetzung der Strategie passiert nicht automatisch. Es braucht dazu einen Massnahmenplan und gezieltes methodisches Vorgehen. Das «Tagesgeschäft» in den verschiedenen Handlungsfeldern ist sehr dynamisch und anspruchsvoll und beansprucht die Ressourcen in hohem Mass. Es besteht deshalb immer wieder die Gefahr, dass langfristige Ziele vernachlässigt werden. Der Einbezug des Vorstands und der Geschäftsleitung in die Strategieentwicklung gibt der Strategie aber den nötigen Stellenwert, um sie in den nächsten zwei Jahren erfolgreich realisieren zu können. Als ersten Schritt richtet das HW die Aufbau- und die Ablauforganisation auf die strategischen Zielsetzungen aus. Diese Projekte befinden sich bereits in der Umsetzungsphase.

Zusammenfassung

> Die Strategie einer Organisation gibt die grundlegende Entwicklungsrichtung vor und bezweckt die Zukunftssicherung der Organisation.

> Strategisches Denken ist eine besondere Art zu denken. Es umfasst die systematische Analyse der Vergangenheit und die zielorientierte Planung der Zukunft, beinhaltet aber auch den intuitiven Blick unter die Oberfläche der Dinge oder das kreative Beschreiten von vermeintlich unwichtigen Seitenwegen.

> Das Strategische Management befasst sich in systematischer Weise mit den Grundlagen für den langfristigen Erfolg einer Organisation. Es stellt Führungskräften die notwendigen Konzepte und Instrumente zur Verfügung, um das Verhältnis ihrer Organisation zu den Anspruchsgruppen, das Leistungsangebot, den Fokus der Wertschöpfung, die Kooperationsfelder sowie die Kernkompetenzen festzulegen.

> Die rasanten Veränderungen in der Umwelt zwingen heute auch Non-Profit-Organisationen dazu, Strategieentwicklungsprozesse durchzuführen und Strategien umzusetzen, um neue Erfolgspotentiale aufbauen zu können.

> Der Strategieentwicklungsprozess verläuft in der Regel phasenweise. Nach der Planung des gesamten Prozesses folgt die Analyse der eigenen Organisation sowie des Umfeldes. Aus den Resultaten der Analyse werden mögliche Strategien erarbeitet und bewertet; die aussichtsreichste wird anschliessend umgesetzt. Der gesamte Prozess wird laufend evaluiert.

Teil 1 Initiierungsphase

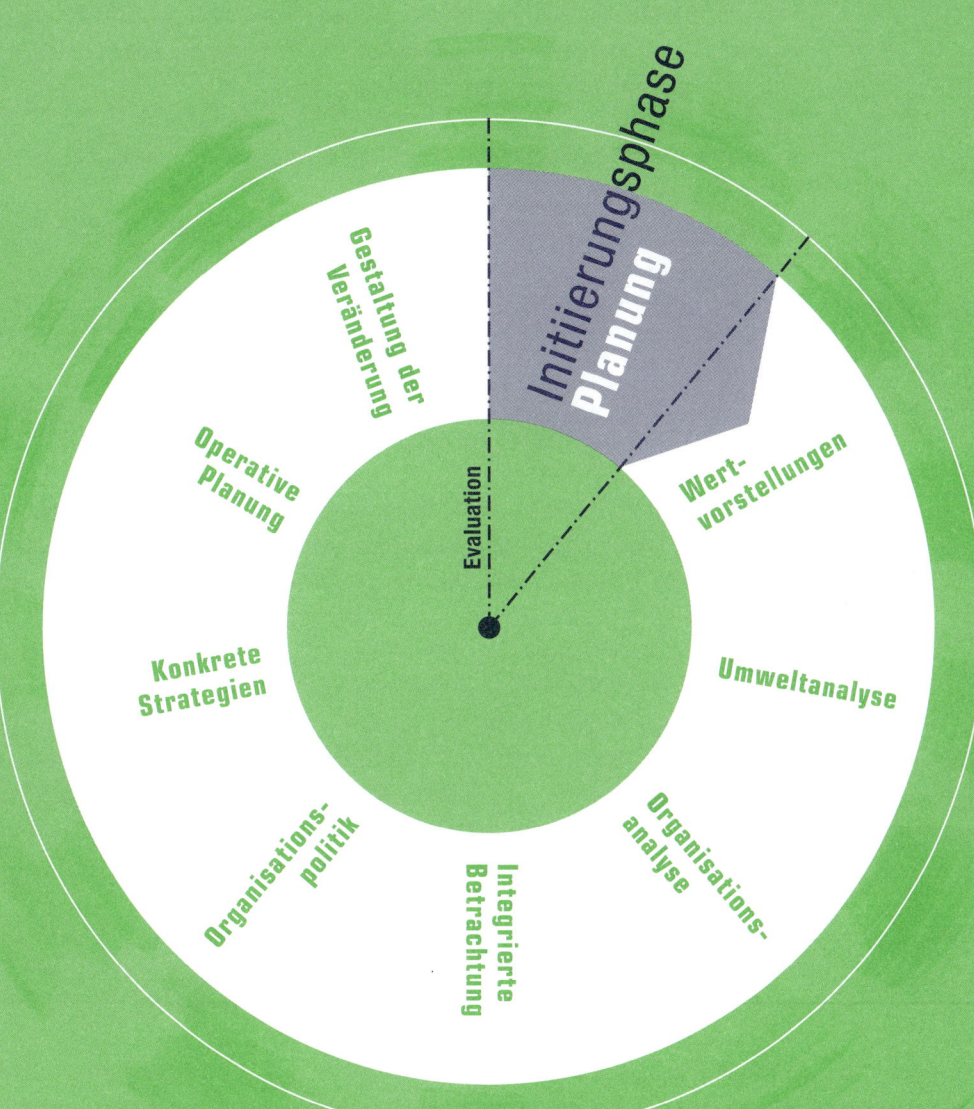

Initiierungsphase

2 Den Strategieentwicklungsprozess planen

Ideen für neue Strategien können von Führungskräften oder Mitarbeitenden kommen; sie werden bewusst lanciert oder entstehen «zufällig». Es ist deshalb wichtig, sich als Führungskraft am Anfang jedes Strategieentwicklungsprozesses zu fragen, wie die Organisation mit Veränderungsideen umgehen und strategische Initiativen gestalten soll.

In diesem Kapitel finden Sie Antworten auf die folgenden Schlüsselfragen:

> Wo und wie entstehen strategische Initiativen in unserer Organisation?
> Welche Initiativen wollen wir fördern? Welche Bedingungen schaffen wir zur Unterstützung ihrer Entwicklung?
> Welche Ressourcen stellen wir zur Verfügung?

2.1 Strategieentwicklung zwischen Planung und Zufälligkeit

Geplante Strategien

Wir leben heute in einer Welt, die ständig komplexer wird. Was genau die Wirkung einer bestimmten strategischen Entscheidung auf die Organisation und das direkte Umfeld sein wird, lässt sich immer weniger genau vorhersagen. Trotzdem sind viele Führungskräfte überzeugt, dass sich strategische Prozesse genau planen lassen, und orientieren sich am Modell der strategischen Planung. Dieses Modell geht davon aus, dass Entwicklung, Umsetzung und Wirkung von Strategien kontrollierbar sind, wenn methodisch richtig vorgegangen wird. Folgende Schritte haben Führungskräfte im Rahmen der strategischen Planung systematisch abzuarbeiten:

Top-down

> Festlegung der Ziele einer Organisation
> Systematische Analyse der Umwelt der Organisation sowie der Organisation selbst
> Erarbeitung und Evaluation von Strategiealternativen
> Auswahl einer Strategie
> Erarbeitung von Massnahmeplänen, Budgets und Zeitplänen für die Umsetzung
> Evaluation und Ergebniskontrolle

Diese rationale Perspektive der strategischen Planung wurde unter anderem von Mintzberg et al. (2004, S. 63 ff.) scharf kritisiert. Sie konnten mit empirischen Studien nachweisen, dass die in Unternehmen realisierten Strategien oft nicht mit den geplanten Strategien übereinstimmen. Deshalb unterscheiden Mintzberg et al. zwischen verschiedene Arten von Strategien, welche in der folgenden Abbildung grafisch dargestellt sind:

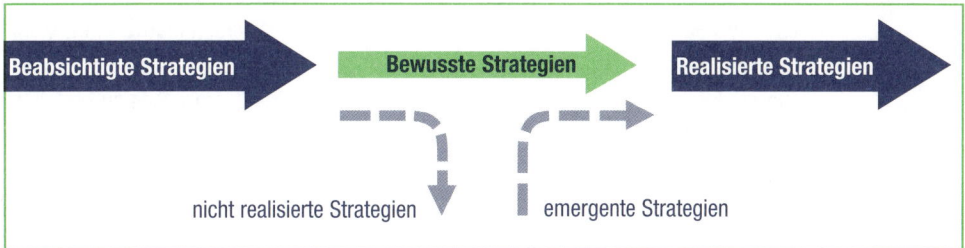

Abb. 10: Die Entwicklung von Strategien nach Mintzberg et al. (2004, S. 26)

In Unternehmungen ist zu beobachten, dass ein Teil der geplanten, beabsichtigten Strategien in der Praxis auch vollständig realisiert werden, was dem Modell der strategischen Planung entspricht. In Abweichung zu diesem Modell sind jedoch zwei weitere Phänomene wahrnehmbar. Einerseits gibt es beabsichtigte Strategien, welche sich in der Praxis als undurchführbar erweisen und deshalb als nicht realisierte Strategien aus dem Strategieumsetzungsprozess ausscheiden. Andererseits entstehen an verschiedenen Orten in der Organisation spontan Ideen, welche erwünschte Veränderungen bewirken und sich in der Folge ungeplanterweise zu einer Strategie herausbilden können. Diese emergenten Strategien machen nach Mintzberg einen beträchtlichen Teil der tatsächlich realisierten Strategien aus.

«Zufällige» Strategien

Emergente Strategien werden von der Basis entwickelt und vorgeschlagen, in einem Sozialdienst beispielsweise von einer Sozialarbeiterin oder von einem Klienten. Es ist zu vermuten, dass gerade in Non-Profit-Organisationen bisher viele der realisierten Strategien von der Basis initiiert sind und anschliessend von der Führung aufgenommen und umgesetzt werden. Nur ein geringer Teil der umgesetzten Strategien dürfte Resultat eines systematischen Planungsprozesses sein.

Bottom-up

Auch wenn emergente Strategien in der Praxis eine grosse Bedeutung haben, heisst das nicht, dass systematische Planung überflüssig wäre. Da die Mehrheit der realisierten Strategien eine Mischform aus beabsichtigten und emergenten Strategien darstellt, ist weder ausschliessliche Steuerung durch Planung noch Laisser-faire ratsam. Vielmehr lohnt es sich, beide Strategieentwicklungsmodelle zu nutzen. Dazu braucht es einerseits steuernde Planung und andererseits die Offenheit der Führungskräfte für Initiativen von der Basis und für das Zufällige.

2.2 Instrumente

Bezugsrahmen zur Planung von Strategieentwicklungsprozessen

Müller-Stewens und Lechner (2005, S. 79 f.) haben einen Bezugsrahmen zur Gestaltung der Initiierungsarbeit entwickelt. Führungskräfte können damit reflektieren, wie ihre Organisation in der Vergangenheit mit strategischen Initiativen umgegangen ist (Ist-Profil). Daneben dient der Bezugsrahmen auch zur Beschreibung des «idealen» Strategieentwicklungsprozesses: Wie sollen strategische Initiativen in Zukunft gefördert werden (Soll-Profil)?

Um ein Ist- oder ein Soll-Profil Ihres Strategieentwicklungsprozesses zu erstellen, bearbeiten Sie die folgenden sechs Fragenkomplexe:

Ort > **Wo?**
Fördert Ihre Organisation die Entwicklung von Veränderungsideen mit speziellen Rahmenbedingungen? Werden nur geplante Initiativen berücksichtigt oder ist die Leitung offen für emergente Strategien? Sind allein die obersten Führungsgremien (Vorstand, Stiftungsrat oder Stadt-/Gemeinderat) zuständig oder wird ein dezentraler Ansatz gewählt? Werden Initiativen von oben (top-down) und/oder von unten (bottom-up) gefördert?

Beteiligte > **Wer?**
Wer wird in den Strategieentwicklungsprozess einbezogen? Ist eine kleine Gruppe mit dieser Aufgabe hinter verschlossenen Türen betraut oder werden möglichst viele Organisationsmitglieder einbezogen? Wird allein die Perspektive der Organisationsleitung berücksichtigt oder auch die Sichtweise von Anspruchsgruppen wie Klienten, Spenderinnen oder Auftraggebern?

Timing > **Wann?**
Wie viel Zeit steht für die Strategieentwicklung zur Verfügung? Werden die Strategien in regelmässigen Abständen (z.B. alle drei Jahre) überarbeitet oder nur bei einschneidenden äusseren Ereignissen? Wird ein kurzer, mittelfristiger oder langfristiger Betrachtungszeitraum gewählt?

Mittel > **Womit?**
Welche Ressourcen (Geld, Zeit, Aufmerksamkeit der Organisationsmitglieder, Know-how) stehen zur Verfügung? Welche Konzepte und Instrumente wollen Sie einsetzen? Werden externe Fachpersonen beigezogen?

Vorgehen > **Was?**
Welche Arbeitsweise wird gewählt? Bevorzugen Sie rational-analytische Verfahren und/oder kreative Verfahren? Werden die Strategien bis ins kleinste Detail ausformuliert oder begnügen Sie sich angesichts der mangelnden Prognostizierbarkeit der Zukunft mit grundsätzlichen Überlegungen?

Zusammenarbeit > **Wie?**
Wollen Sie Konflikte bei der Erarbeitung von Strategien bewusst zulassen, um Entscheidungen breit zu verankern? Werden Beschlüsse top-down oder partnerschaftlich gefällt? Informieren Sie alle Mitarbeitenden zu einem frühen Zeitpunkt transparent über den Strategieentwicklungsprozess oder will die Organisation den Prozess möglichst lange geheim halten?

> **Evaluation**
> Wie wird die laufende Evaluation sichergestellt? Was und wie soll überprüft werden? Wie oft wollen Sie die Strategieentwicklung und -umsetzung evaluieren?

			Soll-Profil	
Ort	Offenheit	rigid		offen
	Verantwortlichkeit	zentral		dezentral
	Einflussrichtung	top-down		bottom-up
Beteiligte	Beteiligungsgrad	elitär		breit gestreut
	Perspektivenmix	homogen		heterogen
	Fähigkeitenmix	monodisziplinär		interdisziplinär
Timing	Dauer	kurz		lang
	Auslöser	terminorientiert		ereignisorientiert
	Horizont	kurzfristig		langfristig
Mittel	Ressourceneinsatz	gering		hoch
	Methodeneinsatz	spärlich		reichhaltig
Vorgehen	Arbeitsweise	analytisch		intuitiv
	Strukturierungsgrad	fein		grob
Zusammenarbeit	Konfliktintensität	niedrig		hoch
	Entscheidungsform	patriarchalisch		demokratisch
	Transparenz	gering		hoch
Evaluation	Zuständigkeit	intern		extern
	Häufigkeit	punktuell		regelmässig

Abb.11: Beispiel eines Bezugsrahmens zur Planung der Strategieentwicklung
(in Anlehnung an Müller-Stewens/Lechner 2005, S. 79)

10 Thesen für die Strategieentwicklung

Der beschriebene Bezugsrahmen macht deutlich, dass die Ausgestaltung der Initiierungsarbeit eine Vielzahl von Optionen beinhaltet. Welche Optionen sollen Führungskräfte nun wählen? Die 10 Thesen des US-amerikanischen Managementspezialisten Hamel (1996, S. 69 ff.) geben Ihnen Anregung, was Sie bei der Initiierungsarbeit in Ihrer Organisation konkret beachten sollten.

1. Strategische Planung ist oft nicht strategisch, sollte es aber sein, wenn sie Nutzen stiften will. Eine Organisation darf deshalb nicht Stabilität suchen, sondern muss offen für die Entdeckung von Neuem sein. *Offenheit für Neues*

2. Der Entwurf von Strategien sollte subversiv sein und an den Grundannahmen der Organisation rütteln.

3. Der Engpass ist meist am Hals der Flasche. Erfahrene, ältere Führungskräfte verteidigen oft die alte Ordnung und behindern dadurch die Entstehung von Neuem.

4. Revolutionäre existieren in jeder Organisation. Ihnen sollte Raum gegeben werden, damit sie ihre Ideen einbringen können.

Beteiligung der Mitarbeitenden

5. Wandel ist nicht das Problem – Beteiligung ist es. Nicht einbezogene Mitarbeitende beteiligen sich in der Regel nicht am Wandel.

6. Strategien sollten demokratisch entworfen werden.

7. Alle können Strategien entwickeln und leben, nicht nur die oberste Führung.

Vielfalt der Perspektiven

8. Eine Vielfalt von Perspektiven ist eine wertvolle Ressource. Je mehr Perspektiven zusammenwirken, umso reichhaltiger und innovativer wird der Strategieentwicklungsprozess.

9. Top-down und bottom-up sind keine Alternativen. Strategieentwicklungsprozesse müssen in beide Richtungen laufen und sich gegenseitig befruchten.

10. Man kann das Ende nicht vom Anfang her sehen. Ist ein Strategieentwicklungsprozess breit angelegt, können die Führungskräfte die Ergebnisse nicht vorhersehen und werden manchmal mit «unliebsamen» Resultaten konfrontiert. Ein demokratischer Prozess hilft jedoch, Umsetzungsprobleme zu vermeiden und neue Lösungen zu finden

Strategieentwicklung nach den Regeln des Projektmanagements

Einerseits haben Führungskräfte also festzulegen, wie die Initiierungsarbeit zu gestalten ist. Andererseits gehört es auch zu ihren Pflichten, die einzelnen Schritte des Strategieentwicklungsprozesses genau zu beschreiben und festzulegen. Welche Aufgaben sollen bis wann von wem und womit erledigt werden?

Die zusätzlichen Tätigkeiten, welche im Laufe der Strategieentwicklung anfallen, lassen sich in der Regel nicht nebenbei erledigen. Deshalb ist es empfehlenswert, die Strategieentwicklung als Projekt zu organisieren und Ziele, Struktur, Ablauf und Steuerung projektbezogen festzulegen. Was heisst das konkret?

Meilensteine

> Es braucht klare und überprüfbare Projektziele und Meilensteine (Zwischenziele).

Projektorganisation

> Eine passende Projektorganisation ist festzulegen: Lenkungsausschuss (Vorstands- oder Stiftungsratsmitglieder, Geschäftsleitung), Projektleitung, Projektteam, gegebenenfalls externe Beratung.

> Die Projektaufgaben und der Terminplan müssen im Detail ausgearbeitet werden. Es ist ratsam, die Projektdauer möglichst eng zu befristen, damit der "Projekt-Elan" nicht vorzeitig erlischt. Mit einer engen Terminplanung können Sie auch die Gefahr bannen, sich in den Analysen zu verlieren. Hinterfragen Sie jeden Schritt nach seinem Nutzen für den Strategieentwicklungsprozess und wenden Sie nur jene Instrumente an, welche für die Zielerreichung erforderlich erscheinen.

Aufgaben- und Terminplan

> Die notwendigen personellen und finanziellen Ressourcen sind abzuschätzen und von der Organisationsleitung freizugeben.

Ressourcenplanung

> Die Spielregeln der Zusammenarbeit sollen gemeinsam festgelegt werden.

Spielregeln festlegen

Gültige Regeln, wie lange ein Strategieentwicklungsprozess dauern soll und wie viel er kosten darf, gibt es nicht. Der notwendige Aufwand hängt entscheidend davon ab, wie gross die Organisation ist, ob die ganze Organisation oder nur eine Abteilung betroffen ist und wie hoch der Veränderungsbedarf ausfällt. Es macht einen grossen Unterschied, ob für die Strategieentwicklung auch das Leitbild verändert werden muss oder ob es darum geht, die Strategie des Mutterhauses auf die eigene Organisation herunterzubrechen.

Eingehendere Informationen zum Projektmanagement finden Sie auf S.172 ff.

Fallbeispiel: Strategieentwicklung in der Gemeinde R.

Der Neue Finanzausgleich zwischen Bund und Kantonen (NFA) setzt die Kantone und Gemeinden unter Druck, ihre Aufgaben- und Finanzverteilung zu überprüfen und den neuen Gegebenheiten anzupassen. Nachdem der Kanton eine Kommission zur Erarbeitung einer Kantonalen Finanz- und Aufgabenreform (KFA) eingesetzt hat, wird deutlich, inwiefern die Gemeinde R. von der Reform betroffen ist.

Die knapp 5000 Einwohnende zählende Gemeinde R. muss nach Umsetzung der KFA mit Mehrkosten von jährlich rund 300 000 Franken rechnen. Betroffen ist insbesondere der Sozialbereich, weil die finanzielle Verantwortung für die Jugendhilfe, die Sozialhilfe sowie die im Rahmen von Integrationsprojekten ausbezahlten Soziallöhne neu vom Kanton auf die Gemeinden übertragen wird. Aufgrund gesetzlicher Vorgaben ist der Spielraum für Veränderungen in der Sozialhilfe äusserst klein, während im Bereich der Jugendhilfe und der Integrationsprojekte die Gemeinde R. selbständig entscheiden kann.

Der Leiter des Sozialdienstes befürchtet, dass die Reform als Anlass genommen wird, um Leistungen im Sozialbereich, insbesondere in der Jugendhilfe, abzubauen.

Im Zuge eines Strategieentwicklungsprozesses auf Gemeindeebene sollen deshalb strategische Optionen erarbeitet werden, welche die neue Finanz- und Aufgabenverteilung ohne Abbau staatlicher Leistungen umsetzen können.

Der Leiter des Sozialdienstes ergreift die Initiative und erarbeitet eine Konzeptskizze für den Strategieentwicklungsprozess. Er definiert die Projektziele und beschreibt die notwendigen Phasen des Prozesses. Für jede Phase formuliert er die zu bearbeitenden Fragen, die Aufgaben und empfiehlt geeignete Arbeitsinstrumente. Zudem macht er einen Vorschlag für die Projektorganisation. Neben der Sozialvorsteherin sollen der Finanzchef, der Schulpräsident, die Gemeindeschreiberin, der Leiter der Sozial- und Gesundheitsabteilung sowie die Leiterin der Schulabteilung mitarbeiten. Die Projektleitung wird einer unabhängigen, externen Fachperson übergeben. Ergänzt wird die Konzeptskizze mit Pflichtenheften für die einzelnen Projektgruppenmitglieder, einem Budget sowie einem detaillierten Zeitplan.

In der Folge wird die Konzeptskizze vom Gemeinderat genehmigt und die Projektgruppe mit der Erarbeitung strategischer Optionen für die Umsetzung der KFA in der Gemeinde R. beauftragt.

(In Anlehnung an Berger, 2004)

Zusammenfassung

> Im Modell der strategischen Planung wird angenommen, dass die Entwicklung und Umsetzung von Strategien beherrschbar ist, wenn gezielt und systematisch vorgegangen wird. Es ist jedoch zu beobachten, dass nur ein Teil der realisierten Strategien von der Geschäftsleitung geplant worden ist. Ein anderer Teil der realisierten Strategien – die emergenten Strategien – hat sich spontan irgendwo in der Organisation herausgebildet.

> Strategische Planung allein reicht nicht aus. Für die Strategieentwicklung braucht es einerseits steuernde Planung und andererseits die Offenheit der Führungskräfte für Initiativen der Basis und für das Zufällige.

> Am Anfang jeder Strategieentwicklung ist festzulegen, wie der Prozess gestaltet werden soll. Mit dem Bezugsrahmen zur Gestaltung des Strategieentwicklungsprozesses können Führungskräfte analysieren, wie ihre Organisation bisher strategische Initiativen gestaltet hat, oder festlegen, wie sie in Zukunft vorgehen wollen.

> Die 10 Regeln für die Strategieentwicklung von Hamel geben Führungskräften Anregung für einen verbesserten Umgang mit dem «Strategischen».

> Die Strategieentwicklung wird vorzugsweise als Projekt organisiert. Dazu gilt es, klare Ziele, die Projektstruktur mit Verantwortlichen und Ressourcen, den Ablauf und die Art und Weise der Projektsteuerung festzulegen.

Teil 2 Analysephase

3 Organisation, Management und Führung: Das neue St. Galler Management-Modell

Nach Abschluss der Initiierungsphase folgt die Analysephase. In dieser Phase richten Sie als Führungskraft den Blick einerseits nach aussen und analysieren die Chancen und Risiken im Umfeld der Organisation. Andererseits geht es um den Blick nach innen. Sie überprüfen die Stärken und Schwächen der Organisation sowie die tragenden Werte. Als Synthese folgt die integrierte Betrachtung der Organisation in ihrem Umfeld. Daraus ersehen Sie aufgrund von Normstrategien erste strategische Optionen für Ihre Organisation.

Um die für den Strategieentwicklungsprozess nötigen Analysen erstellen zu können, ist ein Denkrahmen hilfreich, der Antwort darauf gibt, was Management und Führung heisst und was unter einer Organisation zu verstehen ist. Der zweite Teil des Buches beginnt deshalb mit theoretischen Überlegungen zu Organisation, Management und Führung. Danach werden Sie in die konkreten Analyseschritte eingeführt.

3.1 Besonderheiten von Non-Profit-Organisationen

Wir verstehen Organisationen als zweckorientierte Systeme, die entweder gewinnorientiert ausgerichtet sind (Unternehmung) oder gemeinnützige Ziele verfolgen (Non-Profit-Organisationen).

Non-Profit-Organisationen unterscheiden sich von Unternehmungen aber nicht nur bezüglich der Gewinnorientierung. Sie weisen noch eine Reihe anderer Besonderheiten auf, die im Rahmen eines Strategieentwicklungsprozesses beachtet werden müssen. Folgende Besonderheiten können den Prozess beeinflussen:

Ehrenamtliche Vorstände

> Ehrenamtliche Vorstände spielen bei vielen Non-Profit-Organisationen eine grosse Rolle. Das ist ein potentielles Konfliktfeld, weil die operative Führung vielfach auch strategische Überlegungen machen muss, wenn der ehrenamtliche Vorstand diesbezüglich wenig kompetent ist oder keine Zeit dazu findet. Die faktische Hierarchie der Sachkompetenz läuft häufig bottom-up, während die Formalhierarchie der Entscheidungskompetenz top-down läuft (vgl. Schwarz 2001, S. 67). An den Übergängen zwischen ehrenamtlichen Vorständen und operativer Geschäftsführung sowie in der Strategieumsetzung auch zwischen bezahlten Mitarbeitenden und Freiwilligen ist daher besondere Aufmerksamkeit bezüglich der Rollen und Aufgaben erforderlich.

> Die Gruppe der Freiwilligen kann als eigene Anspruchsgruppe betrachtet werden. Gemeinsam mit den bezahlten Mitarbeitenden ergibt das in Non-Profit-Organisationen oft ein anderes Führungsverständnis als in gewinnorientierten Unternehmungen. Stark hierarchische Organisationen erfordern ein anderes Führungsverständnis als eher partnerschaftlich orientierte Organisationen, die auf die freiwillige Mitarbeit von Frauen und Männern angewiesen sind (vgl. Sander 1998, S. 248 ff.). Führung «von unten» bzw. eine partizipative Führungskultur ist daher in Non-Profit-Organisationen häufig anzutreffen. Dies ist auch im Rahmen eines Strategieentwicklungsprozesses zu berücksichtigen. Tendenziell kann es also sinnvoll sein, die Mitarbeitenden von Anfang an in den Prozess mit einzubeziehen.

Freiwillige Mitarbeitende

> Non-Profit-Organisationen haben häufig eine andere Gesellschaftsform als Unternehmungen. Sie sind oft als Vereine, Stiftungen oder staatliche Organisationen organisiert. Insofern treffen die Wertkulturen von Demokratie einerseits und freier Marktwirtschaft andererseits in konkreten Entscheidungssituationen offensichtlicher aufeinander und bedürfen einer offenen Aushandlung. Geht es z. B. um die strategische Entscheidung, ob eine Non-Profit-Organisation eine Differenzierungsstrategie oder eine Kostenführerschaftsstrategie wählen soll, wird dieser Wertekonflikt häufig deutlich.

Vereine oder Stiftungen

Peter Schwarz (2001) versucht die Vielfalt der Organisationen anhand der Kriterien Trägerschaft, Zweck und Aufgabe sowie Typen zu ordnen. In der nachfolgenden Abbildung wird deutlich, wie heterogen die Gruppe der Non-Profit-Organisationen (NPO) im Vergleich mit jener der privaten profitorientierten Organisationen (PO) ist. Die jeweiligen Besonderheiten müssen im Rahmen eines Strategieentwicklungsprozesses unbedingt beachtet werden.

Kategorie	Trägerschaft	Zweck, Aufgabe	Arten, Typen
Staatliche NPO	Gemeinwirtschaftliche NPO	Erfüllung demokratisch festgelegter Aufgaben, Erbringung konkreter Leistungen für die Bürgerinnen und Bürger	> Öffentliche Verwaltungen (Sozialdienste, Vormundschaftsämter etc.) > Öffentliche Betriebe (Spitäler, Schulen, Heime, Museen…)
Halbstaatliche NPO	Öffentlich-rechtliche Selbstverwaltungskörperschaften	Erfüllung übertragener Aufgaben auf gesetzlicher Grundlage	> Kammern in D und A (Wirtschaftskammer, Angestelltenkammer Arbeiterkammer etc.)
Private NPO	Wirtschaftliche NPO	Förderung und Vertretung der wirtschaftlichen Interessen der Mitglieder	> Wirtschaftsverbände > Gewerkschaften > Konsumentenorganisationen etc.
	Soziokulturelle NPO	Gemeinsame Aktivitäten im Rahmen kultureller, gesellschaftlicher Interessen, Bedürfnisse der Mitglieder	> Sportvereine > Kirchen > Freizeitvereine etc.

Kategorie	Trägerschaft	Zweck, Aufgabe	Arten, Typen
Private NPO	Politische NPO	Gemeinsame Aktivitäten zur Durchsetzung politischer (ideeller) Interessen und Wertvorstellungen	> Politische Parteien > Natur- oder Umweltschutzorganisationen > Organisierte Bürgerinitiativen etc.
	Soziale NPO	Erbringung von Unterstützungsleistungen an bedürftige Bevölkerungskreise im Sozial- und Gesundheitsbereich	> Soziale Organisationen > Dienstleistungsbetriebe für Kranke und Betagte > Hilfswerke > Selbsthilfegruppen mit sozialen Zwecken etc.
Private PO	Erwerbswirtschaftliche PO	Verkauf von Gütern und Dienstleistungen auf Märkten zwecks Ertrag auf Kapital	> Industrie > Gewerbe > Dienstleistungen etc.

Abb. 12: *Vielfalt von Non-Profit-Organisationen (in Anlehnung an Schwarz 2001, S. 15)*

Auch Non-Profit-Organisationen stehen heute zunehmend in einem ökonomischen Wettbewerb. In diesem Wettbewerb haben jene Organisationen Erfolg, denen es immer wieder von neuem gelingt, Nutzen stiftende Aufgaben zu entdecken und diese im Vergleich zur Konkurrenz besser zu erfüllen. Sie erbringen ihre Leistungen effektiver, indem sie einen wertvolleren Nutzen für die verschiedenen Anspruchsgruppen schaffen, und zugleich effizienter, indem sie die Leistungen kostengünstiger herstellen.

Auf der andern Seite können sich Unternehmen heute nicht mehr darauf beschränken, geldmässigen Profit zu erwirtschaften. Neben dem finanziellen Nutzen müssen sie zunehmend auch den gesellschaftlichen Nutzen ihres Wirkens ausweisen.

3.2 Das neue St. Galler Management-Modell

Management-Modelle als Orientierungskarte

Um die Komplexität von Fragestellungen im Zusammenhang mit Management[2] zu reduzieren, dienen Management-Modelle als eine Art Orientierungskarte. Sie bilden einen Ordnungsrahmen, der logische Verbindungen und bestimmte Wirkungszusammenhänge zwischen Wichtigem aufzeigt und damit besonders in Situationen hoher Ungewissheit und Mehrdeutigkeit eine rasche Orientierung im Sinne von «sensemaking» ermöglicht. Als sprachliche Konstruktion erleichtert ein Modell im gemeinsamen Gebrauch eine rasche Verständigung. Alle Mitarbeitenden wissen, wenn von «unseren wichtigen Anspruchsgruppen» die Rede ist, wer damit gemeint ist.

---

[2] Management verstehen wir in Anlehnung an Ulrich als eine Funktion, genauer als Gestalten, Lenken (Steuern) und Weiterentwickeln von Organisationen, die in arbeitsteiligen Prozessen Aufgaben zugunsten ihrer Anspruchsgruppen erfüllen (vgl. Rüegg-Stürm 2003, S. 22, in Anlehnung an Ulrich, 1984).

In der Theorie gibt es viele verschiedene Management-Modelle (z. B. den Züricher Ansatz, das EFQM-Modell der European Foundation for Quality Management, das Freiburger Management-Modell für Non-Profit-Organisationen usw.). Alle versuchen, einen Ordnungsrahmen für die zentralen Fragen im Zusammenhang mit Management, Führung und Organisation zu geben und Wirkungszusammenhänge aufzuzeigen.

Eines der bekanntesten Modelle ist das neue St. Galler Management-Modell (siehe Abb. 13). Wir haben es ausgewählt, weil es ein sehr umfassendes Modell ist und sich in der Praxis als «Landkarte durch den Managementdschungel» sehr gut bewährt hat. Besonders in der Analysephase des Strategieentwicklungsprozesses – sowohl bei der Umwelt- als auch bei der Organisationsanalyse – greifen wir immer wieder auf zentrale Kategorien und Begriffe des neuen St. Galler Management-Modells zurück. Deshalb wird es im Folgenden kurz vorgestellt. Interessierte Leserinnen und Leser finden eine ausführliche Darstellung des neuen St. Galler Management-Modells und dessen Grundlagen im Buch von Johannes Rüegg-Stürm (2003).

Umfassendes Modell und Analyseraster

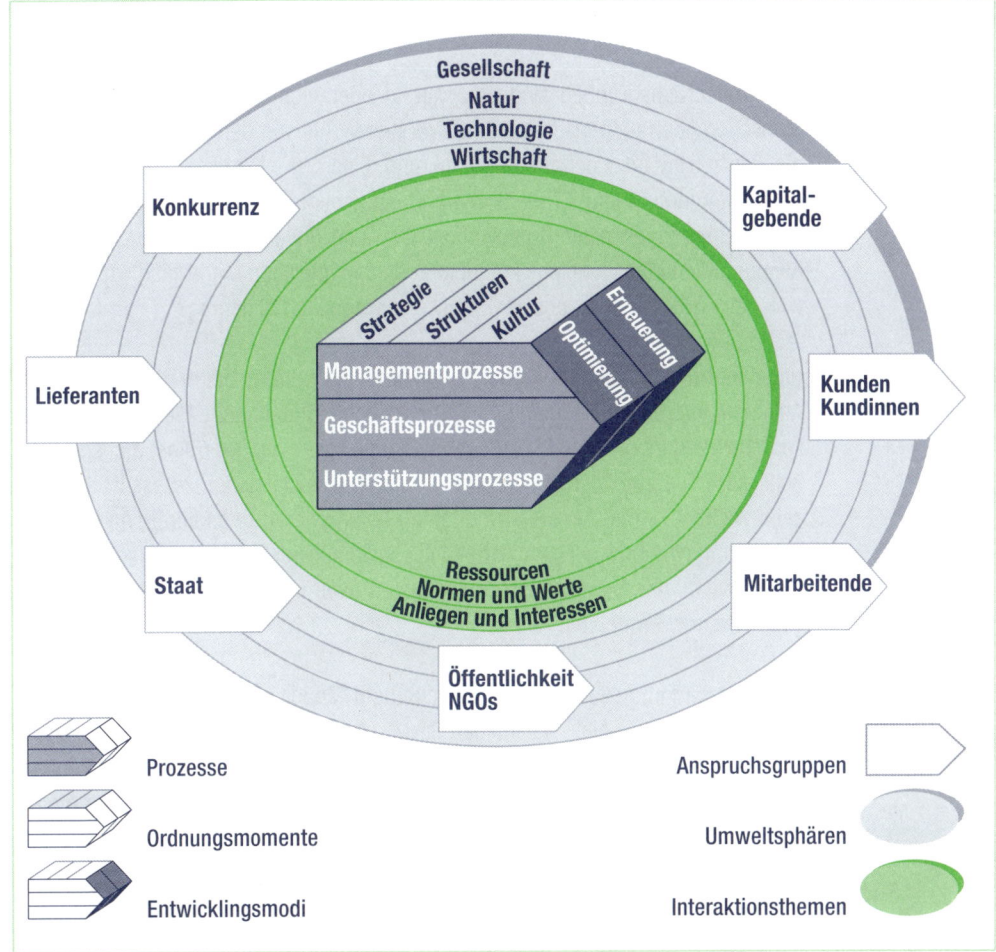

Abb. 13: Das neue St. Galler Management-Modell im Überblick (vgl. Rüegg-Stürm 2003, S. 22)

Strategie wird im neuen St. Galler Management-Modell als «Ordnungsmoment» gefasst. Eine Strategie gibt dem organisationalen Alltagsgeschehen eine gewisse Ordnung. Neben den «Ordnungsmomenten» unterscheidet das neue St. Galler Management-Modell fünf weitere zentralen Begriffskategorien. Es sind dies: Umweltsphären, Anspruchsgruppen, Interaktionsthemen, Prozesse und Entwicklungsmodi. Im Folgenden werden einige wichtige Fragestellungen aus der Perspektive des Strategischen Managements mit den zentralen Begriffskategorien des neuen St. Galler Management-Modells verknüpft:

Umweltsphären	Unter Umweltsphären sind die wichtigen Kontexte einer Organisation und ihre Trends zu verstehen. Sie spielen im Rahmen des Strategischen Managements besonders in der Analysephase eine entscheidende Rolle. Wird die Umweltanalyse beispielsweise als Teil der SWOT-Analyse eingesetzt, werden die verschiedenen Umweltsphären (Gesellschaft, Natur, Technologie und Wirtschaft) systematisch nach Chancen und Gefahren für die eigene Organisation untersucht. Dabei geht man der Frage nach, was von aussen alles passieren und Einfluss auf die Organisation haben könnte, sowohl im Sinne von Chancen als auch im Sinne von Gefahren.
Anspruchsgruppen	Unter Anspruchsgruppen sind organisierte oder nicht organisierte Gruppen von Menschen oder auch Institutionen zu verstehen, die von den Aktivitäten der Organisation positiv oder negativ betroffen sind. Eine der wichtigsten Fragestellungen im Zusammenhang mit Strategischem Management ist jene nach den wichtigsten Anspruchsgruppen einer Organisation. Wer sind unsere Kunden/Kundinnen bzw. Klienten/Klientinnen? Welche Mitanbieter sind im gleichen Markt tätig wie wir? Von welchen Geldgebern ist unsere Tätigkeit massgeblich abhängig?
Interaktionsthemen	Unter Interaktionsthemen werden personen- und kulturgebundene Elemente wie Anliegen, Interessen, Normen und Werte und objektgebundene Elemente wie Ressourcen verstanden. Eine Organisation kommuniziert mit ihren Anspruchsgruppen über diese Themen. Im Rahmen eines Strategieentwicklungsprozesses ist es einerseits wichtig, Normen und Werte offen zu legen und zu reflektieren. Andererseits geht es um eine Um- oder Neuverteilung von verschiedenen Ressourcen, beispielsweise, wenn eine Beratungsstelle zugunsten einer intensiveren Präventionsarbeit geschlossen werden soll.
Ordnungsmomente	Strategie wird im neuen St. Galler Management-Modell als «Ordnungsmoment» gefasst. Eine Strategie gibt – neben den Strukturen (Prozesse und Aufbauorganisation) und der Kultur – dem organisationalen Alltagsgeschehen eine gewisse Ordnung. Über Strategie, Struktur und Kultur wird versucht, das Alltagsgeschehen auf die Erzielung bestimmter Wirkungen und Ergebnisse auszurichten.

Die Wertschöpfungsaktivitäten und die dafür notwendige Führungsarbeit werden in Prozessen erbracht. Im neuen St. Galler Management-Modell wird zwischen Managementprozessen, Geschäftsprozessen und Unterstützungsprozessen unterschieden. Im Rahmen einer Organisationsanalyse werden diese im Strategieentwicklungsprozess genau unter die Lupe genommen. Die ethisch-normative Grundhaltung einer Organisation, die z. B. in einem Leitbild festgehalten ist, kann aufgrund einer Neupositionierung überprüft und nötigenfalls angepasst werden (als Teil eines Managementprozesses). Im Rahmen einer strategischen Analyse können Geschäftsprozesse daraufhin überprüft werden, ob sie effizient erbracht werden (z. B. durch Benchmarking), oder es können die Kernfähigkeiten einer Organisation herausgearbeitet werden. Unterstützungsprozesse können aufgrund einer strategischen Analyse optimiert oder eventuell sogar ausgelagert werden (z. B. Reinigungsarbeiten).

Prozesse

Organisationen müssen sich aufgrund der hohen Umweltdynamik kontinuierlich weiterentwickeln. Sowohl Optimierungsprozesse (z. B. Verbesserung der Beziehungen zur Trägerschaft, Verbesserung der Personalauswahl) als auch umfassende Erneuerungsprozesse (z. B. Neupositionierung einer karitativen Einrichtung) sind zentrale Fragen im Zusammenhang mit Strategischem Management.

Entwicklungsmodi

Das neue St. Galler Management-Modell bietet Ihnen als Führungskraft ein umfassendes Analyseraster. Im Rahmen eines Strategieentwicklungsprozesses haben Sie zuerst zu klären, warum ein solcher Prozess durchgeführt werden soll. Wenn das grosse Ziel bzw. der Grund klar ist (z. B. Neupositionierung, Ausweitung der Geschäftstätigkeit, Zusammenschluss mit einem Mitbewerber oder Kosteneinsparungen), kann mit den konkreten Schritten der Analysephase gestartet werden: Analyse der Wertvorstellungen, Umweltanalyse, Organisationsanalyse und integrierte Betrachtungsweise. Dabei gilt es nicht, möglichst viele Analysen durchzuführen und möglichst umfangreiche Daten zu sammeln. Vielmehr raten wir Ihnen, selektiv vorzugehen und die passenden Instrumente auszuwählen, welche notwendig sind, um Antworten auf die zentralen Fragen der Organisation zu finden.

Zusammenfassung

> Organisationen sind zweckorientierte Systeme. Auch Organisationen mit gemeinnützigem Zweck – Non-Profit-Organisationen – stehen heute zunehmend in einem ökonomischen Wettbewerb. Sie bilden keine einheitliche Gruppe und unterscheiden sich nicht nur von profitorientierten Unternehmen, sondern auch untereinander sehr stark. Diese Unterschiede sind bei der Strategieentwicklung zu berücksichtigen.

> Das neue St. Galler Management-Modell dient wie andere Management-Modelle als Orientierungskarte, um die Funktionsweise von Organisationen besser zu verstehen. Es hat sich als Landkarte durch den Managementdschungel bewährt und bietet einen Denkrahmen für die verschiedenen Schritte der Analysephase.

> Das neue St. Galler Management-Modell unterscheidet sechs zentrale Begriffskategorien. Alle wertschöpfenden Aktivitäten der Organisation werden in Prozessen erbracht. Die Ordnungsmomente (Strategie, Struktur, Kultur) richten diese Prozesse so aus, dass bestimmte Ergebnisse erzielt werden. Die Entwicklungsmodi beschreiben die kontinuierliche Weiterentwicklung der Organisation, welche durch Veränderungen in der Umwelt nötig wird. Die Anspruchsgruppen sind Menschen und andere Organisationen, welche von den Aktivitäten der Organisation betroffen sind. Sie kommunizieren mit der Organisation; Gegenstand der Kommunikation sind die Interaktionsthemen. Die Umweltsphären bilden schliesslich den zentralen Kontext der Organisation.

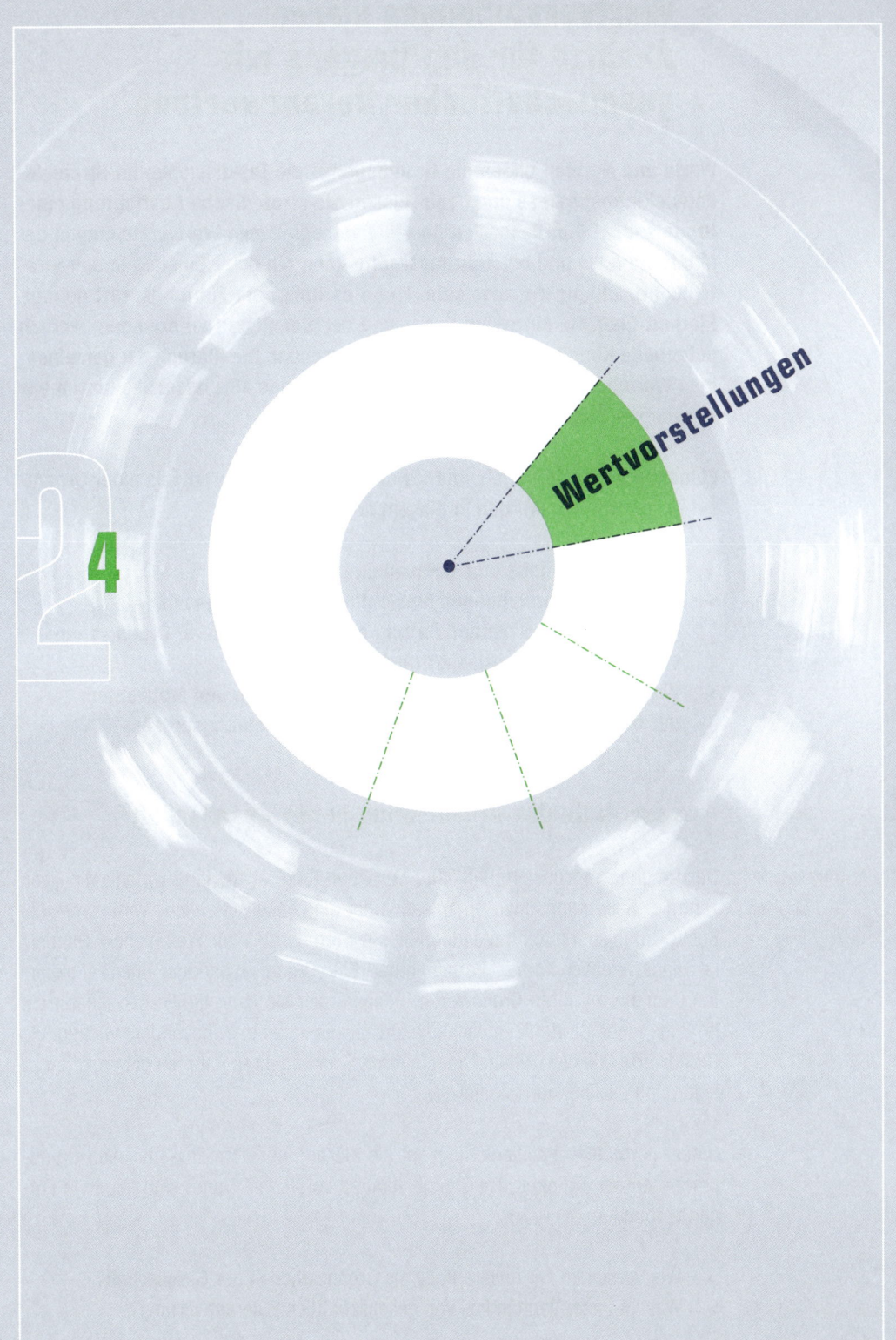

4 Wertvorstellungen klären: Ansätze für den Umgang mit gesellschaftlicher Verantwortung

Werte und Normen bilden die Grundlage für die Diskussionen im Strategieentwicklungsprozess und beeinflussen die strategische Ausrichtung einer Organisation. Die Diskussion über die verschiedenen Wertvorstellungen der Mitarbeitenden und der Führungskräfte kann ein guter Einstieg in den Strategieentwicklungsprozess sein. Wenn es Ihnen als Führungskraft gelingt, Klarheit über die einzelnen Positionen der Beteiligten zu erlangen, werden potentielle Konflikte ein Stück weit vorhersehbar. Die Klärung der gemeinsamen Wertebasis hilft Ihnen auch, wiederkehrende «Grundsatzdiskussionen» in späteren Phasen in Grenzen zu halten.

Folgende Schlüsselfragen sind für die Analyse der Wertebasis einer Organisation zentral und werden in diesem Kapitel gestellt:

> Welches sind unsere gemeinsamen Werte?
> Welche Wertvorstellungen hinsichtlich des Umgangs mit gesellschaftlicher Verantwortung herrschen in unserer Organisation vor («normative Positionierung»)?
> Wo und wie beeinflussen persönliche Interessen und Motivation der Organisationsführung den Strategieentwicklungsprozess?

4.1 Zur Rolle der Organisation in der Gesellschaft

Handeln als Parteinahme

Der Umgang mit gesellschaftlicher Verantwortung ist für jede Organisation von zentraler Bedeutung. Jede Organisation hat eine gesellschaftliche Verantwortung. Keine Organisation kann standpunktlos («wertneutral») zur Welt stehen. Handeln ist unausweichlich immer «Parteinahme». Eine Organisation kann einen reflektierten Umgang mit ihren Grundwerten pflegen oder sie kann die Fragen ignorieren. Im Zuge eines Strategieentwicklungsprozesses ist es aber besonders wichtig, die Grundwerte, die dem Alltagshandeln ihren Sinn und ihren Rahmen geben, offen zu legen und darüber zu diskutieren.

Unter «normativer Positionierung» ist die Klärung der normativ-ethischen Grundprämissen der Tätigkeit der Organisation zu verstehen. Damit sind folgende Fragen verbunden:

> Wie verstehen wir unsere Rolle als Organisation in der Gesellschaft?
> Was ist unser Verständnis von gesellschaftlicher Verantwortung?

> Welche Werte bilden die Grundlage für unsere Handlungen und unser Verhalten?
> Wie verhalten wir uns unseren Anspruchsgruppen gegenüber?
> Welche Leitlinien haben wir für den Umgang mit sich widersprechenden Anliegen und Interessen?

Organisationen oder Unternehmen gehen unterschiedlich mit ihren Anspruchsgruppen um. Diesbezüglich lassen sich zwei verschiedene normative Grundorientierungen unterscheiden, das strategische Anspruchsgruppenkonzept auf der einen Seite und das normativ-kritische Anspruchsgruppenkonzept auf der anderen Seite.

Umgang mit Anspruchsgruppen

In Abbildung 14 werden die beiden Konzepte zusammenfassend dargestellt:

Strategisches Anspruchsgruppenkonzept	**Normativ-kritisches Anspruchsgruppenkonzept**
▼	▼
Strategische Orientierung (Marktprinzip: Es zählt, was mir nützt)	Ethische Orientierung (Moralprinzip: Es gilt, was legitim ist)
▼	▼
Orientierung am Erfolg (Überleben, Lebensfähigkeit)	Orientierung an moralischen Eigenwerten
▼	▼
Akzeptanzsicherung: faktische Zustimmung	Legitimation (gute Gründe)
▼	▼
Nutzen-Kosten-Kalkül	Normative Konsensfähigkeit bei allen Betroffenen
▼	▼
Klugheit (aufgeklärtes Eigeninteresse)	Verantwortung (Rücksichtnahme auf andere)
▼	▼
Funktionale Erfolgsvoraussetzungen: Absicherung von Wettbewerbsvorteilen	Normative Erfolgsvoraussetzungen: Zumutbarkeit von «Nebenwirkungen» für Dritte

Abb. 14: *Grundorientierungen beim Umgang mit gesellschaftlicher Verantwortung (in Anlehnung an Ulrich 2004, S. 146)*

Organisationen, welche dem strategischen Anspruchsgruppenkonzept folgen, orientieren sich ausschliesslich am wirtschaftlichen Erfolg und am Überleben der Organisation. Die Interessen von Anspruchsgruppen werden nur dann berücksichtigt, wenn sie direkt oder indirekt den Erfolg der Organisation beeinflussen können. Leitlinien für unternehmerisches Handeln bilden ein profitorientiertes Kosten-Nutzen-Kalkül und die Akzeptanzsicherung. Führungskräfte suchen deshalb nicht nur nach dem besten Kosten-Nutzen-Verhältnis, sondern gleichzeitig nach Lösungen, welche

Strategisches Anspruchsgruppenkonzept

den Handlungsspielraum ihrer Organisation sicherstellen oder gar vergrössern[3]. In der Praxis heisst das z. B. in Bezug auf (Massen-)Entlassungen, dass diejenigen Mitarbeitenden entlassen werden, die der Organisation wirtschaftlich keinen signifikanten Nutzen mehr bringen (sozial schwache und ältere Mitarbeitende[4]). Gleichzeitig muss aber sichergestellt werden, dass wichtige «Know-how-Träger» der Organisation weiterhin ihre Arbeitskraft zur Verfügung stellen.

Normativ-kritisches Anspruchsgruppenkonzept

Ein völlig anderer Umgang mit den Interessen von Anspruchsgruppen ergibt sich aus dem normativ-kritischen Anspruchsgruppenkonzept. Alle Anspruchsgruppen mit berechtigten (legitimen, d. h. evident begründbaren) Interessen werden beachtet. Wie machtvoll eine Anspruchsgruppe den Unternehmenserfolg beeinflussen kann, spielt dabei keine Rolle. Die Organisation berücksichtigt also jede Anspruchsgruppe, welche von ihren Tätigkeiten positiv oder negativ betroffen ist. Anstelle der alleinigen Ausrichtung am wirtschaftlichen Erfolg orientiert sie sich an moralischen Eigenwerten. Im Falle von Interessenskonflikten steht die Zumutbarkeit im Zentrum. Bei Entlassungen wird die Leitung demzufolge nicht nur danach fragen, welche Mitarbeitenden sich für die Organisation in Zukunft «auszahlen», sondern auch darüber befinden, wer legitime Ansprüche (z. B. aufgrund erbrachter Leistungen in der Vergangenheit) hat und wie diesen Ansprüchen in fairer Weise begegnet werden kann. Weiter hat die Leitung zu beachten, wer durch eine Kündigung besonders stark betroffen wäre, z. B. ältere Mitarbeitende, welche wenig Aussicht auf Wiedereinstellung haben, oder indirekt betroffene Angehörige.

Während das strategische Anspruchsgruppenkonzept Ansprüche wie Unternehmenserfolg, Überlebensfähigkeit der Organisation oder Wertsteigerung in jedem Fall über andere Ansprüche stellt, werden beim normativ-kritischen Anspruchsgruppenkonzept alle Ansprüche als grundsätzlich gleichwertig betrachtet und im Gesamtkontext abgewogen. Bei dieser Abwägung anhand guter und nachvollziehbarer Gründe spielen Kriterien wie Fairness, Gerechtigkeit, Lebensdienlichkeit und Zumutbarkeit eine wichtige Rolle. Diese bilden die Grundlage für ethisch tragfähige Entscheidungen.

«Gemischte Motivlagen»

In der Praxis von Organisationen treten meistens «gemischte Motivlagen» auf. Sowohl die strategische wie auch die ethische Orientierung sind in allen Organisationen nicht nur zulässig, sondern auch notwendig. Zu vermeiden ist aber eine gedankliche bzw. argumentative Vermischung der beiden Orientierungen. Ökonomische Interessen sind – wie andere Interessen auch – als Ansprüche zu begreifen,

---

[3] In Europa wird mehr der so genannte Stakeholder-Value-Ansatz verfolgt, in Amerika häufig der so genannte Shareholder-Value-Ansatz. Während der Shareholder-Value-Ansatz als oberstes Ziel die maximale Steigerung des Börsenwertes des investierten Kapitals verfolgt, also primär die Eigentümer als Anspruchsgruppe sieht, werden beim Stakeholder-Value-Ansatz all jene Anspruchsgruppen berücksichtigt, die wirkmächtige Anliegen haben, also das Überleben der Organisation gefährden können.

[4] Deren geschäftsrelevante Kenntnisse sind meist überholt, bei Veränderungen ist von dieser Gruppe eher Widerstand zu erwarten, dazu kommen höhere Krankheitskosten und meist höhere direkte Lohnkosten, was aus strategischer Sicht das Einsparungspotential vergleichsweise hoch macht.

die ethisch zu prüfen sind, sollten aber nicht a priori den Ausschlag geben. Andererseits kann eine Organisation nicht unter Berufung auf ihre moralischen Eigenwerte ökonomische Interessen ausser Acht lassen und so ihr Überleben gefährden.

Wichtige Begriffe der Ethik

Ethik: Moderne Ethik ist eine philosophische Teildisziplin, die sich im Kern mit den Problemen der unparteilichen, vernünftigen Begründung von moralischen Ansprüchen an menschliches Tun befasst. Sie betreibt die kritische Reflexion vorgefundener moralischer Ansprüche und bezieht sich dabei auf die wechselseitige Achtung und Anerkennung der Menschen als Wesen gleicher Würde.

Legitimation: Ethische Legitimation meint die Berechtigung erhobener Geltungsansprüche oder einer Handlungsweise im Lichte des Moralprinzips und damit deren unparteiliche Vertretbarkeit gegenüber allen Betroffenen. Legitimität beruht also auf ethisch guten Gründen. Legitimität ist von Legalität und blosser Akzeptanz (faktische Anerkennung seitens der Betroffenen) zu unterscheiden.

Normen: grundlegende, allgemein anerkannte, wertbasierte Verhaltensprinzipien bzw. Verhaltensregeln
Normen sind soziale Geltungsansprüche, die in einer Gesellschaft als verbindlich betrachtet werden und an denen sich das Tun der Menschen orientieren soll.

Werte: grundlegende Präferenzvorstellungen über ein gutes Leben; wichtige Bezugspunkte für die Legitimation von Anliegen und Interessen oder Verhaltensweisen

Anliegen: Anliegen drücken verallgemeinerungsfähige Ziele aus.

Interessen: Interessen drücken unmittelbaren Eigennutz aus.

Abb. 15: *Wichtige Begriffe der Ethik (vgl. Ulrich 2001)*

4.2 Instrumente

Wertvorstellungsprofil

Mit dem Wertvorstellungsprofil können die Wertvorstellungen von Einzelpersonen, Teams, Abteilungen oder ganzen Organisationen graphisch dargestellt und vorhandene Unterschiede sichtbar sowie diskutierbar gemacht werden. Zunächst definiert die Geschäftsleitung jene Wertvorstellungen, welche bezogen auf das strategische Vorhaben relevant sind, und bestimmt, wer befragt werden soll. Es ist ratsam, für diesen Schritt genügend Zeit einzuräumen, da erfahrungsgemäss

Graphische Darstellung der Wertvorstellungen

bereits der Austausch über die Relevanz von Wertvorstellungen einen Lernprozess in Gang bringt. In einem zweiten Schritt gewichten die ausgewählten Personen mittels eines Fragebogens die aufgelisteten Wertvorstellungen. Die Auswertung der Fragebogen zeigt, wo grosse Übereinstimmung herrscht und wo die Haltungen stark auseinander gehen.

Wertvorstellungen in Workshops klären

Aufgrund der Resultate bestimmt die Geschäftsleitung das weitere Vorgehen. Wenn die befragten Personen einzelne Wertvorstellungen unterschiedlich gewichten, kann es nützlich sein, einen Workshop zur Klärung dieser Wertvorstellungen zu organisieren, bevor die nächsten Schritte des Strategieprozesses in Angriff genommen werden. Falls die Befragten in ihrer Haltung mehrheitlich nicht übereinstimmen, braucht es zumindest eine gemeinsame Überprüfung des Leitbildes (vgl. S. 136 ff,).

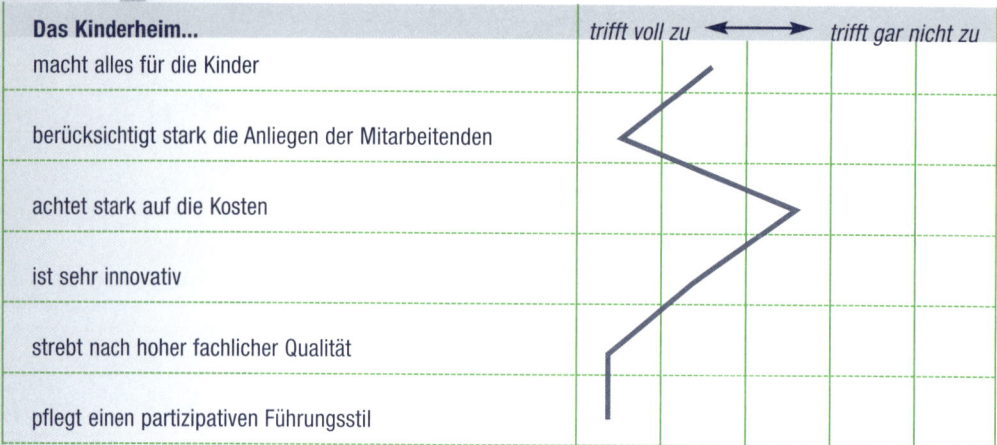

Abb. 16: Wertvorstellungsprofil einer Gruppenleiterin in einem Kinderheim (vgl. Graf/Spengler 2004, S. 70)

Klärung der Interessen und der persönlichen Motivation

Beweggründe gemeinsam reflektieren

Nicht nur die persönlichen Wertvorstellungen beeinflussen den Strategieentwicklungsprozess, sondern auch die Interessen und persönlichen Motive der beteiligten Personen. Bätscher/Ermatinger (2004) schlagen deshalb vor, dass alle Beteiligten in einem Workshop ihre Beweggründe gemeinsam reflektieren:
> Aus welchen persönlichen Gründen bin ich motiviert und interessiert, mich für die strategische Weiterentwicklung unserer Organisation zu engagieren?
> Wie lauten meine persönlichen Ziele in und mit der Organisation?
> Welche Aufgaben und Verantwortungen übernehme ich im Rahmen unserer Strategieentwicklung?

Zusammenfassung

> Jede Organisation hat eine gesellschaftliche Verantwortung. Sie muss sich normativ positionieren, indem sie ihre Rolle in der Gesellschaft und ihren Umgang mit den Anspruchsgruppen festlegt.

> Bezogen auf den Umgang mit gesellschaftlicher Verantwortung können zwei unterschiedliche normative Grundorientierungen festgestellt werden: das strategische Anspruchsgruppenkonzept und das normativ-kritische Anspruchsgruppenkonzept.

> Organisationen, welche dem strategischen Anspruchsgruppenkonzept folgen, orientieren sich ausschliesslich am wirtschaftlichen Erfolg. Sie berücksichtigen Interessen von Anspruchsgruppen nur, wenn diese den Erfolg der Organisation beeinflussen können.

> Organisationen, welche dem normativ-ethischen Anspruchsgruppenkonzept folgen, orientieren sich an moralischen Eigenwerten und berücksichtigen die Interessen aller Anspruchsgruppen unabhängig von deren Einfluss auf die Organisation.

> In der Praxis von Unternehmen und Non-Profit-Organisationen sind meistens beide Grundorientierungen zu finden. Mit dem Instrument des Wertvorstellungsprofils können Führungskräfte die unterschiedlichen Wertvorstellungen in ihrer Organisation sicht- und diskutierbar machen und über die Diskussion eine gemeinsame Grundlage für das weitere Vorgehen legen.

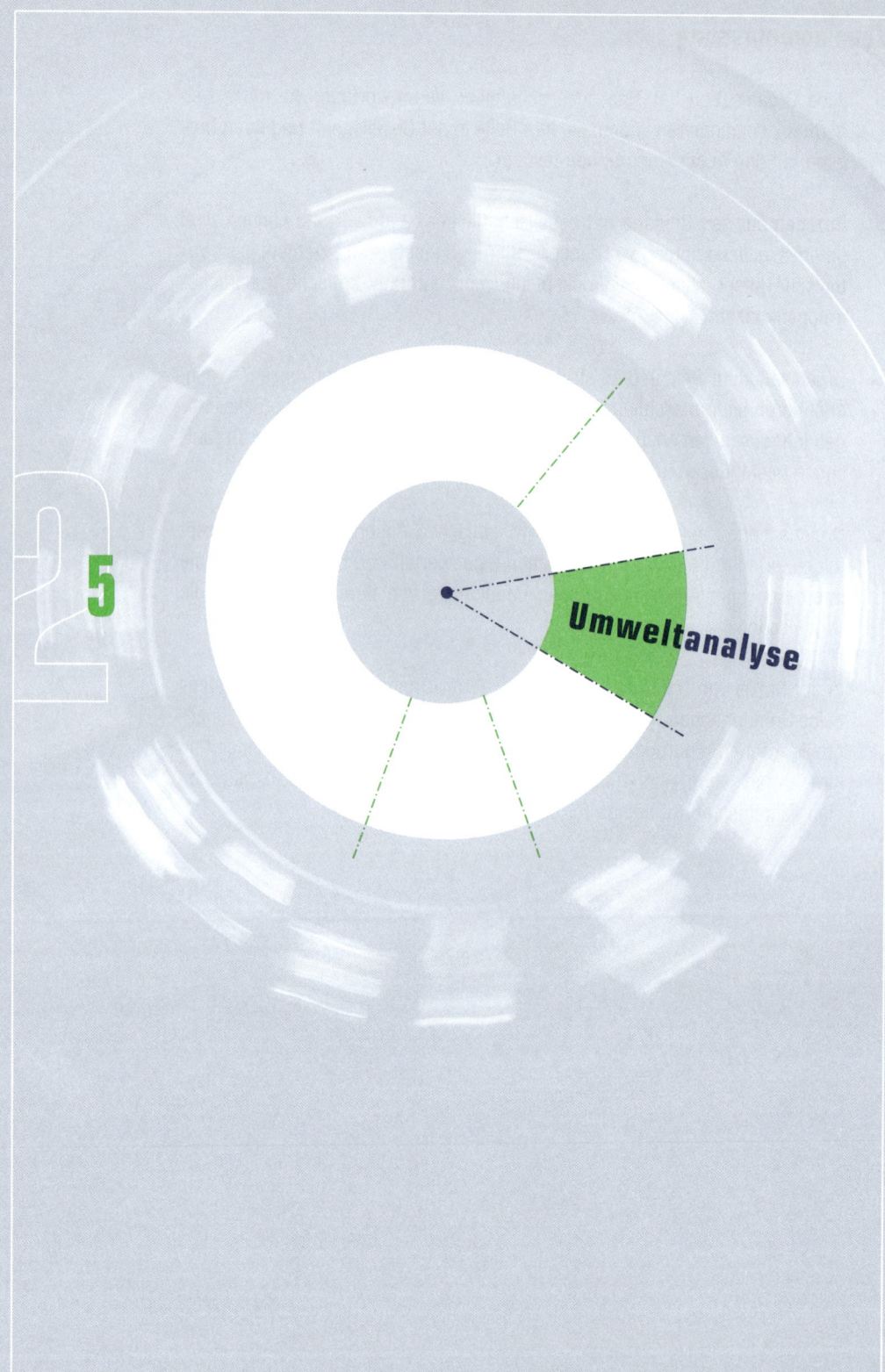

5 Umweltanalyse

Ist die normative Positionierung erfolgt und sind die verschiedenen Wertvorstellungen geklärt, stellt sich Ihnen als Führungskraft die Frage, wie mit der Unsicherheit über die zukünftigen Entwicklungen umgegangen werden soll. Antwort darauf können Sie finden, indem Sie die Umwelt Ihrer Organisation auf verschiedenen Ebenen systematisch analysieren.

Bei der Umweltanalyse richten Sie Ihren Blick gegen aussen und untersuchen das Aussenverhältnis der Organisation (siehe Abb. 13, S. 49). Im Zentrum Ihres Interesses steht einerseits die weite Umwelt. Sie fragen nach gesellschaftlichen Entwicklungen, Veränderungen in der Natur, technologischen Errungenschaften oder wirtschaftlichen Prozessen und fokussieren jene Entwicklungen, welche für Ihre Organisation die zentralen Herausforderungen für die Zukunft darstellen. Dadurch können Sie relevante Trends erkennen und die Chancen und Risiken benennen, welche sich daraus ergeben.

Andererseits untersuchen Sie das nahe Umfeld, welches durch die Anspruchsgruppen gebildet wird. Sie überprüfen, wie Ihre Organisation zu den wichtigsten Anspruchsgruppen steht und mit welchen (neuen) Erwartungen Sie konfrontiert werden. Kann eine Organisation nämlich auf Dauer die Erwartungen der Anspruchsgruppen nicht erfüllen, so werden sich diese – falls es Alternativen gibt – anderen Organisationen zuwenden.

Eine besondere Rolle innerhalb der Anspruchsgruppen spielen die Mitbewerber der Branche: Wer sind sie und wie funktioniert die Branche? Von zentraler Bedeutung sind auch jene Gruppen, welche die Leistungen beziehen. Wer gehört zu den Zielgruppen? Welche Bedürfnisse haben Ihre Kundinnen und Kunden bzw. Ihre Klientinnen und Klienten?

Um die Umwelt systematisch untersuchen zu können, führen Sie die Analyse auf den verschiedenen Umweltebenen durch. Dazu brauchen Sie nicht möglichst viele Untersuchungen durchzuführen, sollten aber Anzahl und Art der Analysen auf die strategischen Herausforderungen Ihrer Organisation abstimmen. Die nachfolgende Tabelle gibt Ihnen einen zusammenfassenden Überblick über die in diesem Kapitel vorgestellten Analyseansätze und -instrumente. Dabei wird der Fokus zunehmend enger, von allgemeinen Trends hin zur konkreten Zielgruppe.

	Untersuchungsfeld	Analyseansatz	Analyseinstrumente
Weite Umwelt	Allgemeine Trends in Gesellschaft, Natur, Technologie und Wirtschaft	Strategische Frühaufklärung	> Szenariotechnik > STEP-Analyse
Nahes Umfeld	Anspruchsgruppen	Analyse der Anspruchsgruppen	> Relevanzmatrix der Stakeholder
	Mitanbieter, Branche	Analyse der Branche	> 5 Einflusskräfte > Strategische Gruppen
	Zielgruppen: Kundinnen und Kunden, Klientinnen und Klienten	Analyse des Marktes	> Segmentierung > Nutzwertanalyse

Abb.17: Überblick über die beschriebenen Analyseansätze und -instrumente für die Umweltanalyse

5.1 Strategische Frühaufklärung

Im Strategieentwicklungsprozess treffen Sie Entscheidungen, deren Folgen sich erst in der Zukunft zeigen werden. Um eine solide Entscheidungsbasis zu haben, benötigen Sie deshalb Informationen über die zu erwartenden Veränderungen der Umwelt. Sichere Zukunftsprognosen kann Ihnen aber niemand liefern. Die Ungewissheit über die kommenden Entwicklungen können Sie prinzipiell nicht beseitigen. Was Sie jedoch tun können, ist, sich systematisch mit Zukunftsfragen zu beschäftigen und Ihre Sensibilität gegenüber Umweltveränderungen zu erhöhen, welche sich oft über erste «schwache Signale» ankündigen.

In diesem Kapitel werden deshalb die folgenden Schlüsselfragen gestellt:

> Welche allgemeinen Trends haben Einfluss auf unsere Tätigkeit?
> Welche Entwicklungen der Umwelt bestimmen unsere Branche?
> Welche Chancen und Gefahren finden sich in der Umwelt unserer Organisation?

5.1.1 Umgang mit Unsicherheit über die zukünftige Entwicklung

Schwache Signale wahrnehmen

Strategische Frühaufklärung beginnt dort, wo Prognosen enden. Es geht darum, die Sensibilität der eigenen Organisation für schwache Signale aus der Umwelt zu erhöhen. Ziel ist es, Bedrohungen und Chancen in den verschiedenen Umweltbereichen rechtzeitig zu erkennen und in die Planung einzubeziehen, was letztlich zu einer Verbesserung der Planungsqualität führt.

Ein wichtiger Bereich der strategischen Frühaufklärung ist seit mehr als zwanzig Jahren die Trendforschung. Unter Trend wird eine bestimmte Entwicklungsrichtung oder eine Strömung verstanden. Trendforschende versuchen, verschiedene, von ihnen beobachtete Erscheinungen einem definierten Trend zuzuordnen. Je nach Forschungsblickwinkel kann jedoch dieselbe Erscheinung zu verschiedenen Trends gezählt werden.

Trendforschung

Entlang der Zeitachse und der branchenspezifischen Reichweite werden verschiedene Trendkategorien unterschieden (vgl. Bieger 2004, S. 56 f.):

> Kurzfristige Hypes betreffen oft nur einzelne Produkte, z. B. Tamagochis.
> Moden üben kurz- bis mittelfristigen Einfluss aus und beziehen sich auf einzelne Produktbereiche, z. B. Minijupes.
> Mittelfristige Trends beeinflussen eine ganze Branche, z. B. Veränderung der Ferienziele nach dem 11.9.01.
> Langfristige Grundtrends wirken sich im Sinne von Megatrends auf die gesamte Gesellschaft aus, z. B. Überalterung der Gesellschaft, Liberalisierung der Wertvorstellungen (Ehe von Homosexuellen), Globalisierung oder Individualisierung.

Trendkategorien

5.1.2 Instrumente

Für die Trendforschung stehen heute unterschiedliche Methoden zur Verfügung. Gewinnorientierte Unternehmen setzen beispielsweise auf Scanning (Auswertung verschiedener Medien hinsichtlich ihrer Interpretation der Welt und Ableitung von Trends) oder auf Trendmonitoring (Beobachten der Entwicklung einer bestimmten Gruppe oder Szene). Im Non-Profit-Bereich haben sich die Szenariotechnik und die STEP-Analyse als nützlich erwiesen und werden im Folgenden vorgestellt.

Szenariotechnik

Mit Hilfe der Szenariotechnik können Sie als Führungskraft mögliche Zukunftsbilder entwickeln. Entwickeln kann in diesem Zusammenhang durchaus als Drehbuch verstanden werden, denn Sie entwerfen nicht einfach nur ein Zukunftsbild, sondern beschreiben den Weg dorthin. Welche Wirkungszusammenhänge gibt es? Welche Abhängigkeiten bestehen und was für mögliche Störereignisse können auftreten? Wichtig ist auch, dass Sie mögliche Entscheidungspunkte definieren, an denen durch den Einsatz von Massnahmen reagiert werden kann oder muss. Eine ausführliche Beschreibung dieser Technik liefert Ute von Reibnitz (1991).

Zukunftsbilder entwickeln

Da die Anwendung der Szenariotechnik sehr aufwändig ausfallen kann, empfehlen wir besonders kleineren Organisationen eine vereinfachte Form. In einem ersten Schritt analysieren Sie die Problemlage, um anschliessend für einen Zeitraum von maximal fünf Jahren zwei Extremszenarien (best case und worst case) zu entwerfen. Nötigenfalls ergänzen Sie die beiden Extremvarianten mit einem «mittleren» Szenario. In einem abschliessenden Workshop vergleichen und überprüfen Sie die erarbeiteten Szenarien, ermitteln die möglichen Auswirkungen auf Ihre Organisation und planen die notwendigen Massnahmen.

Fallbeispiel:
Drei Zukunftsszenarien für das betreute Wohnen für Drogensüchtige

Der Sozialdienst einer grösseren Gemeinde führt eine betreute Wohngemeinschaft für sieben randständige, suchtbetroffene Menschen aus der ganzen Region. Verschiedene Probleme führen dazu, dass der Sozialdienst eine Standortbestimmung vornimmt. Zum einen hat der Kanton beschlossen, die Subventionen massiv zu kürzen. Zum andern zeigen sich die einweisenden Gemeinden der Region immer weniger bereit, längerfristige Kostengutsprachen für das betreute Wohnen zu leisten. Schliesslich hat sich auch die Zielgruppe verändert. Die meisten Bewohnerinnen und Bewohner leiden nicht mehr bloss an Suchtproblemen, sondern zeigen auch psychische und andere Schwierigkeiten.

Um abschätzen zu können, wie sich die zukünftige Nachfrage nach Plätzen des betreuten Wohnes für Randständige entwickeln wird, setzt der Sozialdienst die Szenariotechnik ein und definiert nach mehreren Diskussionsrunden folgende drei Zukunftsszenarien:

Erstes Szenario: Genereller Sozialabbau
Die Ausgaben für die Sozialhilfe werden sukzessive gekürzt. Randständige, suchtbetroffene Menschen erhalten nur noch Nothilfe. Plätze für betreutes Wohnen werden von den Gemeinden in mittlerer Zukunft nicht mehr finanziert.

Zweites Szenario: Gezielter Sozialabbau
Sozialhilfeempfängerinnen und -empfänger werden aufgrund ihres Reintegrationspotentials kategorisiert. In Mitglieder von Kategorien mit guter Prognose wird Zeit und Geld investiert, während «aussichtlose» Fälle ausschliesslich Nothilfe erhalten. Die Gemeinden werden demzufolge in mittlerer Zukunft nur noch betreute Wohnplätze finanzieren, wenn es um vergleichsweise gut reintegrierbare Menschen geht (z. B. Jugendliche, welche wegen Konflikten nicht mehr bei den Eltern wohnen können; Alleinerziehende). Randständige, suchtbetroffene Menschen haben meist eine schlechte Reintegrationsprognose und demzufolge in diesem Szenario wenig oder keine Aussicht auf betreute Wohnplätze.

Drittes Szenario: Spezialisierung und Effizienzsteigerung
Der Trend in der Sozialarbeit geht in Richtung Spezialisierung und Effizienzsteigerung. Kleine «Auffangvorrichtungen» wie das betreute Wohnen für Randständige sind nicht mehr gefragt, sondern grössere Organisationen, welche über spezifische, Erfolg versprechende Kompetenzen verfügen, zielorientierte Programme anbieten und aufgrund ihrer Grösse die Mittel kostengünstig einsetzen können.

In allen drei erarbeiteten Szenarien hat die betreute Wohngemeinschaft in der heutigen Form kaum Überlebenschancen. Die Leitung des Sozialdienstes beschliesst deshalb, dass das Konzept auf dem Hintergrund der drei Szenarien grundsätzlich überarbeitet werden muss.

STEP-Analyse[5]

Auch die STEP-Analyse fokussiert die allgemeine Umwelt einer Organisation. Wenn Sie als Führungskraft eine solche Analyse durchführen, «fahnden» Sie nach den dominierenden Trends und allgemeinen Rahmenbedingungen, die voraussichtlich einen starken Einfluss auf Ihre Organisation ausüben werden. Dabei unterscheiden Sie Einflussfaktoren des sozialen (S), technischen (T), wirtschaftlichen (E) und politischen (P) Segmentes.

Soziokulturelles Segment (S)	Technologisches Segment (T)	Ökonomisches Segment (E)	Politisch-rechtliches Segment (P)
Bevölkerungsentwicklung	Produktinnovation	Erwerbslosigkeit	Sozialversicherungsrecht
Altersstruktur	Prozessinnovation	Inflationsraten	Sozialhilfegesetz
Geografische Verteilung	Wissenstransfer	Wirtschaftswachstum	Mietrecht
Mobilitätsverhalten		Konsumverhalten	Steuerrecht
Einkommensverteilung		Staatsverschuldung	Arbeitsrecht
Konsumverhalten		Verteilung der bezahlten und unbezahlten Arbeit	Wirtschaftspolitik
Arbeitseinstellung		Erwerbsquote von Frauen	Subventionspolitik
Ausbildungsqualität			

Abb. 18: *Segmente der allgemeinen Umwelt von Non-Profit-Organisationen und mögliche Einflussfaktoren (in Anlehnung an Müller-Stewens/Lechner 2005, S. 205)*

---

[5] STEP steht als Abkürzung für die englischen Begriffe «social, technical, economic, political».

Fallbeispiel:
STEP-Analyse eines Dachverbandes für Behindertenorganisationen

Soziokulturelle Einflussfaktoren: *Die Zahl der Menschen mit Behinderungen wächst, lässt sich aber nicht genau bestimmen (Dunkelziffer). Die Langzeit-Erwerbslosigkeit schafft neue Gruppen von Menschen mit Behinderungen. Insbesondere die Anzahl der Menschen mit psychischen Behinderungen ist in den letzten Jahren stark gestiegen. Es werden immer mehr Menschen mit Angst-, Ess-, Schlaf- und Hirnleistungsstörungen und Krankheiten in Verbindung mit Alkohol- und Drogenkonsum in psychiatrischen Kliniken behandelt. Was sind die Gründe für die Zunahme der Patientenzahl? Einerseits ist die Hemmschwelle, sich in einer psychiatrischen Klinik behandeln zu lassen, gesunken. Andererseits führt die soziale Isolation dazu, dass immer mehr Menschen an Depressionen erkranken.*

Die gesellschaftliche Integration von Menschen mit Behinderungen ist noch lange nicht abgeschlossen. Der Zugang zu Infrastruktur und Leistungen wird nach wie vor durch verschiedenartige Hindernisse erschwert. Eine doppelte Diskriminierung ist bei Frauen und Ausländerinnen festzustellen.

Die zunehmende gesellschaftliche Vereinzelung verstärkt nicht nur die Isolation, sondern auch egoistische Grundhaltungen in ethischen Fragen. Durch die Entwicklung in der Medizin (pränatale Diagnostik, Gentechnik, Fortpflanzungsmedizin) entsteht die Gefahr, dass der Wert des Lebens von Behinderten in Frage gestellt wird.

Technologische Einflussfaktoren: *Die zunehmende Automatisierung von Arbeitsabläufen sowie die hohen Qualitätsansprüche der Auftraggeber verlangen von den Behindertenwerkstätten stete Anpassungen verbunden mit hohen Investitionen.*

Die rasanten Entwicklungen in der Informationstechnologie können für Menschen mit Behinderungen eine Chance darstellen, indem sie neue Möglichkeiten für die Pflege sozialer Kontakte (z. B. Sprechen via Computer) oder für die Berufstätigkeit eröffnen. Gleichzeitig besteht die Gefahr, dass wegen der nötigen Investitionen und des dauernden Lernbedarfs neue Barrieren entstehen, die den Zugang zur Gesellschaft zusätzlich erschweren.

Ökonomische Einflussfaktoren: *Die Veränderungen des Arbeitsmarktes machen es immer schwieriger, geeignete Arbeitsmöglichkeiten bzw. niederschwellige Möglichkeiten des beruflichen Wiedereinstiegs für Menschen zu finden, die aufgrund einer Behinderung in ihrer Leistungsfähigkeit beeinträchtigt sind. Die allgemeine Wirtschaftslage mit ihren immer kürzeren Konjunkturzyklen, die Globalisierung, die Konzentrationsprozesse und die unsichere Entwicklung der Märkte verstärken die Barrieren zum offenen Arbeitsmarkt.*

Die Behindertenorganisationen sind wegen der wirtschaftlichen Entwicklung u. a. folgenden Problemen ausgesetzt:

> *Probleme bei der Beschaffung von Aufträgen*
> *Preis- und Kostendruck*
> *Konkurrenzdruck (durch Produzenten in Billiglohnländern, durch andere Arbeitsprogramme beispielsweise im Erwerbslosenbereich oder in Gefängnissen)*

Politische Einflussfaktoren: *Auf der Ebene der Bundespolitik in der Schweiz stehen folgende Projekte im Vordergrund: Revision des Invalidenversicherungsgesetzes, Revision des Behindertengesetzes, Neuverteilung der Aufgaben zwischen Bund und Kantone (NFA). Insbesondere die NFA stellt die Tätigkeit der Behindertenorganisationen vor grosse Schwierigkeiten.*

Zusammenfassung

> Die strategische Frühaufklärung befasst sich systematisch mit möglichen zukünftigen Entwicklungen im weiten Umfeld. Es geht darum, die Sensibilität der Organisation für schwache Signale aus der Umwelt zu erhöhen und Chancen und Risiken in den verschiedenen Umweltbereichen möglichst frühzeitig zu erkennen.

> Ein geeignetes Instrument für die Erforschung der Zukunft ist die Szenariotechnik. Ausgehend von einer Problem- und Umweltanalyse werden verschiedene Zukunftsszenarien modelliert und auf ihre Konsequenzen für die Organisation hin untersucht.

> Mit der STEP-Analyse können Non-Profit-Organisationen die verschiedenen Umweltbereiche systematisch durchleuchten und nach Trends forschen, welche auf sie einen grossen Einfluss haben werden.

5.2 Analyse der Anspruchsgruppen (Stakeholder)

Nachdem Sie das weite Umfeld Ihrer Organisation untersucht haben, konzentrieren Sie sich nun auf das nahe Umfeld, welches durch die Anspruchsgruppen gebildet wird. Indem diese Gruppen bestimmte Erwartungen formulieren, beeinflussen sie den Handlungsspielraum Ihrer Organisation entscheidend.

In diesem Kapitel stellen Sie sich deshalb folgende Schlüsselfragen:

> Welches sind unsere wichtigsten Anspruchsgruppen?
> Wie stehen wir zu unseren wichtigsten Anspruchsgruppen?
> Mit welchen (neuen) Erwartungen werden wir konfrontiert?
> Wie können wir unseren Handlungsspielraum im Umgang mit den Anspruchsgruppen vergrössern?

5.2.1 Shareholder-Value-Ansatz versus Stakeholder-Value-Ansatz

Wie wir in Kapitel 4 im Rahmen der Analyse der Wertvorstellungen gesehen haben, gehen Organisationen unterschiedlich mit ihrer gesellschaftlichen Verantwortung um. Es lassen sich zwei Grundorientierungen beobachten: die strategische und die ethische Orientierung (siehe S. 55 ff. und S. 69). Innerhalb der strategischen Orientierung können wiederum zwei Konzepte unterschieden werden: der Shareholder-Value-Ansatz und der Stakeholder-Value-Ansatz.

Der Shareholder-Value-Ansatz ist mehr im angelsächsischen Raum verbreitet und fokussiert die Ansprüche der Shareholder, d. h. der Aktionäre oder Eigentümerinnen. Im Gegensatz dazu ist der Begriff der Stakeholder (zu Deutsch Anspruchsgruppen) viel weiter gefasst. Stakeholder sind nicht bloss die Eigentümer/Aktionärinnen, sondern auch die Kundinnen, Umweltgruppen oder der Staat, genauer gesagt alle Gruppen, welche bestimmte Ansprüche an das Unternehmen oder die Organisation stellen. Auch Organisationsmitglieder (Mitarbeitende, Führungskräfte, Freiwillige) können als Anspruchsgruppen betrachtet werden, insofern sie bestimmte Ansprüche an die Organisation stellen, welche deren Interessen möglicherweise zuwiderlaufen (z. B. Lohnforderungen).

Wirtschaftlicher Erfolg als Massstab

Sowohl im Shareholder-Value- wie auch im Stakeholder-Value-Ansatz ist der wirtschaftliche Erfolg einer Unternehmung ausschlaggebend. Vertreter des Shareholder-Value-Ansatzes gehen davon aus, dass der Unternehmenswert durch den Aktienwert abgebildet wird, und richten ihre unternehmerischen Aktivitäten auf eine maximale Steigerung des Börsenwertes aus. Demgegenüber bewerten Vertreterinnen des Stakeholder-Value-Ansatzes das längerfristige Überleben des Unternehmens als ebenso wichtig wie den Börsenerfolg. Insofern ist es aus der Perspektive des «klugen Unternehmers» durchaus sinnvoll, nicht nur die Aktionäre zu beachten, sondern auch andere Anspruchsgruppe und deren Anliegen ernstzunehmen. Allerdings – da die Ressourcen immer begrenzt sind – werden nur jene Anspruchsgruppen berücksichtigt, die so genannte «wirkmächtige Anliegen» haben und das Überleben des Unternehmens gefährden können. Deshalb werden die verschiedenen Anspruchsgruppen auch unterschiedlich behandelt: Mächtige Anspruchsgruppen (z. B. Greenpeace oder WWF) finden Beachtung, während auf unbedeutende Anspruchsgruppen nicht eingegangen wird.

Berücksichtigung wirkmächtige Anliegen

Grundorientierung	Ansatz	Definition der Anspruchsgruppen
Ethische Orientierung: Ausrichtung an der gesellschaftlichen Verantwortung	Normativ-kritisches Anspruchsgruppenkonzept	Alle Individuen und Gruppen, welche von den Tätigkeiten des Unternehmens betroffen sind und legitime Ansprüche haben
Strategische Orientierung: Ausrichtung am Erfolg des Unternehmens	Shareholder-Value-Ansatz	Aktionäre, Eigentümerinnen
	Stakeholder-Value-Ansatz	Alle wirkmächtigen Anspruchsgruppen, die das Überleben der Organisation gefährden können

Abb. 19: *Grundorientierungen und Anspruchsgruppenkonzept*

Der Stakeholder-Value-Ansatz lässt sich von der Grundidee her gut auf den Non-Profit-Bereich übertragen. Auch nicht gewinnorientierte Organisationen sind mit verschiedenen Anspruchsgruppen konfrontiert, welche von den Tätigkeiten der Organisation positiv oder negativ betroffen sind und bestimmte Ansprüche stellen. Für Non-Profit-Organisationen sind in der Regel die Kundinnen/Klienten, die Finanzierer (Subventionsgeber, Kontraktpartner), die Spenderinnen und Spender, die Mitglieder, die Mitbewerber und die Öffentlichkeit wichtige Anspruchgruppen. Je nach Organisation stellen weitere Gruppen Ansprüche, die es zu beachten gilt (z. B. freiwillige Helfer und Helferinnen, Eltern, Medien etc.)

Mögliche Anspruchsgruppen im Non-Profit-Bereich

Die Erwartungen der einzelnen Anspruchsgruppen gegenüber der Organisation können sehr unterschiedlich, oft sogar widersprüchlich sein, wie das folgende Beispiel eines Jugendtreffs zeigt.

Anspruchsgruppen	Erwartungen
Jugendliche	Freizeitbeschäftigung, Unterhaltung, Freiraum, Partylokal...
Eltern	Sinnvolle Beschäftigung der Jugendlichen...
Kirche, Schule	Unterstützung ihrer Bemühungen um die Jugendlichen...
Gemeindebewohner und -bewohnerinnen	Erhöhte Sicherheit im öffentlichen Raum, Ruhe, weniger Jugendkriminalität...
Gemeindeverwaltung	Effizienter Einsatz des zur Verfügung gestellten Geldes, Betreuung von schwierigen Jugendlichen...

Abb. 20: Mögliche Erwartungen der Anspruchsgruppen eines Jugendtreffs

Da nicht alle Anspruchsgruppen mit der gleichen Aufmerksamkeit betreut werden können, haben Sie als Führungskraft zu entscheiden, welches die «wichtigsten» Anspruchsgruppen für Ihre Organisation sind. Diesen schenken Sie besondere Aufmerksamkeit, während Sie die Betreuung der weniger wichtigen Anspruchsgruppen auf ein akzeptables Minimum beschränken. Wie wählen Sie die wichtigsten Anspruchsgruppen aus? Ein geeignetes Instrument ist die Relevanzmatrix der Anspruchsgruppen, welche im Folgenden vorgestellt wird.

5.2.2 Instrument

Relevanzmatrix der Anspruchsgruppen

Wer hat welchen Einfluss?

Die Relevanzmatrix fokussiert zwei verschiedene Dimensionen. Zum einen geht es darum, wie stark eine Organisation ihre Anspruchsgruppen beeinflussen kann. Zum andern wird nach dem Einfluss gefragt, den die Anspruchsgruppen selbst auf die Organisation ausüben. Entlang der beiden Dimensionen «Beeinflussbarkeit der Anspruchsgruppe» und «Einfluss der Anspruchsgruppe» lassen sich vier Typen von Anspruchsgruppen unterscheiden, wie die nachfolgende Abbildung zeigt:

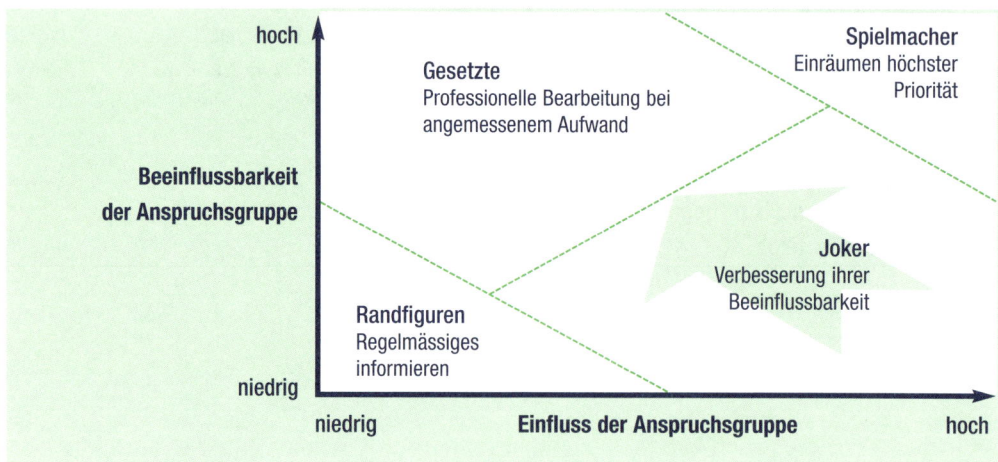

Abb. 21: Relevanzmatrix der Anspruchsgruppen (in Anlehnung an Müller-Stewens/Lechner 2005, S. 179)

Spielmacher können einen grossen Einfluss auf die Organisation ausüben, weshalb die Organisation in einer (Ressourcen-)Abhängigkeit zu ihnen steht. Gleichzeitig sind sie jedoch auch stark von der Organisation abhängig und damit sehr beeinflussbar. Demzufolge sind Organisation und Spielmacher hochgradig interdependent. Spielmacher können beispielsweise Kooperationspartner oder Grosskundinnen sein.
Im Umgang mit den Anspruchsgruppen ist Spielmachern höchste Priorität einzuräumen. Die Beziehungen zu ihnen sind besonders sorgfältig zu pflegen. Sie sind unbedingt in die Planungs- und Entscheidungsprozesse einzubeziehen.

Spielmacher

Joker können einen hohen Einfluss auf die Organisation ausüben, sind andererseits aber nur schwer beeinflussbar. Das Sagen hat hier also klar die Anspruchsgruppe. Häufige Joker im Non-Profit-Bereich sind staatliche Kontraktpartner und Subventionsgeber. Bei den Jokern muss überlegt werden, wie der Einfluss auf sie verstärkt werden kann, z. B. mittels Kooperation.

Joker

Im Umgang mit Gesetzten liegt die Macht klar bei der Organisation. Die Anspruchsgruppe ist in ihrem Überleben vom Zuspruch der Organisation abhängig. Dies kann beispielsweise eine Klientin oder ein Klient sein, welcher auf Fürsorgeleistungen angewiesen ist.

Gesetzte

Randfiguren sind von geringer Bedeutung, da weder in die eine noch in die andere Richtung eine ausgeprägte Ressourcenabhängigkeit besteht. Für ein kleines Museum beispielsweise, welches nur sporadisch geöffnet ist und von einer beschränkten Anzahl Personen besucht wird, können die Nachbarn und Nachbarinnen Randfiguren darstellen.

Randfiguren

Besonders bei Randfiguren und Gesetzten ist es wichtig, den aktuellen wie auch den zukünftigen Einfluss zu überprüfen. Scheinbar unbedeutende Anspruchsgruppen können plötzlich einen grossen Einfluss auf die Organisation ausüben, indem sie Koalitionen mit mächtigen Partnern eingehen. Wenn beispielsweise das erwähnte kleine Museum eine besondere Ausstellung mit Veranstaltungsreihe plant, für welche es einen grossen Publikumsandrang erwartet, «mutieren» die Nachbarn in Zusammenarbeit mit dem Quartierverein möglicherweise von Randfiguren zu Jokern, welche sich gegen die zu erwartenden Lärmemissionen der Ausstellungsbesucher zur Wehr setzen.

Durch die Relevanzmatrix können Sie folgende Erkenntnisse bezüglich des Umgangs mit Ihren Stakeholdern gewinnen:

> Identifikation der wichtigsten Befürworter und Gegner eines Vorhabens.
> Empfehlungen für die Behandlung einzelner Anspruchsgruppen (siehe Abb. 21)
> Notwendige Massnahmen, um die Anspruchsgruppen in ihrer Position zu halten (z. B. Befriedigung der Informationsbedürfnisse).
> Notwendige Umpositionierung von Anspruchsgruppen (z. B. um die Beeinflussbarkeit einer Anspruchsgruppe durch besseres Lobbying zu erhöhen).

Um eine Anspruchsgruppenanalyse vorzunehmen, gehen Sie folgendermassen vor (vgl. Müller-Stewens/Lechner 2005, S. 177 ff.):

Anspruchsgruppen ermitteln

Überprüfen Sie, welche Gruppen von der Tätigkeit Ihrer Organisation positiv oder negativ betroffen sind. Welche Gruppen machen gegenüber Ihrer Organisation legitime Ansprüche geltend?

Relevanz der Anspruchsgruppen feststellen

Schritt 2: Bewerten Sie den Einfluss und die Beeinflussbarkeit der ermittelten Anspruchsgruppen entlang der beiden Achsen. Sie können dazu eine Skala von 1 bis 4 benutzen (1 = keinen Einfluss bzw. nicht beeinflussbar, 2 = wenig Einfluss bzw. wenig beeinflussbar; 3 = ziemlich grossen Einfluss bzw. ziemlich stark beeinflussbar, 4 = sehr grossen Einfluss bzw. sehr stark beeinflussbar). Anschliessend tragen Sie die Anspruchsgruppen in die Relevanzmatrix der Stakeholder ein.

Erwartungen und Nutzen einander gegenüberstellen

Schritt 3: Klären Sie ab, welche Erwartungen die Anspruchsgruppen an Ihre Organisation stellen. Es hat sich als hilfreich erwiesen, zunächst die Erwartungen der Anspruchsgruppen selber einzuschätzen. Danach überprüfen Sie Ihre Einschätzungen, indem Sie Vertreterinnen oder Vertreter der Anspruchsgruppen befragen. In gleicher Weise ermitteln Sie den Nutzen bzw. Schaden, welcher durch die Aktivitäten Ihrer Organisation gegenüber den Anspruchsgruppen verursacht wird. Schliesslich überprüfen Sie die Erwartungen und den Nutzen für jede Anspruchsgruppe. Welche Erwartungen erfüllen Sie und welchen Nutzen schaffen Sie? Welchen Erwartungen können Sie nicht entsprechen?

Ziele, Strategien und Massnahmen bestimmen

Schritt 4: Aufbauend auf den Erkenntnissen der vorangehenden Schritte machen Sie einen Entwurf, wie das Verhältnis zu den einzelnen Anspruchsgruppen in Zukunft gestaltet werden soll. Sie überlegen sich bezogen auf jede relevante Anspruchsgruppe, welche Ziele erreicht werden sollen, mit welchen Strategien sich diese Ziele erreichen lassen und welche Massnahmen abgeleitet werden können. Diese Vorüberlegungen dienen Ihnen als Grundlage, welche Sie im weiteren Strategieentwicklungsprozess laufend überprüfen.

Fallbeispiel: Relevanzmatrix des Vereins Suchtfachstelle

Der Verein Suchtfachstelle verfolgt das Ziel, die Folgen von risikoreichem Konsum von Alkohol und andern Suchtmitteln zu vermindern. Zu diesem Zweck führt er eine Suchtfachstelle, welche in den beiden Geschäftsbereichen Beratung und Prävention tätig ist. Einerseits bietet die Suchtfachstelle psychosoziale Beratungen für Betroffene und ihre Angehörigen an, andererseits schult sie Arbeitgebende bei der Früherkennung von Alkoholproblemen (Prävention). Die Stelle wird durch Beiträge von Kanton und Gemeinde, durch Spenden sowie durch Einnahmen aus Schulungen finanziert.

Im Rahmen eines Strategieentwicklungsprozesses erarbeitet die Geschäftsleitung der Suchtfachstelle für den Geschäftsbereich Prävention folgende relevante Anspruchsgruppen:

Relevante Anspruchsgruppen	Nutzenerwartungen	Machtkompetenz
Gemeinde (Kontraktpartnerin)	Erfüllung des Leistungsvertrags, quantitativ und qualitativ	Hoch (kommt für die Hälfte des finanziellen Aufwandes auf)
Kanton	Beitrag zur Abdeckung des gesetzlichen Auftrags (Sozialhilfe- und Gesundheitsgesetz) Einhaltung der Leistungs- und Qualitätsstandards	Hoch (finanziert etwa 20 Prozent des Aufwands mit Geldern aus der Alkoholsteuer; definiert die Organisation der Suchtfachstellen im Kanton)
Kunden (private Unternehmen und öffentliche Verwaltungen)	Fachkompetente Unterstützung der Alkoholprävention im Betrieb; gutes Preis-Leistungs-Verhältnis	Hoch (Entscheid über Auftragserteilung; Referenz)
Kantonaler Fachverband	Gemeinsame Interessensvertretung gegenüber dem Kanton Mitarbeit	Gering
Verein (Trägerschaft)	Erfüllung des Vereinszwecks	Mittel (durch institutionalisierte Einflussnahme)
Mitbewerber	Kooperation	Mittel bis hoch durch Konkurrenz
Nationaler Fachverband	Mitgliedschaft Mitarbeit	Sehr gering
Medien	Attraktive Stories	Sehr gering

Abb. 22: *Nutzenerwartung und Machtkompetenz der Anspruchsgruppen einer Suchtfachstelle (in Anlehnung an Willimann 2005)*

Die Geschäftsleitung trägt die Anspruchsgruppen in die Relevanzmatrix ein und leitet erste Normstrategien ab.

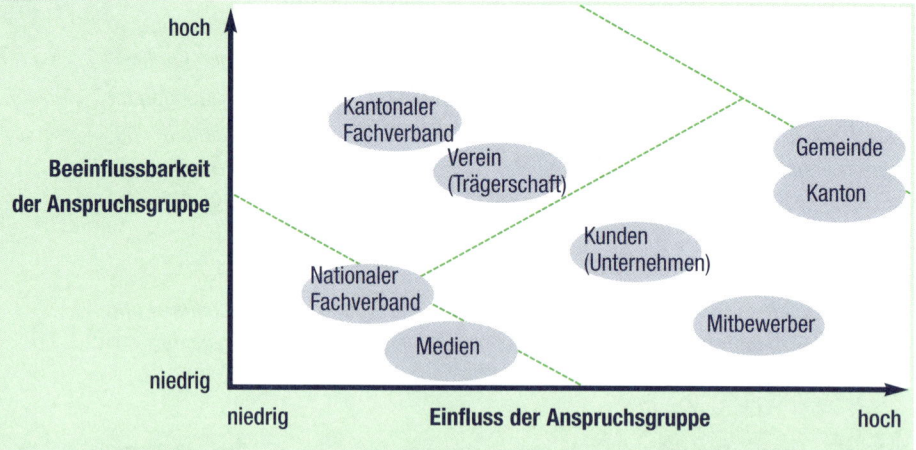

Abb. 23: *Relevanzmatrix der Anspruchsgruppen für den Geschäftsbereich Prävention der Suchtfachstelle (in Anlehnung an Willimann 2005)*

Gemeinde und Kanton: Als wichtigste Finanzierer und Auftraggeber haben sie einen grossen Einfluss auf die Suchtfachstelle. Die Qualität der Beziehungen der Suchtfachstelle zur Gemeinde und zum Kanton bestimmt den Ausgang des Spiels, weshalb die Beziehungspflege höchste Priorität hat. Um die Gemeinde und den Kanton zu «ganzen» Spielemachern werden zu lassen, muss die Suchtfachstelle geeignete Strukturen aufbauen, welche eine kontinuierliche Kommunikation gewährleisten und den eigenen Einfluss vergrössern.

Kunden (Unternehmen), Mitbewerber: Beide Gruppen haben zurzeit einen grossen Einfluss auf die Suchtfachstelle, sind ihrerseits jedoch nur schwer beeinflussbar. Um den Einfluss der Suchtfachstelle zu vergrössern, sollen ausgewählte Mitbewerber durch Kooperationsverträge zu Spielmacher gemacht werden, während die Kunden mit geeigneten Marketingmassnahmen und attraktiven Angeboten zu bearbeiten sind.

Der **Verein (Trägerschaft)** sowie der **kantonale Fachverband** sind Gesetzte und mit angemessenem Aufwand zu bearbeiten.

Randfiguren sind derzeit der nationale Fachverband sowie die Medien. Beide sollen regelmässig über die Aktivitäten der Suchtfachstelle informiert werden.

(In Anlehnung an Willimann 2005)

Zusammenfassung

> Die Anspruchsgruppen bilden das nahe Umfeld einer Organisation. Sie haben bestimmte Erwartungen und Forderungen an die Organisation und beschränken damit deren Wirkungsmöglichkeiten. Ziel des Strategieentwicklungsprozesses ist es, den Handlungsspielraum der Organisation zu vergrössern.

> Im Umgang mit den Anspruchsgruppen können sich Organisationen eher ethisch oder eher strategisch orientieren. Da Non-Profit-Organisationen nicht die Ressourcen haben, allen potentiellen Anspruchsgruppen die gleiche Aufmerksamkeit entgegenzubringen, müssen Prioritäten gesetzt werden. Mit Hilfe der Relevanzmatrix der Anspruchsgruppen lassen sich die wichtigen Anspruchsgruppen einer Organisation identifizieren, die Machtverhältnisse analysieren und Folgerungen für den zukünftigen Umgang mit den Anspruchsgruppen ableiten.

5.3 Analyse der Branche und der Mitbewerber

Der Konkurrenzdruck zwischen Non-Profit-Organisationen hat in den vergangenen Jahren in verschiedenen Bereichen stark zugenommen. Heute führen beispielsweise nicht mehr nur Hilfswerke oder Gemeinden Durchgangszentren für Asylsuchende, sondern auch profitorientierte Unternehmen. Die Anspruchsgruppe der Mitbewerber hat demzufolge für viele Non-Profit-Organisationen an Bedeutung gewonnen und bedarf besonderer Aufmerksamkeit.

Wenn Sie als Führungskraft die Zukunft Ihrer Organisation sichern wollen, müssen Sie deshalb auch Ihre Branche genauer unter die Lupe nehmen und folgende Schlüsselfragen stellen:

> Welche Bedingungen prägen unsere Branche?
> Welche Position nimmt unsere Organisation innerhalb der Branche ein?

5.3.1 Branchen und ihre Mitglieder im Non-Profit-Bereich

Unter Branche versteht man eine Gruppe von Organisationen, welche ähnliche Produkte oder Dienstleistungen anbieten. Im Non-Profit-Bereich können beispielsweise folgende Branchen unterschieden werden:

Non-Profit Bereich	Mögliche Branchen in den verschiedenen Bereichen				
Sozialbereich	Kinder- und Jugendheime	Erwerbslosenprojekte	Soziokulturelle Angebote	Beratungsstellen	...
Gesundheitsbereich	Spitalexterne Pflege (Spitex)	Suchtprävention	Alters- und Pflegeheime	Spitäler	...
Kultur	(Klein-)Theater	Bibliotheken	Museen	Orchester	...
Bildung	Primarschulen	Berufsschulen	Weiterbildungsinstitute	Sportschulen	...
Politik	Parteien	Gewerkschaften	Umweltorganisationen	Entwicklungspolitische Organisationen	...

Abb. 24: Mögliche Branchen im Non-Profit-Bereich

Unterschiede zwischen den Branchen

Die Bedingungen der einzelnen Branchen sind unterschiedlich. Während beispielsweise Heime oder Werkstätten für geistig Behinderte in der Schweiz meist von privaten Trägerschaften geführt werden, sind Sozialdienste in der Regel öffentlich-rechtliche Organisationen. Auch in der Art der Finanzierung unterscheiden sich die Branchen. Die notwendigen Mittel können mehrheitlich gesetzliche oder freiwillige Beiträge von Bund, Kanton und Gemeinden, Spenden, Verkaufseinnahmen oder Mitgliederbeiträge sein. Unterschiede sind zudem bezogen auf die Regulierungsdichte festzustellen. Soziokulturelle Angebote oder kulturelle Angebote unterliegen wenigen gesetzlichen Bestimmungen, während beispielsweise Sonderschulen oder Organisationen für spitalexterne Pflege (Spitex) in einem stark regulierten Umfeld tätig sind.

Die Mitglieder einer Branche unterliegen zwar ähnlichen Einflüssen, können aber unterschiedlich auf diese Einflüsse reagieren und sich dadurch eine vergleichsweise günstige oder missliche Position einhandeln. Um die eigenen Branche zu analysieren, eignet sich das Konzept der fünf Einflusskräfte, während das Konzept der strategischen Gruppen dazu dient, die aktuelle Position der eigenen Organisation innerhalb der Branche zu überprüfen und die erwünschte Position zu bestimmen. Beide Konzepte werden im Folgenden kurz vorgestellt.

Position innerhalb der Branche

5.3.2 Instrumente/Konzepte
Konzept der fünf Einflusskräfte

Das Konzept der fünf Einflusskräfte wurde 1980 vom amerikanischen Ökonomen Michael Porter (1980/1999) publiziert. Porter geht davon aus, dass der Erfolg von Unternehmen entscheidend von der Wettbewerbsintensität in der eigenen Branche abhängt. Diese wird beeinflusst von der Verhandlungsmacht der Lieferanten und der Kundschaft, von der Leichtigkeit, in den Markt eintreten zu können (Markteintrittsbarrieren), von der Gefahr potentieller Ersatzprodukte und vom Wettbewerbsverhalten der etablierten Mitbewerber in der Branche. Im Rahmen der Strategieentwicklung ist es deshalb wichtig, die eigene Branche zu analysieren und die eigene Strategie darauf abzustimmen.

Wettbewerbsintensität als entscheidender Erfolgsfaktor

Das Konzept von Porter lässt sich gut auf den Non-Profit-Bereich übertragen, auch wenn der Wettbewerb in diesem Bereich nicht denselben Stellenwert einnimmt. Die nachfolgende Abbildung illustriert das Konzept der fünf Einflusskräfte.

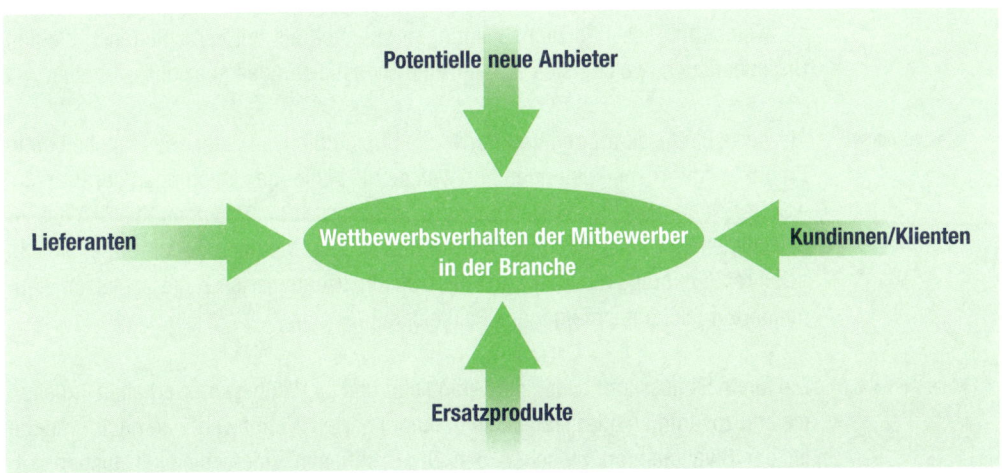

Abb. 25: Das Konzept der fünf Einflusskräfte von Porter (vgl. Porter 1980/1999)

Lieferanten	Im Non-Profit-Bereich spielen die Lieferanten im traditionellen Sinne des Wortes (d. h. Warenlieferanten) eine untergeordnete Rolle. Grosse Bedeutung haben hingegen die Lieferanten im Sinne von zuweisenden Stellen. In der Branche der Kinder- und Jugendheime beispielsweise sind es oft die Sozialdienste der Wohngemeinden der betroffenen Kinder, welche die Kinder den Heimen zuweisen, während im Bereich der spitalexternen Pflege die Arztpraxen diesbezüglich eine wichtige Rolle innehaben. Je nach Branche kann der Einfluss der Lieferanten grösser oder kleiner sein und damit die Bedingungen innerhalb der Branche mehr oder weniger stark prägen.
Kundinnen und Klienten	Die Abnehmer oder Leistungsempfängerinnen bilden das Gegenstück zu den Lieferanten. Auch ihr Einfluss fällt je nach Branche unterschiedlich aus. Ist in einer Branche die Nachfrage nach Leistungen grösser als das Angebot, haben die Kundinnen oder Klienten wenig Gewicht. Demgegenüber können sie in Branchen mit einem Angebotsüberschuss grossen Einfluss ausüben. So haben beispielsweise Klientinnen von Sozialdiensten keine Wahlmöglichkeiten und demzufolge wenig Verhandlungsmacht, während Besucher von kulturellen Veranstaltungen mit ihrem Wahlverhalten starken Einfluss auf die produzierenden kulturellen Organisationen nehmen.
Neue Anbieter und Anbieterinnen	Neben Lieferanten- und Abnehmerseite beeinflussen auch potentielle neue Anbieter die Situation in der eigenen Branche. Ausländische Hilfswerke haben beispielsweise mit ihrem Eintritt in den Schweizer Spendenmarkt die Bedingungen entscheidend verändert. Der Wettbewerb hat sich massiv verschärft. Organisationen, welche das Fundraising nicht mit professionellen Mitteln und einer gewissen Aggressivität betreiben, haben heute mit einem Wettbewerbsnachteil zu rechnen. Hohe Eintrittsbarrieren verhindern den Eintritt von neuen Anbietern. Im Non-Profit-Bereich können gesetzliche Regelungen solche Barrieren bilden oder auch Grössenvorteile (Economies of Scale). Das kantonale Gesundheitsamt schliesst beispielsweise eher einen Kontrakt mit einer grossen Organisation der spitalexternen Pflege ab, welche umfassende Dienstleistungen anbietet, als mit verschiedenen kleinen Organisationen, welche sich auf einzelne Dienstleistungen spezialisiert haben.
Ersatzprodukte	Als vierte Einflusskraft definiert Porter die Substitutionsanbieter. Diese stellen neue Produkte oder Dienstleistungen her, welche die bisherigen Leistungen der Branche ersetzen, indem sie billiger sind oder die Bedürfnisse der Kundinnen/Klienten besser befriedigen. Ein Beispiel dafür sind die Heroin- und Methadonprogramme, welche seit ihrer Einführung die Nachfrage nach abstinenzorientierten Therapieplätzen stark minderten (siehe nachfolgendes Fallbeispiel).
Mitbewerbende	Die fünfte Einflusskraft bilden die Mitanbieter und ihr Wettbewerbsverhalten. Arbeiten sie eng zusammen oder stehen sie in einem harten Wettbewerb? Je nach Branche ist der Rivalitätsgrad zwischen den Organisationen unterschiedlich ausgeprägt. Wenn sich beispielsweise die in der Flüchtlingshilfe tätigen Hilfswerke in einem

Dachverband zusammenschliessen, welcher einerseits Dienstleistungen für die Mitglieder anbietet und andererseits politische Lobbyarbeit betreibt, steht die Kooperation im Vordergrund. Im kulturellen Bereich ist der Rivalitätsgrad oft ausgeprägter, weil viele kleine Organisationen miteinander konkurrieren.

Fallbeispiel: Konzept der fünf Einflusskräfte am Beispiel der Drogentherapiestation Seetal

Die Drogentherapiestation Seetal gehörte zu den Pionierorganisationen der abstinenzorientierten Drogentherapie. Über lange Jahre hinweg genoss sie einen ausgezeichneten Ruf und war tendenziell überbelegt. In den neunziger Jahren des letzten Jahrhunderts veränderte sich die Nachfrage nach freien Plätzen. Sie ging kontinuierlich zurück, was schliesslich zu einer massiven Unterbelegung führte.

Die Drogentherapiestation Seetal war stets von ihrem fachlichen Konzept überzeugt, denn schliesslich hatte ihr dieses den guten Ruf verschafft. Um den Belegungsschwund zu stoppen, investierte die Geschäftsleitung deshalb die ganzen Energien in die Verbesserung des bestehenden Konzepts – allerdings ohne den gewünschten Erfolg. Nach mehreren defizitären Geschäftsjahren entschloss der Stiftungsrat im Jahr 2001, die Drogentherapiestation Seetal zu schliessen.

Warum fruchteten die Anstrengungen der Drogentherapiestation Seetal nicht? Nimmt man das Konzept der fünf Einflusskräfte als Erklärungshilfe, so zeigt sich, dass sich die Wettbewerbsintensität in der Branche der Drogentherapie in den neunziger Jahren massiv verstärkte. Mit den Heroinabgabeprogrammen kam ein Ersatzprodukt auf den Markt, welches für einen wichtigen Teil der Zielgruppe der Drogentherapiestation Seetal attraktiver war als eine abstinenzorientierte Therapie. Gleichzeitig nahm die Verhandlungsmacht der Klienten (der Drogenabhängigen) sowie der zuweisenden Stellen (Sozialdienste der Gemeinden) zu. Im Gegensatz zu früher waren nicht mehr zu wenig Therapieplätze auf dem Markt, sondern zu viele, so dass die Drogenabhängigen die ihnen passende Organisation auswählen konnten. Daraus lässt sich schliessen, dass Drogentherapiestationen, welche trotz der grundlegenden Veränderungen in ihrer Branche an der «alten» Strategie festhielten, einen schwerwiegenden Wettbewerbsnachteil erlitten.

Konzept der strategischen Gruppen

Als strategische Gruppe wird eine Gruppe von Organisationen bezeichnet, welche innerhalb einer Branche die gleiche oder zumindest eine ähnliche Strategie verfolgen (vgl. Müller-Stewens/Lechner 2005, S. 194 f.). Beispielsweise kann in der Branche der niederschwelligen Drogenarbeit die strategische Gruppe der privaten Organisationen von der Gruppe der staatlichen Anbieter unterschieden werden (siehe nachfolgendes Fallbeispiel).

Gruppen mit ähnlichen Strategien

Um die strategischen Gruppen bilden zu können, wird die Strategie der Branchenmitglieder entlang ausgewählter Dimensionen verglichen. Diesen Dimensionen – meist sind es zwei – liegen trennscharfe Kriterien zugrunde, welche es erlauben, die verschiedenen strategischen Gruppen gegeneinander abzugrenzen. Die strategischen Gruppen lassen sich mit der Technik der Segmentierung (siehe auch S. 88 f.) bestimmen.

Ermittlung der strategischen Gruppen

Wie gehen Sie als Führungskraft vor, wenn Sie die strategischen Gruppen in Ihrer Branche ermitteln wollen? In einem ersten Schritt sammeln Sie Kriterien, welche eine klare Abgrenzung innerhalb der Branche ermöglichen. Danach wählen Sie jene beiden Kriterien aus, welche nach Ihrem Ermessen für das Verhalten in der Branche am wichtigsten sind, und tragen sie in eine zweidimensionale Matrix ein.

Die Abgrenzungskriterien lassen sich nicht ausschliesslich analytisch bestimmen, sondern werden sehr oft intuitiv festgelegt. Wichtig ist, dass sie trennscharf sind. Im Non-Profit-Bereich können folgende Kriterien relevant sein:

Abgrenzungskriterien

> Geografische Marktabdeckung (z. B. regional, gesamtschweizerisch)
> Marktsegmente (siehe S. 84, 85 und 92)
> Gesellschaftsform (z. B. privater Verein, staatlicher Anbieter)
> Finanzierungsstruktur (z. B. Spenden, staatliche Subventionen, Erlöse aus Verkauf)
> Kostenstruktur (z. B. Höhe der Fixkosten, Höhe der variablen Kosten)
> Organisationsgrösse
> Dienstleistungsvielfalt (z. B. Mehrspartenhilfswerk, spezialisierte Organisation)
> Dienstleistungsqualität
> Innovationsverhalten

In einem zweiten Schritt positionieren Sie Ihre Organisation sowie die Mitbewerber in der Matrix entlang der ausgewählten zwei Dimensionen. Jene Organisationen, welche nahe beieinander stehen, bilden strategische Gruppen.

Analyse der strategischen Gruppen

In einem dritten Schritt analysieren Sie die Bedingungen der einzelnen strategischen Gruppen. Wie ist die finanzielle Situation der Mitglieder einer Gruppe? Wie sieht die Nachfrage aus? Wie gross ist der Handlungsspielraum? Indem Sie die verschiedenen strategischen Gruppen vergleichen, können Sie feststellen, ob sich Ihre Organisation in einer eher günstigen oder eher ungünstigen Position befindet. Schliesslich bestimmten Sie jene strategische Gruppe, der Sie in Zukunft angehören wollen.

Fallbeispiel: Strategische Gruppen in der niederschwelligen Drogenarbeit

Die niederschwellige Drogenarbeit in den Bereichen Wohnen und Arbeit wird in der Region Oberland einerseits von privaten, andererseits von staatlichen Anbietern (Gemeindeverbund) geleistet. Im Zuge der Sparmassnahmen kürzt der Kanton die Subventionen der Organisationen massiv. Die staatlichen Anbieter können die fehlenden Mittel dank ihrer guten regionalen Verankerung durch erhöhte Sockelbeiträge der Gemeinden kompensieren, wohingegen vor allem ein privater Anbieter in grosse finanzielle Schwierigkeiten gerät.

Im Rahmen eines Strategieentwicklungsprozesses führt die Geschäftsführerin des privaten Anbieters eine Branchenanalyse mit dem Konzept der strategischen Gruppen durch. Als Abgrenzungskriterien wählt sie die geografische Ausrichtung, den Grad der Spezialisierung sowie die Gesellschaftsform und kann so fünf verschiedene strategische Gruppen bestimmen. Die von ihr geleitete Organisation macht unterschiedliche Angebote in den Bereichen Wohnen und Arbeit und ist regional wenig verankert. Somit gehört sie zur strategischen Gruppe 4 (siehe Abbildung 26). Ein Vergleich der Situation der verschiedenen strategischen Gruppen zeigt, dass eine Positionierung innerhalb der strategischen Gruppe 5 bedeutend attraktiver wäre als innerhalb der Gruppe 4. Die aktuelle generalistische Ausrichtung erschwert es nämlich, sich als qualitativ führender überregionaler Anbieter zu profilieren und damit die mangelnde regionale Verankerung zu kompensieren. Deshalb beschliesst die Geschäftsführerin zusammen mit dem Vorstand, eine Positionierung innerhalb der strategischen Gruppe 5 anzustreben.

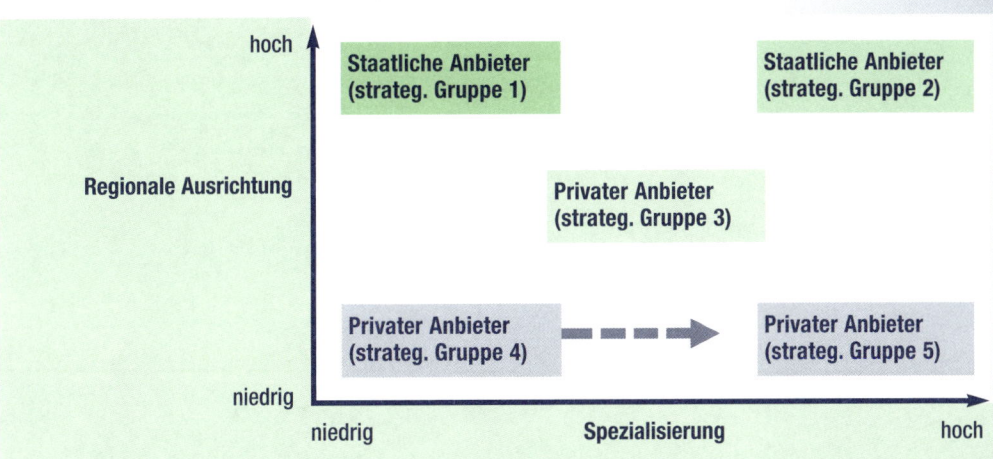

Abb. 26: *Strategische Gruppen in der niederschwelligen Drogenarbeit*

Zusammenfassung

> Eine Branche wird von Organisationen gebildet, welche ähnliche Produkte oder Dienstleistungen anbieten. Die brancheninternen Bedingungen unterscheiden sich je nach Branche sehr stark. Die Organisationen können unterschiedlich auf die brancheninternen Einflüsse reagieren und sich damit mehr oder weniger vorteilhaft innerhalb der Branche positionieren.

> Das Konzept der fünf Einflusskräfte von Porter eignet sich gut, um die Bedingungen der eigenen Branche zu analysieren. Indem die Einwirkungen der Lieferantinnen, der Kunden/Klientinnen, der potentiellen neuen Anbieter, der Mitanbietenden sowie von Ersatzprodukten untersucht wird, zeigen sich Chancen und Risiken für die Weiterentwicklung der Organisation.

> Mit dem Konzept der strategischen Gruppen kann eine Organisation ihre aktuelle Positionierung innerhalb der Branche überprüfen und feststellen, welche Positionierung für sie zukünftig die günstigste ist.

5.4 Analyse des Marktes und der Kundinnen/Klienten

Mit der Branchenanalyse erhalten Sie ein genaues Bild über Ihre Mitbewerber und Ihre Position innerhalb der Branche. Damit haben Sie jedoch noch nicht genügend Informationen über Ihre Klientinnen oder Kunden, welche neben den Mitbewerbern eine weitere sehr wichtige Anspruchsgruppe bilden.

Um Ihre Strategie auf den Markt und Ihre Kunden/Klientinnen ausrichten zu können, müssen Sie sich folgende Schlüsselfragen stellen:

> Wer sind unsere Klientinnen/Kunden? Welche Bedürfnisse haben sie?
> An welche Zielgruppen richten sich unsere Angebote?
> In welchen Marktfeldern wollen wir in Zukunft tätig sein?
> Wie wollen wir uns im Vergleich zur Konkurrenz im Markt positionieren?

5.4.1 Marktsegmentierung, Zielgruppendefinition und Positionierung

Marktsegmentierung

Unter Marktsegmentierung versteht man die Unterteilung eines Gesamtmarktes (z. B. Jugendliche) in voneinander klar abgrenzbare, in sich homogene Klientinnen-/Kundengruppen. Die Segmentierung ermöglicht es, jede Gruppe differenziert anzusprechen und mit bedürfnisgerechten Produkten/Leistungen zu bedienen (vgl. Bieger/Tomczak/Reinecke 2004, S. 122 ff.).

Eine Marktsegmentierung macht Sinn, weil
> die Leistungen der eigenen Organisation so besser auf die Bedürfnisse der Klienten/Kundinnen ausgerichtet werden können,
> damit eine klare Positionierung im Markt und eine Abgrenzung von den Mitanbietenden möglich werden.

Fallbeispiel:
Marktsegmentierung des Jugendtreffpunkts der Gemeinde E.

Der Jugendtreffpunkt der Gemeinde E. überprüft seine strategische Ausrichtung und führt in diesem Zusammenhang eine Marktsegmentierung durch. Der Jugendhausleiter wählt jene zwei Kriterien aus, welche seiner Erfahrung nach für die Abgrenzung der verschiedenen Jugendlichengruppen die grösste Bedeutung haben: Freizeitgestaltung (actionorientiert versus kontemplationsorientiert) und sozioökonomischer Status. In der zweidimensionalen Matrix (siehe Abb. 27) stellt er fünf in sich homogene Jugendlichensegmente fest. Die Resultate der Marktsegmentierung erlauben ihm nun, jene Zielgruppen zu bestimmen, welche das Jugendhaus in Zukunft mit bedürfnisgerechten Angeboten ansprechen will.

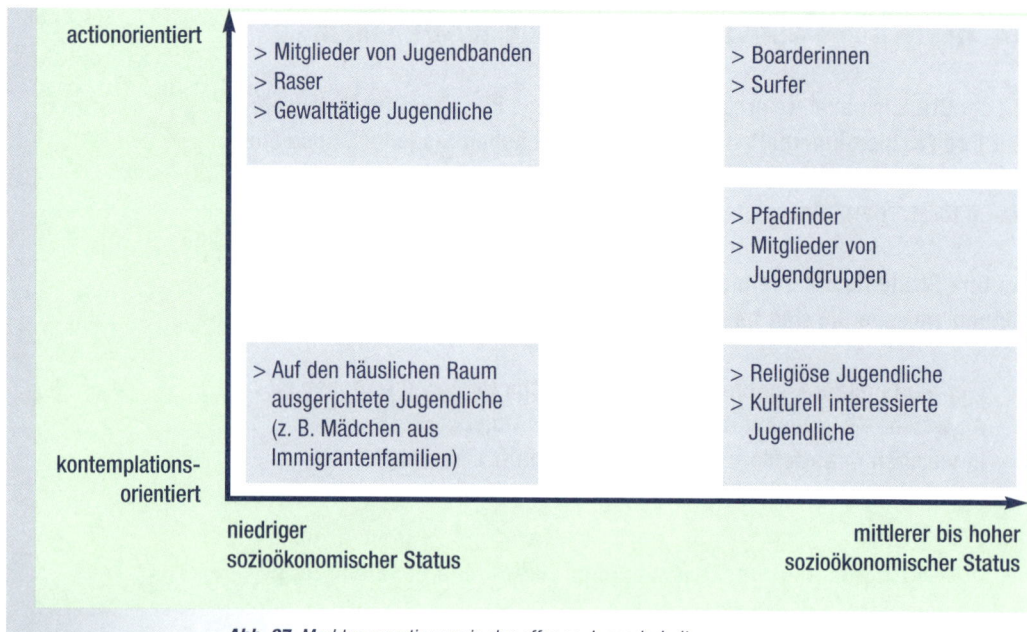

Abb. 27: Marktsegmentierung in der offenen Jugendarbeit

Segmentierungskosten und -nutzen
Wie detailliert oder grob eine Marktsegmentierung erfolgt, hängt von Kosten-Nutzen-Überlegungen ab. Einerseits sind die Segmentierungskosten zu überprüfen: Ist die Organisation überhaupt in der Lage, ihre Dienstleistungen an die verschiedenen Segmente anzupassen? Andererseits stellt sich die Frage nach dem Segmentierungsnutzen: Sind die Kunden und Kundinnen bzw. die Leistungsfinanzierer bereit, den Preis für geeignetere, spezifischere Produkte oder Dienstleistungen zu bezahlen?

Marktsegmente können nach verschiedenen Kriterien gebildet werden. Wichtig ist, dass sie möglichst trennscharf und überschneidungsfrei sind. Nützliche Kriterien im Non-Profit-Bereich sind beispielsweise:

Segmentierungskriterien
> Motive
> Soziodemographische Merkmale (Alter, Geschlecht, Herkunftsland, Religionszugehörigkeit, Bildungsstand…)
> Geografische Kriterien
> Psychographische Merkmale (Werthaltungen, Umweltbewusstsein, Lebensstil…)
> Ökonomische Merkmale (Kaufkraft, Einkommen…)

Bei der Marktsegmentierung wird also nach jenen Kriterien gesucht, welche die verschiedenen Segmente am klarsten abgrenzen. Gleichzeitig sollen die Segmente für die Organisation attraktiv sein, d. h. sie müssen auch eine sinnvolle Grösse haben. Ein hilfreiches Instrument für die Auswahl der geeignetsten Kriterien ist die Nutzwertanalyse (siehe S. 89 ff.).

Fallbeispiel: Klientensegmentierung des Sozialdienstes der Gemeinde W.

Der Sozialdienst der Gemeinde W. hat den «Sozialhilfemarkt» nach Motiven segmentiert und die Motive in Wirkungsziele übersetzt. Die nachfolgende Abbildung 28 beschreibt die vier verschiedenen Klientensegmente.

Segment	A	B	C	D
Wirkungsziele	Sicherung von Entwicklungsmöglichkeiten	Re-Integration	Stabilisierung	Existenzsicherung
Zuteilungskriterien	> Kurz- oder langfristig in finanzieller Not > Ausreichende bis gute Kompetenzen > Sozial integriert	> Mittel- bis langfristig in finanzieller Not > Wenig bis ausreichende Kompetenzen > Unbefriedigende bis befriedigende soziale Integration	> Langfristig in finanzieller Not > Mehrfachdefizite > Desintegrationsprozess im Gang	> Langfristig in finanzieller Not > Fehlende Kooperationsbereitschaft oder > vom Sozialdienst in einer Institution platziert
Klientengruppen	> Working Poor > Alleinerziehende > Aus der Arbeitslosenversicherung ausgesteuerte Personen > Personen mit hängigem Invaliditätsrenten-Verfahren	> Aus der Arbeitslosenversicherung ausgesteuerte Personen > Schulabgänger/innen ohne Lehrabschluss > Psychisch/körperlich Beeinträchtigte	> Süchtige Personen > Psychisch/körperlich Beeinträchtigte > Personen ohne Tagesstruktur und Netz	> Obdachlose > Dissoziale Personen oder > Klienten/innen, welche vorübergehend oder längerfristig in einem Heim wohnen

Abb. 28: Marktsegmentierung in der Sozialhilfe der Gemeinde W.

Wie lässt sich nun überprüfen, ob die gewählte Marktsegmentierung Sinn macht? Folgende Fragen/Kriterien sind dazu geeignet:

> Kaufverhaltensrelevanz: Trennt die gewählte Marktsegmentierung Marktsegmente mit unterschiedlichem Kaufverhalten oder allgemeiner mit unterschiedlichem Bedarf an Leistungen?
> Aussagefähigkeit für den Einsatz der Marketinginstrumente: Lassen sich die unterschiedlichen Marktsegmente auch verschieden ansprechen und bearbeiten?
> Zugänglichkeit: Sind die Marktsegmente über Kommunikations- und Distributionskanäle auch tatsächlich zugänglich?

Kriterien zur Überprüfung der Marktsegmentierung

> Messbarkeit: Können einzelne Segmente auch gemessen werden? Kann z. B. festgestellt werden, wie gross die Gruppe der Mehrfachbehinderten ist?
> Zeitliche Stabilität: Ist die gewählte Marktsegmentierung über längere Zeit sinnvoll?
> Wirtschaftlichkeit: Werden die Kosten der Segmentierung durch den daraus resultierenden Nutzen wettgemacht? Sind die Marktsegmente auch ausreichend gross und effizient bearbeitbar?

Zielgruppendefinition

Nach erfolgter Marktsegmentierung definiert die Organisation jene Marktsegmente (Zielgruppen), welche sie bedienen will. Dabei ist es wichtig, die Zielgruppen möglichst genau und überprüfbar zu umschreiben.

Relevante Kriterien für die Auswahl der Zielgruppe(n) der Organisation sind u. a.:

Kriterien für die Auswahl der Zielgruppe(n)

> Marktgrösse: Ist das Marktpotential[6] gross genug?
> Gesellschaftliche Relevanz der Problematik: Wird das Problem von der Gesellschaft als relevant betrachtet, so dass die Zielgruppe strategisch von Bedeutung ist? Wurde überprüft, ob sich die vorhandenen Bedürfnisse der Zielgruppen auch in einen entsprechenden Bedarf übersetzen lassen?
> Finanzierung: Wie lässt sich die Finanzierung regeln? (Subventionen, Spenden, Beitrag der Kunden/Klientinnen etc.)

Fallbeispiel: Definition der Zielgruppe des Wohnheims und Werkstätte für geistig Behinderte Waldhaus

> *Zielgruppe sind Menschen mit einer multiplen Behinderung, d. h. Menschen mit einer geistigen und körperlichen oder psychischen Behinderung.*

> *Die Mitglieder der Zielgruppe brauchen individuelle Betreuung in kleinen Gruppen, eine Tagesstruktur und eine Beschäftigung im Grenzbereich zwischen Betreuung und Produktion.*

---

[6] Unter Marktpotential versteht man die Nachfrage nach einer Leistung zu einem bestimmten Preis. Das Marktpotential ist begrifflich zu unterscheiden von der Marktkapazität (maximale Aufnahmefähigkeit eines Marktes ohne Berücksichtigung von Preisen und Kaufkraft) und vom Marktvolumen (Summe aller effektiv erzielten Umsätze aller Anbieter im relevanten Markt).
Bedürfnis ist ein Gefühl des Mangels. Bedarf ist aus den Bedürfnissen über die Kaufkraft oder Zahlungsbereitschaft der Klientinnen abgeleitete effektive Nachfrage.

> Das Wohnheim bietet 30 Wohnplätze, aufgeteilt in drei intensiv betreute Wohngruppen sowie zwei weniger intensiv betreuten Wohnungen. Die Werkstätte umfasst 48 Arbeitsplätze, aufgeteilt in sechs betreute Arbeitsgruppen.

> Abgrenzung: Aufnahme, Wohnplatz und Beschäftigung finden Menschen mit obgenannten Behinderungsbildern, welche die Mitarbeitenden aufgrund ihrer momentanen Fachlichkeit, Gruppenzusammensetzung und strukturellen Gegebenheit verantwortlich tragen können. Die Leistungsgrenzen im Betreuungsbereich werden im Austausch mit den Betroffenen und Beteiligten aufgezeigt. Keine Aufnahme finden gewalttätige Menschen sowie Menschen mit Suizidgefährdung, Suchtgefährdung oder in akuten psychotischen Krisen.

Positionierung

Positionierung ist die strategische und aktive Gestaltung und Steuerung der Stellung einer Marktleistung (z. B. Budgetberatung) im jeweils relevanten Markt (z. B. Personen mit finanziellen Problemen). Wie kommt eine Non-Profit-Organisation zur gewünschten Positionierung? Entscheidend für die eigene Positionierung ist die Wahl der Markt- und Wettbewerbsstrategie (siehe dazu auch Kapitel 9, S. 145 ff.). Die Positionierung muss auf Stärken des Angebotes aufbauen und relevante Bedürfnisse im gewählten Zielmarkt ansprechen. Sie liefert die Leitidee für die Ausgestaltung des Marketing-Mix.

Stellung der Dienstleistung im Markt

Positionierungen können verbal beschrieben oder graphisch dargestellt werden, wie die beiden folgenden Beispiele zeigen.

Fallbeispiel 1:
Verbale Beschreibung der Positionierung einer Kinderkrippe

«Unser Angebot richtet sich an berufstätige Eltern im universitären Umfeld, die eine qualitativ hoch stehende Betreuung und Förderung ihrer Kinder im Alter von 6 Monaten bis zum Schuleintritt suchen. Wir sind eine flexible Teilzeitkinderkrippe, die speziell auf die Bedürfnisse der Universitätsangehörigen ausgerichtet ist (einkommensunabhängige Tarife). Wir betreuen die Kinder in altersgemischten Gruppen von maximal 10 Kindern und achten auf eine geschlechtsneutrale Förderung.»

Fallbeispiel 2:
Graphische Darstellung der Positionierung einer Werkstätte für Behinderte

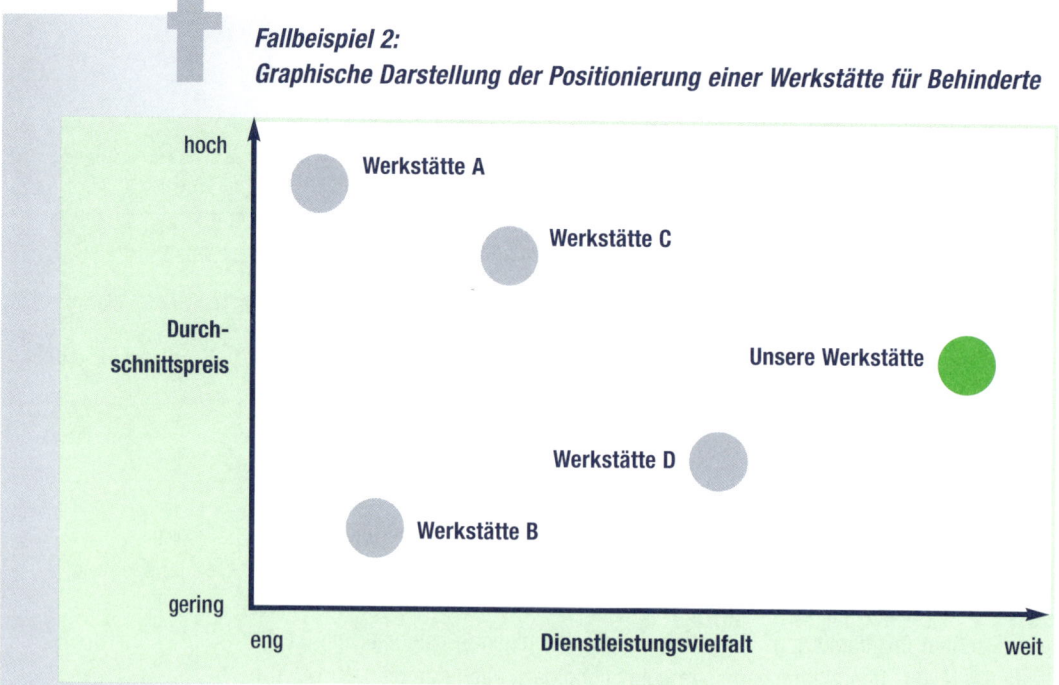

Abb. 29: *Graphische Darstellung einer Positionierung*

5.4.2 Instrumente

Segmentierung und Nutzwertanalyse

Die Segmentierung ist eine Technik, welche sich für die Marktanalyse eignet, aber auch für andere Analysen von komplexen Systemen, beispielsweise für die Segmentierung der Anspruchsgruppen (vgl. Müller-Stewens/Lechner 2005, S. 169 ff.). Wenn Sie als Führungskraft eine Segmentierung durchführen, sind Sie herausgefordert, die richtigen Abgrenzungskriterien zu finden. Die Nutzwertanalyse kann Sie im Findungsprozess unterstützen. Diese Technik eignet sich immer dann, wenn der Nutzen von verschiedenen Alternativen systematisch verglichen werden soll. Im Fall der Marktsegmentierung dient sie für den Vergleich des Nutzens der verschiedenen Abgrenzungskriterien.

Im Folgenden stellen wir die beiden Techniken vor und illustrieren anschliessend ihr Zusammenwirken anhand eines Fallbeispiels.

Segmentierung

Abgrenzungskriterien ermitteln

Im ersten Schritt geht es um die Ermittlung der geeigneten Abgrenzungskriterien. Dazu sammeln Sie mögliche Kriterien, welche Sie am besten in einer heterogenen Gruppe diskutieren. In diesem Prozess ist es wichtig, verschiedene und auch ungewohnte Perspektiven einzunehmen. Tauschen Sie in der Gruppe die zunächst gewählten Kriterien immer wieder aus und kombinieren Sie sie unterschiedlich, bis Sie eine Segmentierung gefunden haben, welche allen Gruppenmitgliedern nützlich erscheint.

In einem zweiten Schritt geht es darum, den Nutzwert der gewählten Segmentierungskriterien systematisch zu überprüfen. Um zu kontrollieren, ob diese auch wirklich Sinn machen, eignen sich die bereits beschriebenen Fragen zur Kaufverhaltensrelevanz, Aussagefähigkeit für den Einsatz der Marketinginstrumente, Zugänglichkeit der Daten, Messbarkeit, zeitliche Stabilität und Wirtschaftlichkeit (siehe S. 85 f.). Als Technik empfiehlt sich die Nutzwertanalyse.

Abgrenzungskriterien überprüfen

Im dritten Schritt visualisieren Sie die überprüften Kriterien, wozu sich die Segmentierungsmatrix eignet. Sie spannen einen zwei- bis dreidimensionalen Raum auf, in welchem jedes Kriterium durch einen Vektor repräsentiert wird. Nun bilden Sie innerhalb dieser Matrix die einzelnen Segmente ab (siehe Abb. 27, S. 84). Eine andere Möglichkeit der Darstellung finden Sie im nachfolgenden Fallbeispiel (Abb. 31, S. 92).

Segmentierung visualisieren

Nutzwertanalyse

Die Nutzwertanalyse ist ein sehr vielseitig einsetzbares Instrument. Sie eignet sich immer dann, wenn Sie den Nutzen verschiedener Alternativen anhand von bestimmten Kriterien systematisch vergleichen wollen. Das kann z. B. bei der Personalauswahl für eine bestimmte Stelle der Fall sein, bei der Überprüfung von Kooperationsmöglichkeiten, bei der Evaluation von Finanzierungsformen oder bei der Beurteilung von strategischen Optionen. Auch wenn Sie geeignete Marktsegmentierungskriterien zu bestimmen haben, kann Ihnen die Nutzwertanalyse dienen.

Systematischer Vergleich von Alternativen

Wie gehen Sie bei einer Nutzwertanalyse vor?

Zunächst wählen Sie geeignete Bewertungskriterien aus, welche möglichst überschneidungsfrei sind. Diese Kriterien stellen den Massstab dar, an welchem Sie die verschiedenen Alternativen messen. Steht beispielsweise die Finanzierbarkeit im Vordergrund, die Erreichbarkeit der Zielgruppen oder der Synergieeffekt zwischen verschiedenen Abteilungen? Bei einer Marktsegmentierung können Sie die weiter vorne aufgeführten Überprüfungsfragen als Kriterien definieren (siehe S. 85 f.).

Bewertungskriterien ermitteln

Die Qualität der gewählten Kriterien ist entscheidend für die Qualität der Nutzwertanalyse, weshalb die Formulierung der Bewertungskriterien der wichtigste Schritt der Nutzwertanalyse ist. Es lohnt sich, genügend Zeit dafür zu reservieren und sorgfältig vorzugehen (z. B. mit einem Workshop, welcher durch eine externe Moderatorin geleitet wird).

Bewertungskriterien gewichten

Da vermutlich nicht alle ausgewählten Kriterien gleich relevant sind, ist es ratsam, sie zu gewichten oder sie in Muss- und Kann-Kriterien zu unterscheiden. Die Summe der gewichteten Kriterien wird in der Regel mit 100 festgelegt. Ein sehr gewichtiges Kriterium wird beispielsweise mit 50 (von 100) Punkten versehen, während ein weniger wichtiges Kriterium nur 10 (von 100) Punkte erhält.

Alternativen bewerten

Im nächsten Schritt bewerten Sie die zu prüfenden Alternativen anhand der festgelegten Kriterien. Dabei können Sie eine beliebige Bewertungsskala einsetzen, z. B. eine Skalierung von 1 (Kriterium gar nicht erfüllt) bis 10 (Kriterium voll erfüllt). Wie differenziert die Skalierung sein muss, hängt von den zu beurteilenden Alternativen ab. Oft reicht auch eine 4er-Skala, die eine Tendenz zur «mittleren» Beurteilung verunmöglicht. Die Multiplikation der Gewichtung mit der konkreten Bewertung ergibt den Nutzen des einzelnen Kriteriums, die Summe der Nutzen aller Kriterien schliesslich den Gesamtnutzen der Alternative. Ausgewählt wird diejenige Alternative mit der höchsten Punktezahl und damit mit dem höchsten erwarteten Gesamtnutzen (vgl. Thommen 2002, S. 103 f.).

Die Nutzwertanalyse erscheint auf den ersten Blick als ein sehr rationales Instrument. Die objektiv wirkenden Zahlen bauen jedoch auf subjektiven Einschätzungen auf. Nach einer erfolgten Nutzwertanalyse ist es deshalb ratsam, nochmals eine «Plausibilitätsprüfung» mit dem gesunden Menschenverstand vorzunehmen.

Fallbeispiel:
Segmentierung des Spendenmarkts einer Umweltschutzorganisation

Im Rahmen eines Strategieentwicklungsprozesses beschliesst die Geschäftsleitung einer Umweltschutzorganisation, eine Segmentierung des Spendenmarkts vorzunehmen. In der Diskussion werden verschiedene Möglichkeiten zur Segmentierung diskutiert und drei Alternativen zur Marktabgrenzung ausgewählt:

> *Alternative 1: soziodemographische Merkmale wie Lebensphase, Geschlecht oder Einkommen*
> *Alternative 2: geographische Merkmale wie Wohnort, Stadt - Land*
> *Alternative 3: psychographische Merkmale wie Mobilitätsverhalten oder Einkaufsverhalten*

Um aus den drei Alternativen jene zu bestimmen, welche für die Marktsegmentierung am geeignetsten ist, führt die Geschäftsleitung mit dem Team eine Nutzwertanalyse durch. Die drei Alternativen werden an Hand der erwähnten Überprüfungsfragen (siehe S. 85 f.) bewertet. Zuerst führen alle Beteiligten für sich persönlich eine Nutzwertanalyse durch. Danach wird in einer gemeinsamen Diskussion eine von allen mitgetragene Einschätzung vorgenommen.

Die nachfolgende Abbildung 30 fasst die Resultate der gemeinsamen Einschätzung zusammen.

Kriterien	Alternativen	Soziodemographisch		Geographisch		Psychographisch	
		Bewertung	GxB	Bewertung	GxB	Bewertung	GxB
Zu erfüllende Bedingungen	Gewicht						
Relevanz für das Spendenverhalten	25	8	200	4	100	10	250
Aussagefähigkeit für den Einsatz von Marketinginstrumenten	15	8	120	4	60	8	120
Messbarkeit der Daten	10	8	80	10	80	4	40
Zugänglichkeit der Messdaten	20	8	160	10	200	6	120
Zeitliche Stabilität der Messdaten	5	8	40	8	40	6	30
Kosten der Datenerhebung	25	6	150	6	150	4	100
Beurteilung			750		630		660

Legende
GxB = Gewicht mal Bewertung
Summe der Gewichte = 100
Bewertungsskala: 1 = äusserst ungünstig / sehr schlecht; 10 = sehr vorteilhaft / sehr gut

Abb. 30: Nutzwertanalyse zur Bestimmung von Abgrenzungskriterien im Rahmen einer Spendenmarktsegmentierung

Die Nutzwertanalyse zeigt, dass sich soziodemographische Kriterien am besten für eine Segmentierung des Spendenmarkts eignen. Der Spendenmarkt wird deshalb anhand der Kriterien Lebensphase, Einkommen und Mobilitätsverhalten segmentiert. Die nachfolgende Abbildung 31 fasst die Resultate der Marktsegmentierung zusammen.

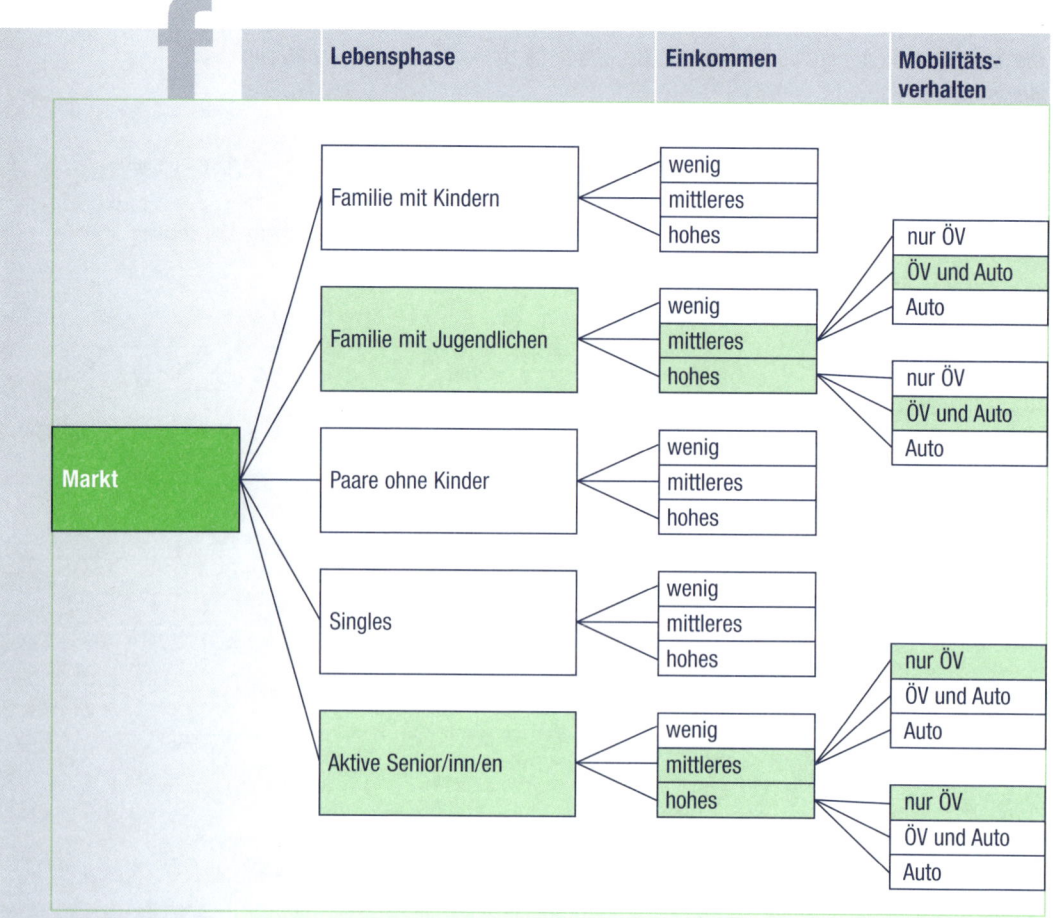

Legende zum Mobilitätsverhalten:
> Nur ÖV: benutzen überwiegend öffentliche Verkehrsmittel
> ÖV und Auto: benutzen öffentliche Verkehrsmittel und eigenes Auto
> Auto: benutzen überwiegend eigenes Auto und haben auch mehr
   als ein Auto zur Verfügung

Abb. 31: Segmentierung des Spendenmarkts durch eine Umweltschutzorganisation

Die Geschäftsleitung beschliesst, folgende Zielgruppen (in Abb. 31 farbig markiert) auszuwählen und mit spezifischen Marketingmassnahmen für mehr Spenden zu gewinnen:

> *Familien mit Jugendlichen, die ein mittleres oder hohes Einkommen haben und sowohl öffentliche Verkehrsmittel wie auch das eigene Auto benutzen*
> *Aktive Seniorinnen und Senioren, die ein mittleres oder hohes Einkommen haben und überwiegend öffentliche Verkehrsmittel benutzen*

Warum hat sich die Geschäftsleitung gerade für diese vier Zielgruppen entschieden? Bei den Familien mit Jugendlichen ist es nahe liegend, dass das Spendenverhalten auch für den Nachwuchs zum Vorbild wird und so indirekt ein weiteres Marktpotential für die Zukunft erschlossen werden kann. Bei den aktiven Seniorinnen und Senioren geht man davon aus, dass sie einerseits mehr Geld für Spenden zur Verfügung haben und andererseits auch mehr Freizeit, wodurch sie vermehrt öffentliche Verkehrsmittel benutzen und daher eine höhere Sensibilität für Umweltfragen haben. Beide Zielgruppen sind vom Marktpotential her sinnvoll und gleichzeitig von strategischer Bedeutung. Die Zielgruppe der aktiven Seniorinnen und Senioren ist eine wachsende Zielgruppe und bei den Familien mit Jugendlichen erwartet man einen gewissen Vorbild- und damit Multiplikationseffekt. Die Bearbeitungskosten für diese Zielgruppen halten sich im Rahmen.

Zusammenfassung

> Im Markt treffen Angebot und Nachfrage aufeinander: Die Organisationen bieten bestimmte Produkte und Dienstleistungen an, welche von den Kundinnen/Klienten mehr oder weniger stark nachgefragt werden. Um als Organisation eine erfolgversprechende Strategie entwickeln zu können, ist es deshalb zentral, den Markt und seine Kunden/Klientinnen zu analysieren.

> Mit der Marktsegmentierung wird der Markt in verschiedene, in sich homogene Klientinnen-/Kundengruppen unterteilt, welche gleiche oder ähnliche Bedürfnisse haben. Als Instrument dient die Segmentierungstechnik in Kombination mit der Nutzwertanalyse. Ziel ist es, jene Abgrenzungskriterien zu finden, welche den Markt in Segmente gliedern, die für die Organisation sinnvoll und bearbeitbar sind.

> Non-Profit-Organisationen können in der Regel nicht den ganzen Markt bearbeiten, sondern müssen sich auf bestimmte Segmente – die Zielgruppen – konzentrieren. Je genauer die Organisation über die Bedürfnisse ihrer Zielgruppen informiert ist, umso besser kann sie ihre Kundinnen/Klienten bedienen.

> Indem eine Non-Profit-Organisation ihre Zielgruppen definiert und ihre Dienstleistungen auf diese Zielgruppen ausrichtet, positioniert sie sich im Markt. Die Positionierung bildet die Grundlage für den Marketing-Mix.

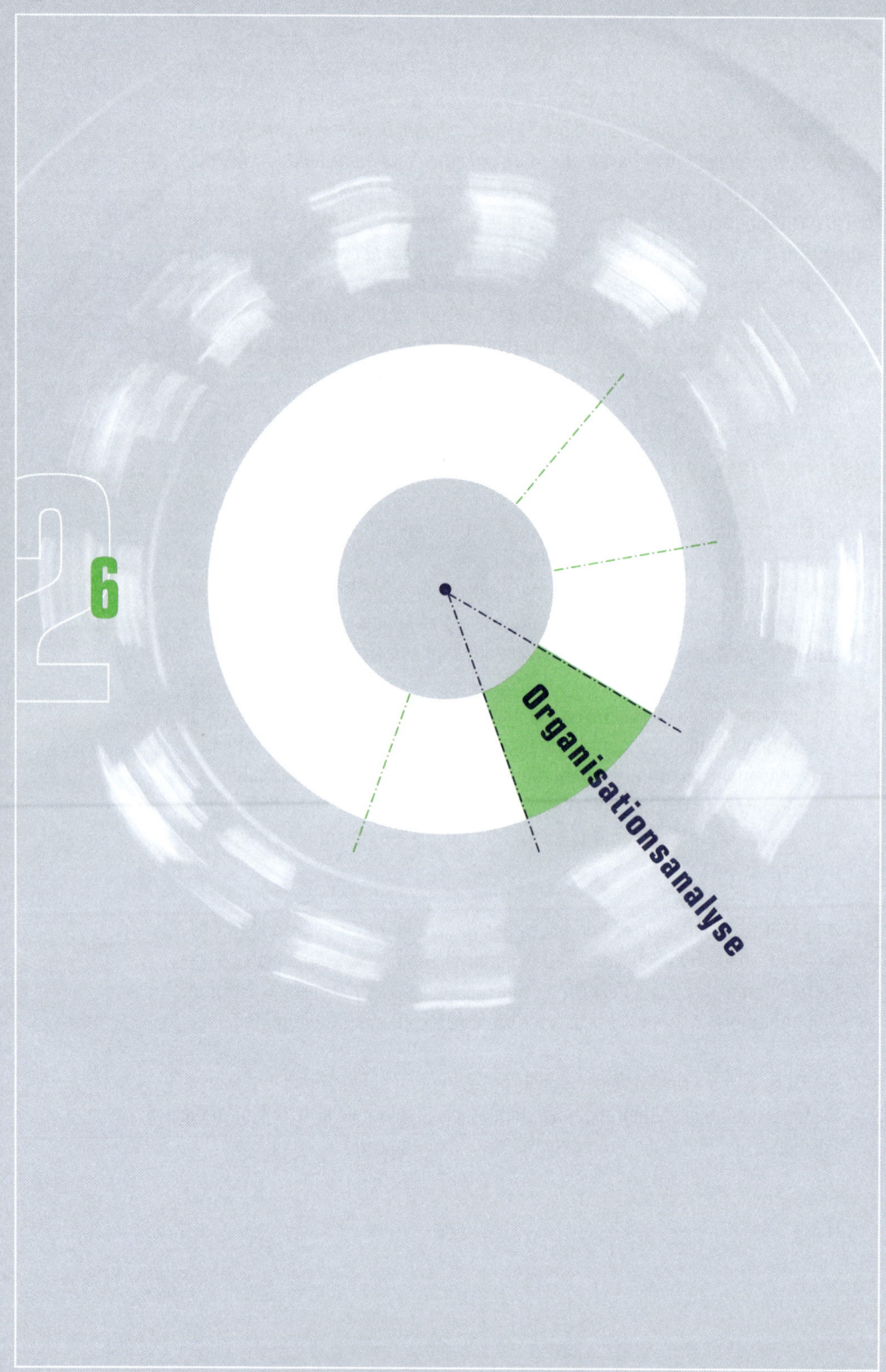

6 Organisationsanalyse

Mit der Umweltanalyse haben Sie die Trends im weiten Umfeld und die Anspruchsgruppen im nahen Umfeld systematisch untersucht, die wichtigsten Chancen und Risiken definiert und Optionen für die Positionierung erkannt. Nachdem Sie also mit Blick gegen aussen die Frage beantwortet haben, was Ihre Organisation machen «könnte», richten Sie Ihren Blick jetzt nach innen und fragen sich, was Ihre Organisation «kann».

Die Organisationsanalyse umfasst einerseits die systematische Untersuchung der Wertschöpfung der Organisation und andererseits die Analyse der Ressourcen. Es geht darum, die Stärken und Schwächen Ihrer Organisation festzustellen und erste strategische Optionen abzuleiten. Die nachfolgende Tabelle gibt Ihnen einen Überblick über die in diesem Kapitel vorgestellten Analyseansätze und -instrumente.

Untersuchungsgegenstand	Analyseansatz	Analyseinstrumente
Wertschöpfung der Organisation	Analyse der Wertschöpfung	> Analyse der Wertkette > Benchmarking entlang der Wertkette > Veränderung der Wertkette
Ressourcen und Fähigkeiten der Organisation	Analyse der Ressourcen und Fähigkeiten	> 7-S-Modell von McKinsey > Eskalationstreppe zur Prüfung von Fähigkeiten > Stärken-Schwächen-Analyse

Abb. 32: *Überblick über mögliche Analyseansätze und -instrumente für die Organisationsanalyse*

6.1 Analyse der Wertschöpfung

Die Wertschöpfung ist eng mit der Positionierung einer Organisation in der Umwelt verknüpft. Wenn sich eine Organisation beispielsweise als spezialisierter Anbieter auf dem Markt positionieren will, muss sie imstande sein, qualitativ hoch stehende Dienstleistungen anzubieten. Was so einfach klingt, ist in der Praxis nicht immer selbstverständlich. Oft werden im Rahmen der Positionierung Strategien erarbeitet, die wenig Bezug zur Wertschöpfung aufweisen, oder umgekehrt grosse Veränderungen in der Wertschöpfung initiiert ohne ersichtlichen Bezug zur Positionierung. Es ist also zentral, den logischen Zusammenhang zwischen Positionierung und Wertschöpfung immer im Auge zu behalten und auf Konsistenz zu achten. Pragmatisch können Sie dabei iterativ vorgehen und Positionierung und Wertschöpfung so lange miteinander abgleichen, bis beide zueinander passen. Eine weitere Möglichkeit, die Positionierung und die Wertschöpfung abzugleichen, ist die Gap-Analyse (siehe S. 124 ff.).
Für die Strategieentwicklung ist es deshalb wichtig, dass Sie als Führungskraft die momentane Wertschöpfung Ihrer Organisation analysieren und sich dabei folgende Schlüsselfragen stellen:

> Wie sind die Wertschöpfungsprozesse unserer Organisation momentan aufgebaut?
> Welche strategische Bedeutung haben die einzelnen Aktivitäten?
> Wo liegen die Stärken und Schwächen unserer Aktivitäten? Wie stehen die Kosten der einzelnen Aktivitäten im Verhältnis zu den Gesamtkosten? Was sind die Treiber der Kosten in den einzelnen Aktivitäten?
> Wo stehen wir, wenn wir unsere Aktivitäten mit jenen der Mitanbietenden vergleichen?
> Welche strategischen Optionen ergeben sich, wenn wir die Wertkette verändern?

6.1.1 Was ist Wertschöpfung?

Mehrwert durch Bearbeitung

Wertschöpfung ist «der Prozess des Schaffens von Mehrwert durch Bearbeitung» (Müller-Stewens/Lechner 2005, S. 369). Um überleben zu können, muss jede Organisation Wert schöpfen, sei sie nun gewinnorientiert oder gemeinnützig. Je besser ihr dies gelingt, umso erfolgreicher ist ihr Wirken.

Wertschöpfungsprozesse

Der Mehrwert entsteht dadurch, dass im Rahmen der Bearbeitung bestimmte Fähigkeiten und Ressourcen der Organisation zum Einsatz kommen. Die Organisation ist also ein System untereinander vernetzter Wertschöpfungsprozesse. Ist der Saldo zwischen Ertrag aus der betrieblichen Leistung und der in die Leistungserstellung eingegangenen Vorleistungen positiv, spricht man von Wertschöpfung, sonst von Wertvernichtung.

Unternehmen können den von ihnen geschaffenen Mehrwert finanziell genau erfassen, indem sie die Differenz zwischen dem (Kauf-)Preis der Vorleistungen einerseits und dem (Verkaufs-)Preis der Abgabeleistungen andererseits errechnen. Zu den Vorleistungen beispielsweise einer Bäckerei gehören die von andern Unternehmen bezogenen Produkte wie Mehl, Hefe, Eier oder vorgebackene Backwaren. Die Wertschöpfung ist umso grösser, je höher die Verkaufserlöse im Vergleich zu den Beschaffungskosten sind. Nur ein Teil der Wertschöpfung ist gleichzusetzen mit dem Gewinn. Um diesen zu berechnen, müssen die Betriebskosten (Löhne, Miete, Maschinen etc.) vom Mehrwert abgezogen werden.

Erfassen des Mehrwerts

Die Wertschöpfung von Non-Profit-Organisationen entspricht dem Nutzen der von ihr erstellten Dienstleistungen und lässt sich in der Regel nicht so einfach messen wie in Unternehmen. Um sie dennoch zu erfassen, muss zwischen verschiedenen Arten von Wertschöpfung unterschieden werden.

Arten der Wertschöpfung

Einen auch für Non-Profit-Organisationen nützlichen Wertschöpfungsbegriff vertreten Wunderer/Jaritz (1999, S. 8). Sie unterscheiden zwischen folgenden Arten der Wertschöpfung:

Arten der Wertschöpfung	Beschreibung
Volkswirtschaftliche Wertschöpfung	Nutzen für die Gesellschaft
Anspruchsgruppenbezogene Wertschöpfung	Nutzen für die Anspruchsgruppen der Organisation
Prozessbezogene Wertschöpfung	Wertbeitrag jeder betrieblichen Aktivität für das Betriebsergebnis durch geeigneten Ressourceneinsatz und Prozessgestaltung
Strategiebezogene Wertschöpfung	Wertschöpfung als Wertsteigerung für die Leistungsfinanzierer durch die Wahl einer geeigneten Strategie
Qualitätsbezogene Wertschöpfung	Nutzen für die externe und interne Kundschaft durch Qualität
Dienstleistungsbezogene Wertschöpfung	Nutzen für die externe und interne Kundschaft durch eine optimale Leistungserstellung

Abb. 33: *Wertschöpfungsarten (in Anlehnung an Wunderer/Jaritz 1999, S. 8)*

Der gesellschaftliche Nutzen kann mit geeigneten Verfahren geschätzt werden. So hat beispielsweise die Stadt Düsseldorf 1995 untersuchen lassen, welchen Nutzen die von ihr finanzierten Programme zur Beschäftigungsförderung schaffen. Dazu wurden jene Sozialversicherungskosten errechnet, welche durch die Programme

Messung des Nutzens

eingespart wurden. Ausserdem wurde eine Sozialbilanz mit den vermiedenen Folgekosten von Arbeitslosigkeit (Gesundheitskosten, Kosten der Verschuldung etc.) erstellt. Eine solche Kosten-Nutzen-Analyse ist jedoch sehr aufwändig und kann nur von spezialisierten Fachleuten durchgeführt werden. Nähere Ausführungen dazu macht Beate Finis Siegler (1997, S. 158 ff.).

Der Nutzen für bestimmte Anspruchsgruppen kann z. B. im Rahmen eines Gender-Budgeting erfasst werden. Diese Art der Rechnungslegung gibt beispielsweise Auskunft darüber, inwieweit städtische Ausgaben im Bereich Kultur- und Sportförderung jeweils Mädchen/Frauen bzw. Jungen/Männer zugute kommen.

Im Folgenden werden drei Instrumente oder Konzepte vorgestellt, welche sich im Rahmen eines Strategieentwicklungsprozesses dazu eignen, die prozessbezogene bzw. die strategiebezogene Wertschöpfung zu analysieren.

6.1.2 Instrumente/Konzepte
Analyse der Wertkette

Wird die Organisation als Ganzes betrachtet, können Sie als Führungskraft die Ursachen von vorhandenen Stärken und Schwächen Ihrer Organisation oft nicht erkennen. Deshalb ist es hilfreich, wenn Sie die Organisation in strategisch wichtige Wertschöpfungsprozesse zerlegen und analysieren, welchen Beitrag die einzelnen Prozesse zur gesamten Wertschöpfung leisten. Auf diese Weise können Sie Stärken Ihrer Organisation erkennen und auch Ansatzpunkte für Verbesserungsmassnahmen lokalisieren.

In einem ersten Schritt bestimmten Sie die wichtigen Wertschöpfungsprozesse Ihrer Organisation. Dazu eignen sich die drei Prozesskategorien des neuen St. Galler Management-Modells (vgl. Rüegg-Stürm 2003, S. 67 ff.): Managementprozesse, Geschäftsprozesse und Unterstützungsprozesse.

Management-prozesse
> Managementprozesse umfassen alle Managementaufgaben, die mit der Gestaltung, Lenkung und Entwicklung der Organisation zu tun haben: Leitbildentwicklung, Strategieentwicklung, Führung der einzelnen Geschäfts- und Unterstützungsprozesse, Führung der Mitarbeitenden, finanzielle Führung und Qualitätsmanagement.

Geschäftsprozesse
> Die Geschäftsprozesse beschreiben die Kernaktivitäten der Organisation und folgen dem Verrichtungsprinzip der Leistungserstellung. Sie sind unmittelbar auf den Klienten-/Kundinnennutzen ausgerichtet.

> Die Unterstützungsprozesse schaffen die notwendigen Bedingungen, damit die Geschäftsprozesse effizient und effektiv abgewickelt werden können. Dazu gehören die Personaladministration, die Personalentwicklung, die Bewirtschaftung der Infrastruktur, Rechnungswesen, Informatik, Kommunikation etc.

Unterstützungsprozesse

Die nachfolgende Abbildung zeigt beispielhaft die Wertschöpfungsprozesse eines Wohnheims mit Werkstatt für geistig Behinderte. Diese sind in Form einer Wertkette dargestellt, d. h. sie folgen dem Verrichtungsprinzip der Leistungserstellung.

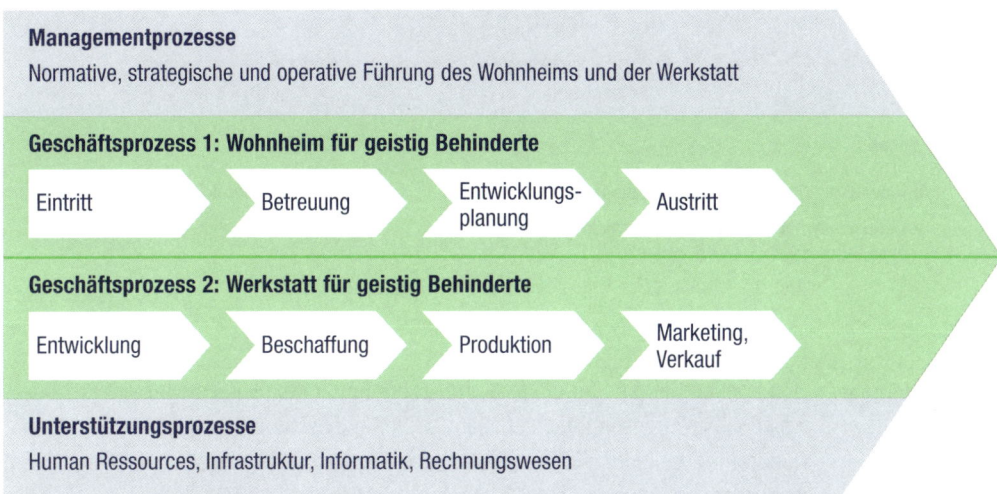

Abb. 34: Wertschöpfungsprozesse eines Wohnheims und einer Werkstatt für geistig Behinderte, dargestellt als Wertkette

Management- und Unterstützungsprozesse lassen sich vergleichsweise einfach bestimmen. Wie aber gehen Sie vor, um die relevanten Geschäftsprozesse zu ermitteln? Sammeln Sie alle Prozesse, welche Sie zu Ihrem Kerngeschäft zählen, und bewerten Sie einerseits deren Prozesseffektivität und andererseits deren Prozesseffizienz: Welchen Beitrag leisten die einzelnen Prozesse zum wahrgenommenen Kundennutzen (Prozesseffektivität)? Sind die Prozesse auch optimal gestaltet (Prozesseffizienz)? Dazu können Sie eine Bewertungsskala von 1 bis 4 verwenden (1 = sehr gering; 4 = sehr hoch). Anschliessend können Sie die identifizierten Prozesse und deren Bewertung in einer Matrix visualisieren.

Geschäftsprozesse ermitteln

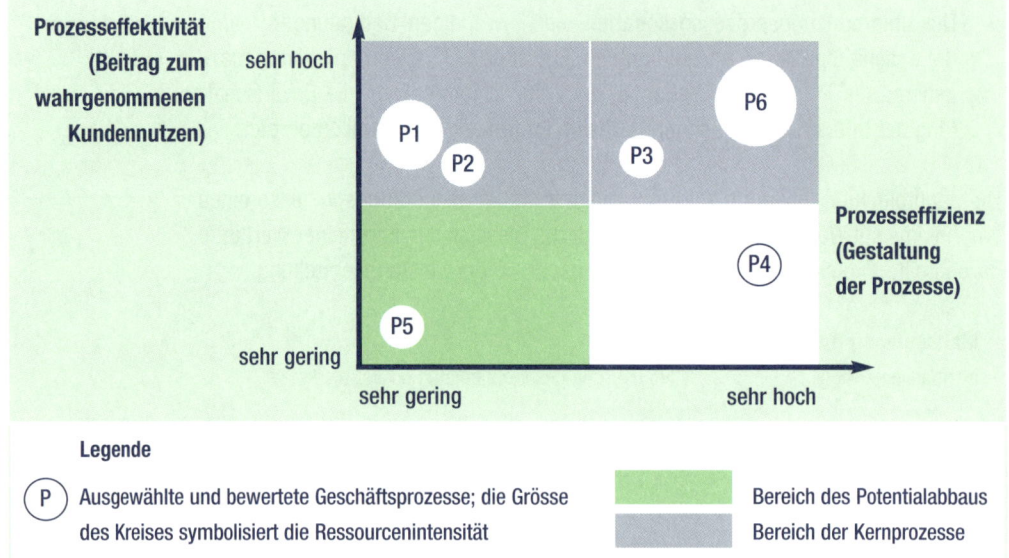

Abb. 35: Identifikation von Kernprozessen (vgl. Rüegg-Stürm/Müller 2005, S. 78)

Kernprozesse pflegen und entwickeln

Nun können Sie die Stärken Ihrer Wertschöpfung erkennen. Es sind alle Prozesse, welche überdurchschnittlich effizient und effektiv sind und sich im rechten oberen Quadranten befinden (P3 und P6). Diese Kernprozesse müssen Sie pflegen und weiterentwickeln.

Unwichtige Prozesse auslagern

Im linken unteren Quadranten liegen dagegen die unwichtigen Geschäftsprozesse, welche wenig zum Kundennutzen beitragen und wenig effizient sind (P5). Bei diesen Prozessen überprüfen Sie, ob sie ausgelagert werden können.

Jene Kernprozesse, die noch nicht optimal gestaltet sind (P1 und P2), können – sofern es von der Positionierung her sinnvoll ist – bezüglich ihrer Effizienz verbessert werden (z. B. durch Verringerung der Durchlaufzeiten).

Mit Hilfe einer Prozessanalyse können Sie bestehende Schwachstellen aufdecken und Verbesserungsmassnahmen ableiten. Eine sorgfältige Prozessanalyse ist relativ aufwändig, weshalb Sie sie erst dann in Angriff nehmen sollten, wenn es aufgrund der neuen Gesamtstrategie bzw. der angestrebten strategischen Positionierung auch zwingend notwendig ist. Aus der Gesamtstrategie (siehe S. 142 ff.) können später Prozessstrategien abgeleitet werden und in der Folge einzelne Prozesse verbessert werden.

Weitergehende Informationen zur Prozessanalyse finden Sie bei Rüegg-Stürm et al. (2004, S. 214 ff.).

Benchmarking entlang der Wertkette

Benchmarking beinhaltet den systematischen und kontinuierlichen Vergleich des Qualitätsstands der Wertschöpfungsprozesse. Dabei kann der Qualitätsstand aller Prozesse einer Organisation oder Abteilung gemessen und verglichen werden oder nur derjenige ausgewählter Prozesse. Mit Hilfe des Benchmarkings können Sie die Position Ihrer Organisation im Konkurrenzgefüge einschätzen, die Stärken Ihrer Organisation erkennen und Massnahmen zur Verbesserung der Wertschöpfungsprozesse ableiten, indem Sie von den Besten lernen.

Systematischer Vergleich mit den Besten

Es lassen sich drei Typen von Benchmarking unterscheiden:

> Internes Benchmarking: Sie vergleichen Prozesse von verschiedenen Abteilungen/Bereichen innerhalb Ihrer Organisation (z. B. Vergleich der Qualität der Pflegeprozesse von allen Pflegeteams eines grösseren Altersheims).   *Vergleich innerhalb der Organisation*
> Wettbewerbsorientiertes Benchmarking: Sie vergleichen Ihre Organisation mit andern Organisationen der Branche (z. B. Vergleich der Marketingprozesse von Kleintheatern oder des Fundraisings von Umweltschutzorganisationen).   *Vergleich mit Mitanbietern*
> Funktionales Benchmarking: Sie vergleichen ausgewählte Prozesse Ihrer Organisation mit jenen einer branchenfremden Organisation, wobei dieser Prozess in der branchenfremden Organisation ein Schlüsselprozess ist (z. B. Vergleich des Prozesses Zimmerreinigung und Wäscheservice eines Pflegeheims mit jenem eines Hotels).   *Vergleich mit branchenfremder Organisation*

Die nachfolgende Tabelle gibt einen Überblick über die Vor- und Nachteile der verschiedenen Formen des Benchmarkings.

Typ	Vorteile	Nachteile
Internes Benchmarking	> Relativ einfache Datenerfassung > Geeignet für diversifizierte, führende Organisationen	> Begrenzter Blickwinkel > Interne Vorurteile
Wettbewerbsorientiertes Benchmarking	> Geschäftsrelevante Informationen > Vergleichbarkeit von Dienstleistungen und Prozessen > Relativ hohe Akzeptanz > Bestimmung der Wettbewerbsposition	> Schwierige Datenerfassung > Gefahr des branchenorientierten Kopierens
Funktionales Benchmarking (mit Externen)	> Hohes Innovationspotential > Vergrösserung des Ideenspektrums	> Schwieriger Transfer von Wissen in ein anderes Umfeld > Zeitaufwändige Analyse > Probleme der Vergleichbarkeit

Abb. 36: *Vor- und Nachteile der verschiedenen Typen des Benchmarkings (vgl. Müller-Stewens/Lechner 2005, S. 384)*

Zwei Fallbeispiele zum funktionalen Benchmarking

Eine Umweltschutzorganisation, die neben Lobbyarbeit, Kursen und Events für Kinder und einem eigenen Laden auch einen Teil ihrer Tätigkeit in Form von Beratung von Unternehmungen und Organisationen hat, vergleicht ihre Beratungsprozesse und die gesamte Abwicklung eines Beratungsauftrages mit einer grossen Unternehmensberatungsfirma, die auf Marketing und Strategieberatung spezialisiert ist.

Ein Hotel in den Voralpen wird vor allem von älteren Gästen besucht. Die Seniorinnen und Senioren wünschen sich nicht nur Unterkunft und Verpflegung, sondern auch Möglichkeiten der Freizeitgestaltung. Um auf die Bedürfnisse dieser Gäste besser eingehen zu können und die eigenen Kompetenzen in der Freizeitgestaltung von Seniorinnen und Senioren zu verbessern, vereinbart das Hotel ein Benchmarking mit dem führenden Altersheim der Region.

Benchmarking durchführen

Um ein Benchmarking durchzuführen, gehen Sie wie folgt vor:
> Festlegung der zu vergleichenden Prozesse (besonders wichtige Prozesse oder fehleranfällige Prozesse) und der Benchmarking-Ziele
> Auswahl der Vergleichspartner
> Identifizierung von Bewertungskriterien (z. B. Kunden-/Klientinnenzufriedenheit, Kostenstruktur, Durchlaufzeiten etc.)
> Festlegung der Messgrössen
> Erhebung der Daten
> Vergleich der Daten und Bewertung
> Planung und Umsetzung von Verbesserungsmassnahmen

Benchmarking-Zirkel

Sie können Ihren Lerngewinn aus dem Benchmarking vergrössern, indem Sie sich mit Mitbewerbern zu einem Benchmarking-Zirkel zusammenschliessen und den Benchmarking-Prozess sowie die -Resultate periodisch in der Gruppe diskutieren. Auf diese Weise reflektieren Sie einerseits gemeinsam die Bewertungskriterien und Messgrössen, andererseits tauschen Sie sich über die Ursachen der unterschiedlichen Resultate aus. Weiterführende Informationen zum Benchmarking als Lernprozess finden Sie bei Merchel (2001).

Fallbeispiel: Wettbewerbsorientiertes Benchmarking der Regionalen Arbeitsvermittlungszentren (RAV)

Seit 1999 wird in der Schweiz die Wirkung der Leistungen der verschiedenen Regionalen Arbeitsvermittlungszentren (RAV) verglichen. Die nachfolgende Tabelle gibt einen Überblick über die angestrebte Wirkung der Leistungen, die Indikatoren, anhand derer die Wirkung der einzelnen RAV gemessen wird, sowie deren Gewichtung.

Wirkung	Indikator	Gewichtung
Rasche Wiedereingliederung	1. Durchschnittliche Anzahl Bezugstage der abgemeldeten Bezüger von Erwerbslosenentschädigungen in der laufenden Rahmenfrist bzw. von Personen, die an das Ende ihrer Rahmenfrist gekommen sind	0.50
Langzeiterwerbslosigkeit vermeiden	1. Zugänge zur Langzeitstellensuche dividiert durch die Anzahl Personen, die vor 13 Monaten eine neue Rahmenfrist mit Anspruchscode 1 (= anspruchsberechtigt) eröffnet haben	0.20
Aussteuerungen vermeiden/senken	2. Anzahl Aussteuerungen im Berichtsmonat dividiert durch die Anzahl Personen, die vor 2 Jahren eine neue Rahmenfrist mit Anspruchscode 1 (= anspruchsberechtigt) eröffnet haben	0.20
Wiederanmeldungen vermeiden/senken	3. Anzahl Wiederanmeldungen im Berichtsmonat innert 4 Monaten dividiert durch die Anzahl Personen, welche in den Monaten (mt-4), (mt-3), (mt-2) abgemeldet worden sind	0.10

Abb. 37: Benchmarking-Indikatoren der Regionalen Arbeitsvermittlungszentren (RAV) (Nordmann, 2003)

Um äussere Einflüsse auf die Leistungen der RAV (z. B. Strukturschwäche der regionalen Wirtschaft) auszugleichen, wurde ein Modell zur Bereinigung der exogenen Einflussfaktoren erarbeitet. Diese Bereinigung erlaubt es, die Wirkungen der RAV interkantonal zu vergleichen und die erfolgreichsten Konzepte zu bestimmen. Damit soll ermöglicht werden, dass die einzelnen RAV von den besten Mitanbietern lernen können[7].

Veränderung der Wertkette

Die Wertschöpfungsprozesse einer Organisation werden häufig in Form einer Wertkette dargestellt (vgl. Abb. 34). Wenn Sie als Führungskraft die momentane Wertkette Ihrer Organisation bestimmt haben, können Sie Vor- und Nachteile von möglichen Veränderungen der Wertkette im Zusammenhang mit der strategischen Positionierung analysieren. Dazu müssen Sie genaue Informationen über Ihre Branche sowie die angrenzenden Branchen haben und die wertschöpfungsstarken Stufen kennen.

Strategische Neuausrichtung durch Wertschöpfungsmanöver

---

[7] Ursprünglich sollte das Benchmarking durch ein Bonus-Malus-Finanzierungssystem unterstützt werden, welches die in den einzelnen Kantonen erzielten Wirkungen honoriert. Je nach Resultat sollte dem jeweiligen Kanton ein Bonus/Malus von bis zu 5 Prozent der budgetierten Kosten gewährt bzw. auferlegt werden. Dieses System erwies sich jedoch nicht als realisierbar und wurde nach kurzer Zeit wieder abgeschafft.

Im Bereich des Umweltschutzes können beispielsweise konkrete Aktionen wie der Schutz von Walfischen als wertschöpfungsstarke Stufe definiert werden, weil solche Aktionen viel öffentliche Aufmerksamkeit erregen.

Müller-Stewens/Lechner (2005, S. 395 ff.) bezeichnen Veränderungen der Wertkette als Wertschöpfungsmanöver, welche Optionen für eine strategische Neuausrichtung eröffnen. Die nachfolgende Tabelle gibt einen Überblick über die verschiedenen Wertschöpfungsmanöver.

Modell	Kurzbeschreibung	Beispiel
Fokussieren	Konzentration auf eine einzelne Wertschöpfungsstufe (verglichen mit dem Wertschöpfungsprozess der Mitanbieter)	> Budgetberatungsstelle: Schuldensanierung im Auftrag eines Sozialdienstes > Wohnberatung: Suche von Wohnraum für schwierig zu platzierende Familien im Auftrag des Sozialdienstes
Integrieren	Integration von Zusatzleistungen in den eigenen Wertschöpfungsprozess	> Sonderschule: Zusätzliches Angebot eines Kinderabholdienstes und einer Erziehungsberatung
Koordinieren	Outsourcing von strategisch nicht relevanten Aktivitäten	> Kleintheater: Fundraising-Auftrag an spezialisierten Anbieter > Kinderkrippe: Bezug des Essens aus der benachbarten Kantine eines Unternehmens
Komprimieren	Zwischen- und Einzelhandel ausschalten	> Geschützte Werkstätte: Direktvertrieb der Produkte über das Internet
Expandieren	Integration der Aktivität eines branchenfremden Anbieters in die eigene Wertkette	> Schule: Einführung von Schulsozialarbeit > Treffpunkt für fremdsprachige Frauen: Integration eines Kinderhortes in den Treffpunkt.
Neu konstruieren	Neue Logik der Wertkette	> Arbeitsvermittlungsstelle: Vermittlung von schwer vermittelbaren, ausgesteuerten Erwerbslosen auf Gewinnbasis ("Kopfprämie")

Abb. 38: *Wertschöpfungsmanöver (vgl. in Müller-Stewens/Lechner 2005, S. 396)*

Zusammenfassung

> Wertschöpfung ist der Prozess des Schaffens von Mehrwert durch Bearbeitung. Die Organisation kann als System untereinander vernetzter Wertschöpfungsprozesse betrachtet werden. Ist der Output der Organisation grösser als der Input, schöpft sie Wert; andernfalls vernichtet sie Wert. Der von einer Non-Profit-Organisation geschaffene Mehrwert entspricht dem Nutzen, welchen sie für die Gesellschaft oder einzelne Anspruchsgruppen stiftet.

> Die prozessbezogene Wertschöpfung einer Organisation kann mit Hilfe der Analyse der Wertkette untersucht werden. Die Wertkette stellt die Wertschöpfungsprozesse nach dem Verrichtungsprinzip der Leistungserstellung dar. In der Analyse wird jede einzelne Stufe der Wertkette auf ihren Beitrag zur gesamten Wertschöpfung der Organisation hin untersucht. So können Stärken der Organisation erkannt und Verbesserungspotential im Zusammenhang mit der strategischen Positionierung identifiziert werden.

> Beim Benchmarking entlang der Wertkette werden einzelne Stufen der Wertkette oder die gesamte Wertkette von verschiedenen Abteilungen oder Organisationen miteinander verglichen. Dies ermöglicht, die Stellung einer Organisation in ihrem Konkurrenzgefüge zu ermitteln und von den Besten zu lernen.

> Wertschöpfungsmanöver sind Veränderungen der Wertkette einer Organisation und eröffnen neue strategische Optionen, die hinsichtlich der strategischen Positionierung zu prüfen sind.

6.2 Analyse der Ressourcen und Fähigkeiten

Um die Wertschöpfungsprozesse kostengünstig und zielorientiert zu vollziehen, müssen Organisationen auf ausreichende Ressourcen und Fähigkeiten zurückgreifen können. Finanzielle Mittel und Räumlichkeiten sind ebenso notwendig wie kompetente, initiative oder kooperative Mitarbeitende. Zudem braucht es Aufbau- und Ablaufstrukturen, Management- und Führungssysteme und Wissen.

Als Grundvoraussetzungen der Wertschöpfung sind die Ressourcen und Fähigkeiten eng mit der Positionierung der Organisation verknüpft. Nur wenn sie in ausreichender Menge und Qualität vorhanden oder aufbaubar sind, kann eine Organisation ihre angestrebte Positionierung überhaupt realisieren. Im Zuge eines Strategieentwicklungsprozesses ist es deshalb wichtig, dass Sie als Führungskraft die Stärken und Schwächen der Ressourcen und Fähigkeiten Ihrer Organisation untersuchen und folgende Schlüsselfragen stellen:

> Über welche besonderen Fähigkeiten und Ressourcen (Mitarbeitende, Strukturen, Managementsysteme und Wissen) verfügt unsere Organisation?
> Welche Fähigkeiten und Ressourcen wollen wir in Zukunft entwickeln oder stärken?

6.2.1 Ressourcen, organisationale Fähigkeiten und Kernfähigkeiten

Materielle Ressourcen — Unter Ressourcen werden in der Betriebswirtschaftslehre traditionellerweise die Produktionsfaktoren Arbeitsleistung, Betriebsmittel und Werkstoffe gezählt, welche es optimal miteinander zu kombinieren gilt. Bei dieser Betrachtung stehen die materiellen Ressourcen wie Eigenkapital, Maschinen, Rohstoffe, Gebäude oder EDV-Ausstattung im Vordergrund, weshalb sie vor allem für die industrielle Massenproduktion relevant ist. Im Dienstleistungssektor, zu welchem auch die meisten Non-Profit-Organisationen gehören, sind die immateriellen Ressourcen jedoch bedeutend

Immaterielle Ressourcen — wichtiger als die materiellen. Zu den immateriellen Ressourcen zählen z. B. die Organisationskultur, die Leistungsbereitschaft und der Ausbildungsstand der Mitarbeitenden, das Image, die Management- und Führungssysteme etc.

Organisationale Fähigkeiten — Die Qualität der Wertschöpfungsprozesse hängt nicht nur von den vorhandenen Ressourcen ab, sondern auch von der Art und Weise, wie die Ressourcen miteinander interagieren. Müller-Stewens/Lechner (2005, S. 215) sprechen in diesem Zusammenhang von organisationalen Fähigkeiten, welche als komplexe Interaktions-, Koordinations- und Problemlösungsmuster von Organisationen und nicht von Einzelpersonen zu verstehen sind. Die organisationalen Fähigkeiten werden in einem oftmals langwierigen Entwicklungsprozess aufgebaut und als organisationale Routinen wirksam. Dabei handelt es sich nicht (nur) um sachrationale Prozesse (z. B. geplante Gestaltung von Dienstleistungen), sondern vor allem um soziale Prozesse (z. B. spontaner kreativer Austausch zwischen Tür und Angel) und oftmals implizites Wissen. Implizites Wissen beruht auf Erfahrung, ist nicht formulierfähig und somit zwischen Menschen nicht austauschbar. Die (Spitzen-)Qualität vieler Tätigkeiten, beispielsweise Skifahren oder Kochen, hängt stark von implizitem Wissen ab. Keine noch so detaillierte Anleitung kann dieses Wissen überbrücken.

Implizites Wissen

Eine Vielzahl von Ressourcen und hoch entwickelten organisationalen Fähigkeiten bedeutet noch keinen Wettbewerbsvorteil am Markt, wenn andere Organisationen über ähnliche Ressourcen und Fähigkeiten verfügen. Diese Sichtweise vertreten Hamel/Prahalad (1990) mit ihrem Ansatz der Kernfähigkeiten. Unter Kernfähigkeiten verstehen sie bestimmte Kompetenzen, welche in unterschiedlichen Bereichen einer Organisation wirksam werden und in ihrer spezifischen, nicht imitierbaren Kombination der Organisation einen nachhaltigen Wettbewerbsvorteil verschaffen. Kernfähigkeiten zeichnen sich dadurch aus, dass sie wertvoll, selten, schwer zu imitieren und nicht durch andere Fähigkeiten zu ersetzen (substituieren) sind. Gelingt es einer Organisation, Kernfähigkeiten aufzubauen und zu erhalten, hat sie gegenüber der Konkurrenz einen nachhaltigen Wettbewerbsvorteil.

Kernfähigkeiten

6.2.2 Instrumente

Für die Analyse der Ressourcen und Fähigkeiten sind viele verschiedene Instrumente verfügbar. Im Folgenden stellen wir drei davon vor, welche uns auch für Non-Profit-Organisationen nützlich erscheinen.

Das 7-S-Modell von McKinsey

Ein relativ umfassendes und einigermassen systematisches Modell zur Analyse der eigenen Organisation ist das 7-S-Modell, welches vom Beratungsunternehmen McKinsey Anfang der achtziger Jahre entwickelt wurde. Es berücksichtigt neben den «harten» explizit auch die «weichen» Grössen. Die harten Faktoren Strategie, Struktur und Prozesse verkörpern das Erfolgskonzept der Organisation, mit welchem diese sich gegenüber den Mitbewerbern auszeichnet. Demgegenüber gehören die vier weichen Faktoren Zusammenarbeitsstil, Fähigkeiten, Personal und Werte zum Führungskonzept.

«Harte» und «weiche» Faktoren der Organisation

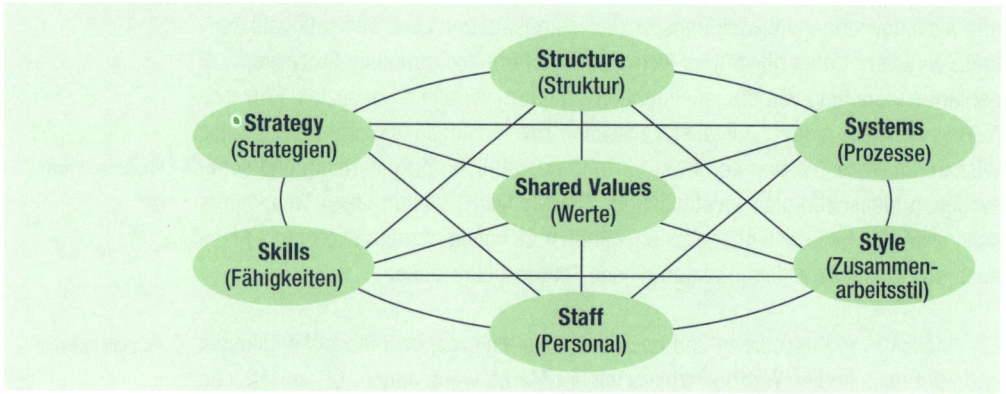

Abb. 39: 7-S-Modell von McKinsey (vgl. Müller-Stewens/Lechner 2005, S. 219)

Wechselwirkungen zwischen den Faktoren

Wie Abb. 39 illustriert, postuliert das Modell nicht nur sieben relevante Einflussfaktoren, sondern fokussiert auch die Wechselwirkungen und gegenseitigen Abhängigkeiten zwischen den einzelnen Faktoren. Als Führungskraft können Sie mit Hilfe des Modells analysieren, wie sich das Gesamtbild oder einzelne Faktoren verändern, wenn Sie einen bestimmten Faktor modifizieren. Welche Auswirkungen hat beispielsweise eine neue Strategie auf den Zusammenarbeitsstil, auf die Prozesse oder auf das Personal?

Da das 7-S-Modell die Wechselwirkungen ins Zentrum stellt, eignet es sich gut für die Analyse der organisationalen Fähigkeiten. Es wird zur Organisationsanalyse vielfach angewendet und kann bei Bedarf auch modifiziert werden.

Durchführung einer 7-S-Analyse

Eine 7-S-Analyse lässt sich gut in Form eines Workshops mit Führungskräften durchführen. In einem ersten Schritt untersuchen Sie gemeinsam die einzelnen Faktoren, indem Sie sich folgende Fragen stellen (vgl. Müller-Stewens/Lechner 2005, S. 220):

> **Strategie (Strategy):** Wie lautet die formulierte Strategie der Organisation? Ist sie geeignet, die zukünftigen Herausforderungen zu bewältigen? Positioniert sie die Organisation klar genug im Umfeld? Ist sie realistisch?
> **Fähigkeiten (Skills):** Welche Fähigkeiten der Organisation sind herausragend? Entstehen dadurch Vorteile gegenüber den Mitbewerbern?
> **Prozesse (Systems):** Welches sind die wichtigsten Prozesse in der Organisation? Wie ist deren Qualität zu beurteilen?
> **Personal (Staff):** Wo liegen die Stärken und Schwächen der Mitarbeitenden? Welche Arten von Mitarbeitenden fehlen, von welchen hat es eher zu viele?
> **Stukturen (Structures):** Wie sehen die Strukturen der Organisation aus? Sind sie hilfreich oder hinderlich?
> **Zusammenarbeitstil (Style):** Wie beurteilen Sie die Führung und Zusammenarbeit in Ihrer Organisation? Wo liegen Stärken und Schwächen?
> **Zentrale Werte (Shared Valures):** Welche Werte werden von allen Mitarbeitenden geteilt? Wirken diese Werte sinnstiftend, motivierend und handlungsleitend?

In einem zweiten Schritt können Sie dann die wichtigsten Beziehungen zwischen den Faktoren kritisch hinterfragen. Sind beispielsweise die gelebten Werte geeignet, um die beabsichtigte Positionierung zu erreichen?

Das 7-S-Modell lässt sich Ihrem Bedarf entsprechend anpassen. Dabei ist es jedoch wichtig, dass Sie die Auswahl der Faktoren immer kritisch prüfen. Empfehlenswert sind Kriterien/Faktoren, welche sowohl die strukturelle Perspektive (Aufbauorganisation, Prozesse, Managementsysteme etc.), die Mitarbeitendenperspektive (Ausbildung, Zusammenarbeit, Leistungsbereitschaft etc.), die organisationskulturelle Perspektive (Sprache, Innovationsklima etc.) und die politische Perspektive (Machtbeziehungen etc.) berücksichtigen (vgl. dazu Bolman/Deal, 1997).

Anpassung des Modells an den eigenen Bedarf

Fallbeispiel: Analyse der Stärken und Schwächen eines Erwerbslosentreffs mit Hilfe des 7-S-Modells

Strategie	Zu kleine Organisation für das breite Angebot
	Klare Ausrichtung der Angebote am Markt
Struktur	Unklare Verantwortlichkeiten zwischen ehrenamtlicher Trägerschaft und professioneller Leitung des Erwerbslosentreffs
Prozesse	Einzelne unsystematische Arbeitsabläufe
	Guter Informationsfluss
Personal	Gut qualifizierte Mitarbeitende
	Niedrige Fluktuation
Fähigkeiten	Qualifizierte Unterstützung der Treffpunktbesuchenden bei der Stellensuche
	Mangelnde EDV-Kenntnisse
Werte	Gut verankertes und gelebtes Leitbild
Zusammenarbeit	Kooperativer Führungsstil der Leiterin des Erwerbslosentreffs
	Engagiertes Team

Abb. 40: *Verdichtete 7-S-Analyse eines Erwerbslosentreffs (in Anlehnung an Koradi Weber 2004)*

Eskalationstreppe zur Prüfung von Fähigkeiten

Wenn Sie feststellen wollen, ob Ihre Organisation über einzigartige Kernfähigkeiten verfügt, welche am Markt zu nachhaltigen Wettbewerbsvorteilen führen, können Sie die Eskalationstreppe zur Prüfung von Fähigkeiten einsetzen. In einem ersten Schritt definieren Sie die wichtigsten Fähigkeiten Ihrer Organisation (z.B. mit Hilfe des 7-S-Modells). Danach überprüfen Sie sie anhand der folgenden vier Fragen, welche Sie sich der Reihe nach stellen:

Überprüfung der Kernfähigkeiten

1. Ist die Fähigkeit wertvoll? Kann sie die Effizienz und Effektivität der Organisation erhöhen und zu einer verbesserten Leistung am Markt führen?

Wertvoll?

Selten?	2. Ist die Fähigkeit selten? Wenn andere Organisationen über dieselbe Fähigkeit verfügen, ist eine Differenzierung nicht mehr möglich.
Nicht imitierbar?	3. Kann die Fähigkeit nicht imitiert werden? Gelingt es einem Mitanbieter, eine ähnliche Ressource nachzubilden, kann er den Vorsprung der Organisation damit zunichte machen.
Nicht substituierbar?	4. Kann die Fähigkeit nicht substituiert werden? Gelingt es, eine Fähigkeit oder Ressource von der Funktion her zu ersetzen, wird sie gewissermassen ausgehebelt und neutralisiert.

Erst wenn Sie alle vier Fragen mit Ja beantworten können, haben Sie eine Kernfähigkeit gefunden und können von einem nachhaltigen Wettbewerbsvorteil sprechen.

Kernkompetenzen zu bestimmen kann sehr schwierig und aufwändig sein und gelingt nicht immer. Es ist jedoch in jedem Fall ratsam, sich so weit wie möglich auf der Eskalationstreppe nach unten zu bewegen. Die Fragen sind in der dargestellten Reihenfolge zu stellen.

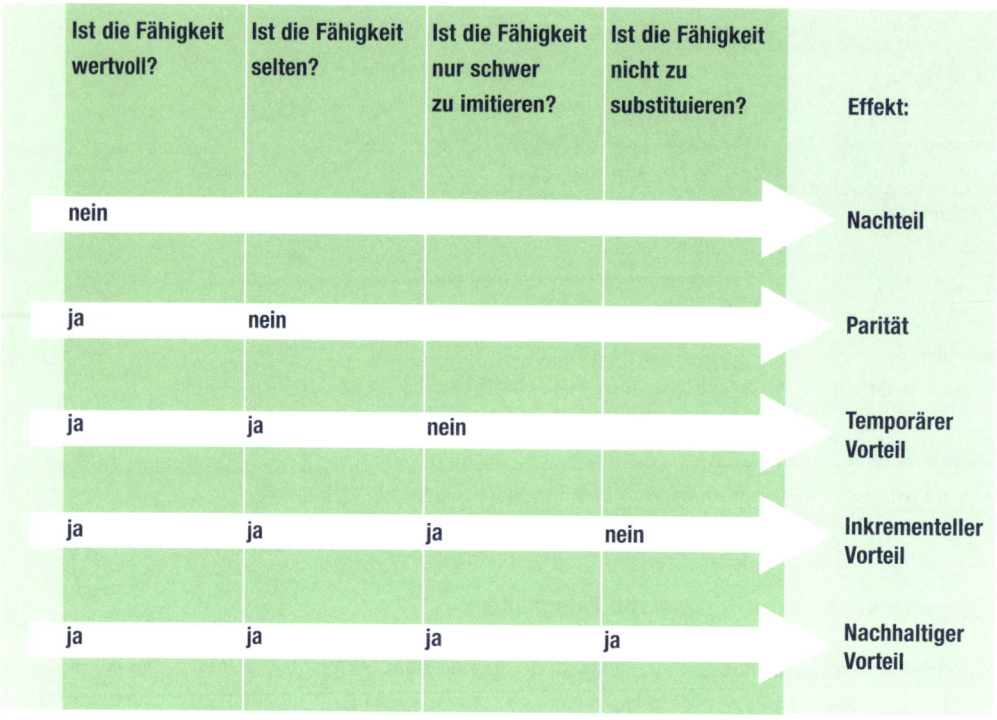

Abb. 41: Eskalationstreppe zur Prüfung von Fähigkeiten (vgl. Müller-Stewens/Lechner 2005, S. 224)

Fallbeispiel: **Überprüfung der Fähigkeiten des Treffpunktes für Erwerbslose mit Hilfe der Eskalationstreppe**

Fähigkeit	Wertvoll	Selten	Nicht imitierbar	Nicht substituierbar	Effekt
Persönliche Unterstützung bei der Stellensuche	ja	nein			Parität
Infrastruktur	ja	nein			Parität
Informationsangebot	ja	nein			Temporärer Vorteil
Tagesstruktur	ja	ja	nein		Temporärer Vorteil
Personal	ja	ja	nein		Temporärer Vorteil
Unentgeltliches Angebot	ja	ja	nein	nein	Temporärer Vorteil
Freiwilliges, sanktionsfreies Angebot	ja	ja	ja	ja	Nachhaltiger Vorteil

Abb. 42: *Eskalationstreppe des Treffpunkts für Erwerbslose (in Anlehnung an Koradi Weber 2004)*

Stärken-Schwächen-Analyse

Weniger systematisch, dafür sehr flexibel einsetzbar sind so genannte Stärken-Schwächen-Analysen für die Untersuchung der eigenen Organisation. Die Qualität der Analyse hängt von den gewählten Bewertungskriterien und von der Auswahl der relevanten Mitbewerber ab. Wenn Sie als Führungskraft die Stärken und Schwächen Ihrer Organisationen überprüfen wollen, können Sie Stärken-Schwächen-Profile für die eigene Organisation sowie für die relevanten Mitbewerber erstellen und die Profile miteinander vergleichen. Sie können auch ein Ist-Profil erarbeiten, welches nach Erarbeitung und Festlegung der neuen Strategie dem Soll-Profil gegenübergestellt wird. Es sind Ihrer Phantasie in der Anwendung kaum Grenzen gesetzt.

Flexibel einsetzbares Instrument

Bewertungskriterien für Stärken-Schwächen-Analysen können z. B. sein:
> Management-, Geschäfts- und Unterstützungsprozesse
> Planungssysteme und Führungsinstrumente (Controlling, Management by Objectives...)
> Kriterien zur Unternehmenskultur (Sprache, Fehlertoleranz...)
> Mitarbeitendenbezogene Kriterien (Ausbildungsstand, Qualitätsbewusstsein, Motivation, Zusammenarbeit...)
> Finanzielle Kennzahlen (Spendenanteil, Höhe der Reserven...)
> ...

Bestimmung der Bewertungskriterien

Stärke-Schwäche-Profile können Sie sehr flexibel anwenden und einsetzen. Ein Nachteil dieses Instruments liegt jedoch in der fehlenden Systematik. Es liegt an Ihnen, die Checkliste zusammenzustellen und alle relevanten Kriterien zu ermitteln.

Fallbeispiel:
Stärken-Schwächen-Profil eines Heims für dissoziale Jugendliche

		Entwicklung der letzten 5 Jahre	Vergleich zu Mitanbietern
		-- - +- + ++	-- - +- + ++
Ergebnisse	Anzahl betreute Jugendliche		
	Anzahl integrierter Jugendlicher		
	Zufriedenheit der Jugendlichen		
Leistungspotential	Sozialpädagogische Kompetenz		
	Pädagogische Kompetenz		
	Interdisziplinäre Zusammenarbeit		
Organisations-kultur	Flexibilität		
	Kooperationsverhalten		
	Leistungsbereitschaft		
Organisations-führung	Führungssystem		
	Organisationskonzept		
	Führungsmethodik		

Abb. 43: *Stärken-Schwächen-Profil eines Heimes für dissoziale Jugendliche*

Zusammenfassung

> Um eine bestimmte Positionierung im Umfeld erreichen zu können, brauchen Organisationen geeignete Ressourcen und Fähigkeiten. Neben materiellen Ressourcen (z. B. Kapital oder Gebäude) sind auch immaterielle Ressourcen (z. B. eine kooperative Unternehmenskultur oder bestimmte Fähigkeiten der Mitarbeitenden) nötig. Die Art und Weise, wie die verschiedenen Ressourcen miteinander interagieren, entspricht den organisationalen Fähigkeiten einer Organisation. Dabei handelt es sich um implizites Wissen. Sind diese Fähigkeiten in verschiedenen Bereichen der Organisation wirksam und einzigartig, spricht man von Kernfähigkeiten, welche der Organisation einen nachhaltigen Wettbewerbsvorteil verschaffen können.

> Zur Organisationsanalyse steht eine Vielzahl von Instrumenten zur Verfügung. Mit dem 7-S-Modell von McKinsey lassen sich die harten Faktoren (Struktur, Strategie, Prozesse) und die weichen Faktoren (Zusammenarbeit, Werte, Fähigkeiten, Personal) einer Organisation sowie das Zusammenspiel der Faktoren analysieren. Deshalb eignet sich das Modell, um die organisationalen Fähigkeiten einer Organisation zu bestimmen.

> Das Instrument der Eskalationstreppe dient zur Überprüfung von Kernfähigkeiten. Nur wenn eine Fähigkeit wertvoll, selten, nicht imitierbar und nicht substituierbar ist, handelt es sich um eine Kernfähigkeit, welche der Organisation am Markt einen nachhaltigen Wettbewerbsvorteil verschafft.

> Die Stärken und Schwächen einer Organisation, einzelner Abteilungen oder einzelner Prozesse können in Form von Stärken-Schwächen-Profilen dargestellt und vergleichbar gemacht werden. Diese Profile sind sehr flexibel einsetzbar, zugleich aber auch unsystematisch.

7 Integrierte Betrachtung

7 Integrierte Betrachtung der Einflusskräfte

Bisher haben Sie die Einflusskräfte der Umwelt und diejenigen der Organisation relativ isoliert voneinander untersucht. Nun wechseln Sie zu einer integrierten Betrachtung der Einflusskräfte. Sie verbinden die Umwelt- und Organisationsanalyse miteinander und stellen sich folgende Schlüsselfragen:

> Wie wirken sich die festgestellten Einflusskräfte der Umwelt und der Organisation aufeinander aus?
> Welche strategischen Optionen ergeben sich aus der Verbindung von Umwelt- und Organisationsanalyse?
> Besitzen wir die nötigen Fähigkeiten, um die möglichen Strategien umzusetzen?

Die unterschiedlichen strategischen Optionen werden im nächsten Kapitel (S. 131 ff.) mit der Organisationspolitik abgeglichen und bezüglich ihrer Realisierbarkeit und ihres Erfolgs bewertet. Erst danach werden die konkreten Strategien formuliert.

7.1 Verbindung von Umwelt- und Organisationsanalyse

Das Zusammenführen der Innen- und Aussensicht ermöglicht es, die zukünftigen Wechselwirkungen zwischen der Organisation und der Umwelt abzuschätzen und zu untersuchen. Wie wirkt sich beispielsweise der mögliche Eintritt eines neuen Mitbewerbers auf die Handlungsmöglichkeiten der eigenen Organisation aus, wenn die Organisation gut mit Partnerorganisationen vernetzt ist? Indem die äusseren Einflusskräfte (Markteintritt eines neuen Mitbewerbers) in Beziehung zu den Stärken und Schwächen (gute Vernetzung mit Partnerorganisationen) gesetzt werden, lassen sich eine Vielzahl von strategischen Optionen erkennen (z.B. Kooperation mit Partnerorganisation, Fusion mit Partnerorganisation etc.).

Aussen- und Innensicht zusammenführen

Bei der Suche nach strategischen Optionen ist es wichtig, von Anfang an darauf zu achten, dass Wertschöpfung (Innensicht) und Positionierung (Aussensicht) kompatibel sind. Es lohnt sich beispielsweise für eine nationale Umweltorganisation nicht, Pläne für eine Expansion ins benachbarte Ausland zu schmieden, wenn sie nicht über die notwendigen Ressourcen und Fähigkeiten dazu verfügt. Auf der andern Seite machen tief greifende Veränderungen der Wertschöpfungsprozesse (Innensicht) nur Sinn, wenn sich dadurch interessante Möglichkeiten in der Umwelt (Aussensicht) eröffnen. Beispielsweise sollte eine geschützte Werkstatt für geistig Behinderte auf aufwändige und ausgeklügelte Qualitätsprogramme verzichten, es sei denn, die Kundinnen und Kunden verlangten einen sehr hohen Qualitätsstandard und seien bereit, dafür zu bezahlen.

Wertschöpfung und Positionierung abgleichen

Strategische Optionen gewinnen

Im Folgenden stellen wir drei Ansätze vor, mit deren Hilfe Sie als Führungskraft das Verhältnis zwischen Ihrer Organisation und der Umwelt beleuchten können. Die SWOT-Analyse und die Portfolio-Analyse ermöglichen es Ihnen, durch die Verbindung von Aussen- und Innensicht strategische Optionen zu erkennen. Mit der Gap-Analyse können Sie überprüfen, ob Ihre Organisation in der Lage ist, eine bestimmte strategische Option umzusetzen.

7.2 Instrumente/Konzepte

SWOT-Analyse

Mit der SWOT-Analyse können Sie wichtige Einflussfaktoren von Umwelt und Organisation im Überblick darstellen und auf diese Weise erste strategische Optionen erkennen. «S» steht für Strengths (Stärken), «W» für Weaknesses (Schwächen), «O» für Opportunities (Chancen) und «T» für Threats (Gefahren).

Durchführung einer SWOT-Analyse

In einem ersten Schritt erstellen Sie eine zweidimensionale Matrix, wobei die eine Achse die Stärken und Schwächen der Organisation und die andere Achse die Chancen und Gefahren in der Umwelt abbildet. So entstehen vier Felder, in welche Sie die wichtigsten Stärken/Schwächen und Chancen/Gefahren eintragen, die Sie im Zuge der Umwelt- und Organisationsanalyse festgestellt haben. Wenn die Resultate sehr ausführlich formuliert sind, müssen Sie sie komprimieren.

Nun stellen Sie die Ergebnisse der Umweltanalyse und die Ergebnisse der Organisationsanalyse einander gegenüber und leiten daraus erste strategische Optionen ab, welche sich auf folgende vier Felder aufteilen lassen.

> **Stärken/Chancen-Strategien:** Die Organisation verwendet ihre Stärken dazu, um Chancen im Umfeld zu nutzen. Typisch sind hier Strategien, die auf eine Expansion des Geschäftes und die Entwicklung neuer Dienstleistungen und Produkte ausgerichtet sind.

> **Stärken/Gefahren-Strategien:** Die Organisation setzt ihre Stärken ein, um eine externe Bedrohung zu neutralisieren oder zu mindern, z. B. durch Kooperation mit Partnerorganisationen.

> **Schwächen/Chancen-Strategie:** Wo Schwächen in der Organisation auf Chancen aus dem Umfeld treffen, geht es darum, die Schwächen weniger gewichtig werden zu lassen, um an den Chancen partizipieren zu können. Die Bildung

von Joint Ventures[8] mit dem Ziel, neue Märkte zu bearbeiten, ist eine typische Schwächen/Chancen-Strategie.

> **Schwäche/Gefahren-Strategien:** Treffen Schwächen innerhalb der Organisation mit Gefahren aus dem Umfeld zusammen, ist die Organisation in höchstem Masse bedroht. Die Analyseergebnisse in diesem Feld haben höchste Priorität und erfordern ein rasches Handeln, weil sonst Wertvernichtung in der Organisation passiert. Typische Schwäche/Gefahren-Strategien sind Schliessung, Outsourcing oder Erhöhung der Effizienz.

Ergebnisse der Organisationsanalyse \ Ergebnisse der Umweltanalyse	Chancen	Gefahren
Stärken	**Stärken/Chancen-Strategien** Stärken benutzen, um Chancen im Umfeld zu nutzen (z. B. Entwicklung neuer Leistungen und Expansion)	**Stärken/Gefahren-Strategien** Durch interne Stärken externe Bedrohungen mildern (z. B. Kooperation, Intensivierung der Marketingakivitäten)
Schwächen	**Schwächen/Chancen-Strategien** An Chancen partizipieren, um Schwächen zu beseitigen oder weniger gewichtig werden zu lassen (z. B. durch Kooperation)	**Schwächen/Gefahren-Strategien** Durch den Abbau interner Schwächen Gefahren im Umfeld reduzieren (z. B. Schliessung, Outsourcing, Erhöhung der Effizienz)

Abb. 44: Die vier Norm-Strategien im Rahmen einer SWOT-Analyse
(in Anlehnung an Müller-Stewens/Lechner 2005, S. 225)

Mit der SWOT-Analyse können Sie erste strategische Optionen ableiten und einfach und übersichtlich darstellen. Allerdings gibt Ihnen das Instrument keine Hilfestellung bei der Auswahl und bei der Gewichtung der Einflussfaktoren. Ein weiterer Nachteil des Instruments besteht darin, dass die SWOT-Analyse mögliche Abhängigkeiten und Wechselwirkungen zwischen den Optionen nicht aufzeigt. Z. B. könnte das Outsourcing eines Teilbereiches, das sich aus der Schwächen/Gefahren-Strategie ergibt, Auswirkungen auf andere strategische Optionen haben.

---

[8] Joint Ventures sind Tochterorganisationen, welche von zwei oder mehreren Mutterorganisationen gemeinsam getragen werden. Beide Mutterorganisationen bringen bestimmte, meist komplementäre Ressourcen und Fähigkeiten in die Tochterorganisation ein. Die Tochterorganisation dient u. a. dazu, neue Technologien und Märkte zu erschliessen (vgl. Thommen 2002, S. 91).

Fallbeispiel: Ermittlung von strategischen Optionen für eine Hausgemeinschaft für körperlich behinderte Menschen mit Hilfe der SWOT-Analyse

Zehn körperlich behinderte Menschen leben allein oder in Wohngemeinschaften in einer Liegenschaft und werden nachmittags betreut. Die restliche Zeit wird durch einen Telefonpikettdienst abgedeckt. Alle Bewohnerinnen und Bewohner gehen einer externen Beschäftigung nach.

Der Stiftungsrat, welcher die Hausgemeinschaft führt, leitet einen Strategieprozess ein mit dem Ziel, die Angebote der teilzeitbetreuten Hausgemeinschaft zu überprüfen und den neuen Anforderungen der Umwelt anzupassen. Mit Hilfe einer SWOT-Analyse werden verschiedene strategische Optionen erarbeitet.

Ergebnisse der Organisationsanalyse \ Ergebnisse der Umweltanalyse	**Chancen** > Wachsende Nachfrage nach Wohnformen für Behinderte mit hohem Selbständigkeitsgrad > Wenig Konkurrenzangebote	**Gefahren** > Unklare Finanzierungslage für teilzeitbetreute Wohnformen > Unsichere Subventionslage (Neuer Finanzausgleich)
Stärken > Innovativer Stiftungsrat > Eigenkapital der Stiftung > Gute lokale Verankerung der Stiftung > Professionelles Team > Guter Standort > Gute Infrastruktur	**Stärken/Chancen-Strategien** > Wohnangebot ausbauen und differenzieren	**Stärken/Gefahren-Strategien** > Fundraising (Spenden) verstärken > Öffentlichkeitsarbeit intensivieren > Zusammenarbeit mit Partnerorganisationen für Lobbying (Neuer Finanzausgleich)
Schwächen > Kleines KlientInnensegment > Keine Tagesstruktur > Fehlende Anschlussmöglichkeiten für Behinderte mit gewachsenem Selbständigkeitsgrad	**Schwächen/Chancen-Strategien** > Anschlussmöglichkeiten ausbauen, d. h. minimal betreute Satellitenwohnungen in der Stadt eröffnen	**Schwächen/Gefahren-Strategien** > Auswahlkriterien für Aufnahmen von Bewohnerinnen und Bewohner überprüfen

Abb. 45: *SWOT-Analyse einer Hausgemeinschaft für körperlich behinderte Menschen (vgl. Perron 2004)*

Der Stiftungsrat beschliesst, die Ausbaustrategie weiterzuverfolgen. Zusätzlich zur Hausgemeinschaft sollen minimal betreute Satellitenwohnungen in der Stadt eröffnet werden, welche selbständigen Behinderten adäquate Wohnmöglichkeiten bieten. Damit wird den Bewohnerinnen und Bewohnern der Hausgemeinschaft ein Weg zur Weiterentwicklung ihrer Selbständigkeit und Eigenständigkeit aufgezeigt[9].

(In Anlehnung an Perron, 2004)

---

[9] Das Fallbeispiel wird auf S. 125 f. mit der Beschreibung der Gap-Analse weitergeführt

Portfolio-Ansatz

Der Portfolio-Ansatz ist eines der am weitesten verbreiteten Konzepte des Strategischen Managements. Er entstand in den sechziger Jahren, als viele Unternehmen ihre Leistungen diversifizierten, indem sie in neue Geschäftsfelder eintraten und neue Geschäftsbereiche aufbauten. Diesen Unternehmen stellte sich das Problem, ob sie fortan die einzelnen Geschäftsfelder entwickeln, pflegen oder abbauen sollten, also die Frage, in welche Geschäftsfelder wie viele Ressourcen investiert werden sollten. Der Portfolio-Ansatz gibt Antwort auf dieses Problem, indem er ermöglicht, die unterschiedlichen Geschäftseinheiten in Bezug auf ausgewählte Kriterien zu vergleichen und aus dem Vergleich strategische Empfehlungen – so genannte Normstrategien – abzuleiten.

Entscheidungshilfe zur Verteilung der Ressourcen

Der Portfolio-Ansatz eignet sich für alle Non-Profit-Organisationen, welche in verschiedenen Geschäftsfeldern tätig sind, beispielsweise für ein Mehrspartenhilfswerk, das Projekte in Entwicklungsländern fördert, Erwerbslosen im Inland Bildungsangebote macht, eine Schuldenberatung führt und Unterkünfte für Asylsuchende verwaltet. Um die begrenzten Ressourcen strategisch «richtig» zu verteilen, gibt der Portfolio-Ansatz eine Entscheidungshilfe.

Es existieren verschiedene Varianten des Portfolio-Ansatzes. Die meisten lassen sich als zweidimensionale Matrix darstellen, wobei die eine Achse die dominierenden Einflusskräfte der Organisation repräsentiert (Organisationsachse), während die andere Achse die dominierenden Einflusskräfte der Umwelt festhält (Umweltachse). Eine der bekanntesten Varianten ist die Marktanteil-Marktwachstums-Matrix, welche vom Beratungsunternehmen Boston Consulting Group konzipiert wurde.

Darstellung des Portfolios

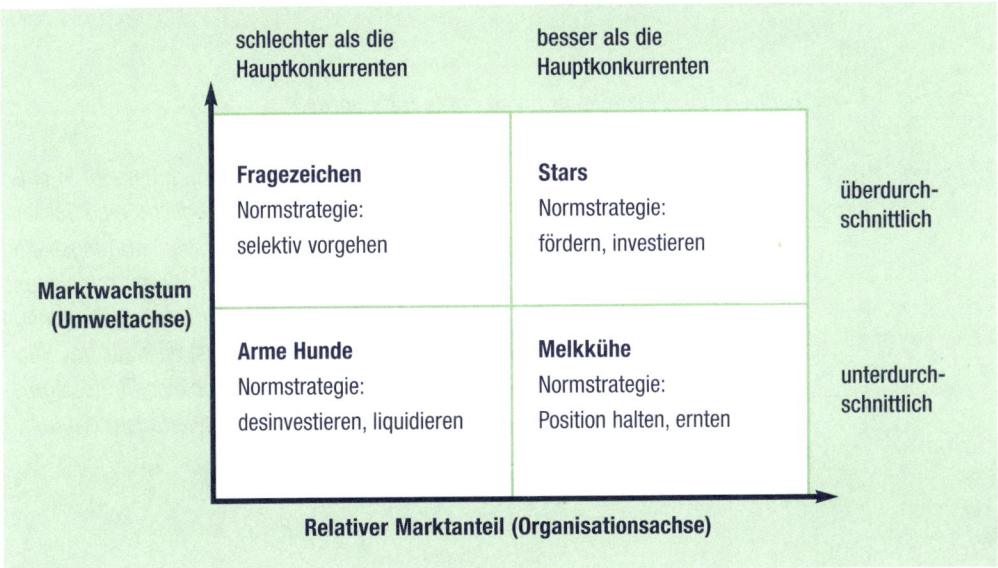

Abb. 46: *Die Marktanteil-Marktwachstums-Matrix (vgl. Müller-Stewens/Lechner 2005, S. 301)*

Achsen als Abbild der Aussen- und Innensicht	Die vertikale Achse repräsentiert die Aussensicht (Umweltachse) und misst das Marktwachstum der einzelnen Geschäftsfelder, während die horizontale Achse die Innensicht abbildet und den relativen Marktanteil der einzelnen Geschäftsbereiche angibt (Organisationsachse). Dadurch ergeben sich vier Felder, in welche sich die Geschäftsbereiche einordnen lassen. Je nach Positionierung innerhalb der Matrix leiten sich für die einzelnen Geschäftsbereiche unterschiedliche Normstrategien ab.
Stars	Stars sind die erfolgreichsten Geschäftsbereiche. Sie sind in einem stark wachsenden Markt tätig sind und halten gleichzeitig einen grossen Marktanteil, weshalb sie gefördert werden sollen.
Fragezeichen	Fragezeichen sind ebenfalls in einem stark wachsenden Markt tätig, besitzen jedoch erst einen geringen Marktanteil und kosten deshalb mehr, als sie einbringen. Sie sind entweder in Richtung Star zu fördern (wenn genügend finanzielle Mittel vorhanden sind) oder abzubauen.
Melkkühe	Das Gegenstück zu den Fragezeichen bilden die Melkkühe, welche viel Gewinn einbringen, indem sie einen grossen Marktanteil besetzen. Gleichzeitig bewegen sie sich jedoch in einem Markt mit wenig Wachstum, weshalb sie nicht gefördert, sondern «gemolken» werden sollen.
Arme Hunde	Die Armen Hunde schliesslich sind zu liquidieren, da sie heute und in Zukunft keinen Gewinn abwerfen und durch die Liquidation wieder Ressourcen frei werden.

Im Gegensatz zu profitorientierten Unternehmen sind Marktwachstum und Marktanteil für die meisten Non-Profit-Organisationen nicht die wichtigsten Einflussfaktoren. Wenn Sie als Führungskraft eine Portfolio-Analyse durchführen wollen, ist es deshalb wichtig, zuerst die relevanten Einflussfaktoren für die Umweltachse und für die Organisationsachse zu ermitteln. Als hilfreiches Instrument für diesen Schritt dient die Nutzwertanalyse (siehe S. 89 f.). Das folgende Fallbeispiel zeigt Ihnen, wie ein Hilfswerk die wichtigsten Einflussfaktoren der Umwelt und der Organisation erarbeitet und anschliessend eine Portfolio-Analyse durchgeführt hat.

Fallbeispiel: Portfolio-Analyse eines Hilfswerks

Das regionale Hilfswerk ist in verschiedenen Bereichen tätig und betreibt in einer Grossstadt vier Angebote: ein Haus mit Notwohnungen für Jugendliche, eine Gassenküche, eine Budgetberatungsstelle sowie eine Ehe- und Familienberatungsstelle. Die finanzielle Situation des Hilfswerks hat sich in den letzten Jahren schleichend so stark verschlechtert, dass das Hilfswerk bei anhaltendem Trend spätestens in zwei Jahren zahlungsunfähig sein wird. Die Leitung beschliesst deshalb, das Hilfswerk neu zu positionieren, bildet zusammen mit Führungskräften eine Strategiegruppe und führt eine Portfolio-Analyse kombiniert mit einer Nutzwertanalyse durch.

Erster Schritt: *In einem Workshop ermittelt die Strategiegruppe die wichtigsten Kriterien zur Bewertung der vier Angebote und ordnet die Bewertungskriterien der Umweltachse (Problemlage) sowie der Organisationsachse (Potentiale) zu. Sie kommt nach eingehender Diskussion[10] zu folgendem Resultat:*

Kriterien für die Bewertung der Problemlage im Umfeld	Kriterien für die Bewertung der Potentiale des Hilfswerks
1. Sozialpolitische Notwendigkeit: Ist das Angebot heute und morgen sozialpolitisch notwendig?	**1. Bedeutung für das Selbstverständnis:** Hat das Angebot eine grosse Bedeutung für das Selbstverständnis des Hilfswerks (Innenwahrnehmung)?
2. Positive Entwicklung der Nachfrage: Entwickelt sich die Nachfrage nach den angebotenen Dienstleistungen positiv?	**2. Bedeutung für das Image:** Hat das Angebot eine grosse Bedeutung für die Wahrnehmung des Hilfswerks durch das Umfeld?
3. Wenig Konkurrenz durch Mitanbieter: Gibt es heute und morgen wenig Konkurrenz durch Mitanbieter?	**3. Finanzierungssicherheit:** Besteht bezüglich des Angebots eine hohe Finanzierungssicherheit durch Leistungsverträge mit der öffentlichen Hand, Spenden etc.?
	4. Konzeptionell ausbaufähig und vernetzbar: Ist das Angebot ausbaufähig und vernetzbar?
	5. Fachlicher Standard der Mitarbeitenden: Sind die Mitarbeitenden, welche das Angebot bereitstellen, fachlich hoch qualifiziert?

Abb. 47: *Kriterien für die Bewertung der Umwelt und der Potentiale eines Hilfswerks*

Zweiter Schritt: *Die Mitglieder der Strategiegruppe gewichten gemeinsam die Bewertungskriterien. Je bedeutender ein Kriterium im Vergleich zu den andern erscheint, desto höher ist sein Gewicht. Einem vergleichsweise wenig relevanten Kriterium wird eine Gewichtung von 0,1 Punkte zugewiesen, einem vergleichsweise äusserst wichtigen Kriterium beispielsweise 0,7 Punkte. Die Summe der gewichteten Kriterien jeder Achse ergibt immer 1. Die Strategiegruppe kommt zu folgendem Resultat (Abb. 48, Seite 122):*

---

[10] Die Formulierung der Bewertungskriterien ist der wichtigste Schritt der Nutzwertanalyse, weshalb es sich lohnt, ihn gut vorzubereiten (Workshop, allenfalls moderiert durch externen Coach) und genügend Zeit dafür zu reservieren. Die Bewertungskriterien sollen möglichst überschneidungsfrei sein.

Kriterien für die Bewertung der Problemlage im Umfeld	Gewichtungsfaktor	Kriterien für die Bewertung der Potentiale des Hilfswerks	Gewichtungsfaktor
1. **Sozialpolitische Notwendigkeit:** Ist das Angebot heute und morgen sozialpolitisch notwendig?	0.5	1. **Bedeutung für das Selbstverständnis:** Hat das Angebot eine grosse Bedeutung für das Selbstverständnis des Hilfswerks (Innenwahrnehmung)?	0.1
2. **Positive Entwicklung der Nachfrage:** Entwickelt sich die Nachfrage nach den angebotenen Dienstleistungen positiv?	0.3	2. **Bedeutung für das Image:** Hat das Angebot eine grosse Bedeutung für die Wahrnehmung des Hilfswerks durch das Umfeld?	0.2
3. **Wenig Konkurrenz durch Mitanbieter:** Gibt es heute und morgen wenig Konkurrenz durch Mitanbieter?	0.2	3. **Finanzierungssicherheit:** Besteht bezüglich des Angebots eine hohe Finanzierungssicherheit durch Leistungsverträge mit der öffentlichen Hand, Spenden etc.?	0.5
		4. **Konzeptionell ausbaufähig und vernetzbar:** Ist das Angebot ausbaufähig und vernetzbar?	0.1
		5. **Fachlicher Standard der Mitarbeitenden:** Sind die Mitarbeitenden, welche das Angebot bereitstellen, fachlich hoch qualifiziert?	0.1
Total	1.0	Total	1.0

Abb. 48: *Gewichtung der Bewertungskriterien eines Hilfswerks*

Dritter Schritt: Nun bewertet die Strategiegruppe, inwieweit die vier Angebote die einzelnen Kriterien erfüllen. Null Punkte bedeutet, dass das Kriterium gar nicht erfüllt ist, 100 Punkte heisst, dass das Kriterium maximal erfüllt ist. Abschliessend wird die gewichtete Bewertung, d. h. der Nutzen des betreffenden Kriteriums, ausgerechnet, indem der Gewichtungsfaktor mit der Punktezahl der Bewertung multipliziert wird.

Für die Notwohnungen für Jugendliche ergibt sich folgendes Bild:

	Gewichtungs-faktoren 0 bis 1	Bewertung der Kriterien 0 bis 100	Gewichtete Bewertung = Nutzen Gewicht x Bewertung
Bewertungskriterien Umwelt			
Sozialpolitische Notwendigkeit	0.5	75	37.5
Entwicklung der Nachfrage	0.3	50	15
Konkurrenzsituation	0.2	40	8
Total Umwelt	**1.0**		**60.5**
Bewertungskriterien Potentiale der Organisation			
Finanzierungssicherheit	0.5	80	40
Aussenwahrnehmung	0.2	90	18
Innenwahrnehmung	0.1	80	8
Fachlicher Standard der Mitarbeitenden	0.1	60	6
Ausbaufähigkeit	0.1	80	8
Total Potentiale der Organisation	**1.0**		**80**

Abb. 49: *Bewertung der Umwelt- und Organisationsdimension von Notwohnungen für Jugendliche*

Die übrigen drei Geschäftsfelder werden analog bewertet.

Vierter Schritt: *Schliesslich überträgt die Strategiegruppe die Punktezahl der vier Geschäftsfelder in eine zweidimensionale Matrix und markiert die Position der einzelnen Geschäftsfelder. Es ergibt sich folgendes Bild:*

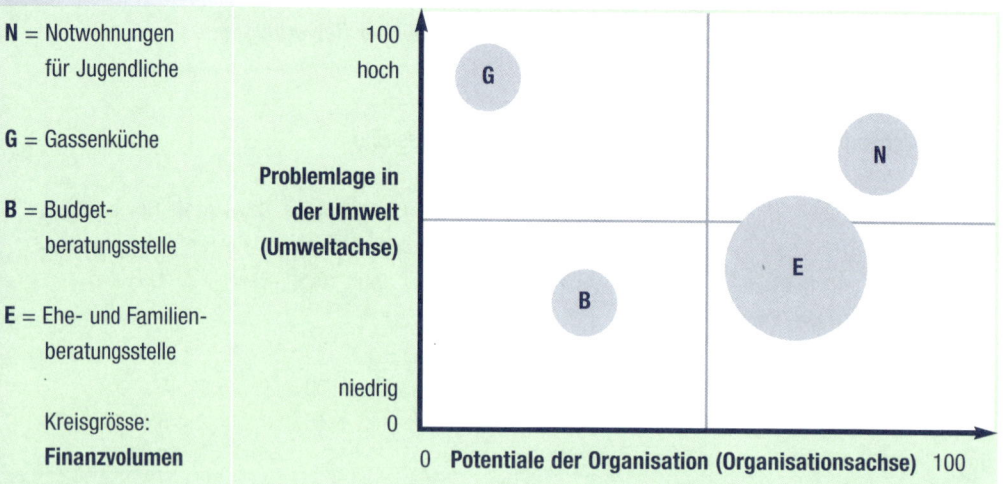

Abb. 50: Portfolio-Analyse eines Hilfswerks

In der Folge beschliesst die Leitung des Hilfswerks, die Budgetberatungsstelle zu schliessen und die Ehe- und Familienberatungsstelle mit beschränkten finanziellen Mitteln zu pflegen. Die durch die Schliessung der Budgetberatungsstelle frei werdenden Ressourcen möchte sie mehrheitlich in die Notwohnungen für Jugendliche investieren. Es soll ein Businessplan für die Eröffnung von neuen Notwohnungen in den Gemeinden im Umkreis erarbeitet werden. Die restlichen Ressourcen sollen der Gassenküche zugute kommen, welche zwar einem grossen Bedürfnis entspricht, jedoch über zu wenig interne Potentiale verfügt. Die Geschäftsleitung beauftragt das Gassenkücheteam, mit Hilfe von externen Fachleuten ein Projekt durchzuführen mit dem Ziel, die Finanzierung (neue Finanzierungsquellen) und die Aussenwahrnehmung (Marketing) der Gassenküche zu verbessern.

Gap-Analyse

Lücken zwischen Positionierung und Wertschöpfung

Ein klassisches Instrument der strategischen Planung ist die Gap-Analyse oder Lückenanalyse (vgl. Müller-Stewens/Lechner 2005, S. 367). Sie dient nicht wie die SWOT-Analyse oder der Portfolio-Ansatz dazu, strategische Optionen zu erkennen, sondern die Positionierung und Wertschöpfung einer Organisation zu verknüpfen und Lücken zwischen den beiden Feldern zu orten und zu schliessen.

Mit Blick auf die angestrebte Positionierung in der Umwelt analysieren Sie, ob Ihre Organisation die erforderlichen Ressourcen besitzt und die nötigen Wertschöpfungsprozesse beherrscht oder schaffen kann, um die Strategie zu realisieren. Im positiven Fall leiten Sie die notwendigen Entwicklungsschritte für Ihre Organisation ab. Im negativen Fall müssen Sie die geplante Positionierung fallen lassen und andere Optionen prüfen. Zur Überprüfung können Sie sich folgende Fragen stellen:

Überprüfung der erforderlichen Ressourcen

> Wie sieht die Wertschöpfung unserer Organisation heute aus?
> Können wir damit die angestrebte strategische Positionierung erreichen?
> Müssen wir die momentane Wertschöpfung verändern? Wenn ja, wie?

Sie können aber auch von der momentanen Wertschöpfung ausgehen und überprüfen, welche Möglichkeiten der Positionierung sich daraus ergeben. In diesem Falle stellen Sie sich folgende Fragen:

Überprüfung der möglichen Positionierung

> Welche Möglichkeiten ergeben sich aus der momentanen Wertschöpfung für die strategische Positionierung unserer Organisation?
> Wo bestehen Lücken zwischen der Positionierung und der Wertschöpfung?
> Wie können wir sie schliessen?

Um die Lücken orten und überprüfen zu können, ermitteln Sie in einem ersten Schritt die wichtigsten Ressourcen und Fähigkeiten Ihrer Organisation. Dazu können Sie beispielsweise das 7-S-Modell von McKinsey heranziehen (siehe S. 107 ff.).

Durchführung einer Gap-Analyse

Im nächsten Schritt analysieren Sie jeden Einflussfaktor entlang der oben genannten Fragen und orten die Lücken. Schliesslich erarbeiten Sie die nötigen Massnahmen, um die Lücken zu schliessen, und erstellen nach den Regeln des Projektmanagements (siehe S. 172 ff.) operative Pläne zur Umsetzung mit Meilensteinen, Messgrössen, Verantwortlichkeiten und Endterminen.

Fallbeispiel: Gap-Analyse zur Überprüfung der Positionierung einer teilzeitbetreuten Hausgemeinschaft für körperbehinderte Menschen

Im Rahmen eines Strategieentwicklungsprozesses hat die eingesetzte Planungsgruppe mit Hilfe einer SWOT-Analyse verschiedene strategische Optionen definiert. Der Stiftungsrat beschliesst, die Ausbaustrategie zu verfolgen: Zusätzlich zur Hausgemeinschaft sollen minimal betreute Satellitenwohnungen in der Stadt eröffnet werden, welche selbständigen Behinderten adäquate Wohnmöglichkeiten bieten.

Die Planungsgruppe entscheidet sich in der Folge, die Realisierbarkeit der gewählten Positionierung mit einer Gap-Analyse zu überprüfen. In einem ersten Schritt erarbeitet sie fünf zu untersuchende Ressourcen der Organisation:

> Aufbauorganisation (Aufgabenteilung Stiftung, Leitung und Team Hausgemeinschaft)
> Ablauforganisation (Kernprozesse, Informationsfluss, Schnittstellen)
> Fähigkeiten der Mitarbeitenden (Fachkompetenzen, Sozialkompetenzen)
> Organisationskultur (Identität der Organisation, Art der Zusammenarbeit)
> Angebot (Qualität des Angebots)

Anlässlich eines Workshops ermittelt die Planungsgruppe entlang der fünf Schlüsselerfolgsfaktoren, wo Lücken zwischen den aktuellen Ressourcen der Organisation und den für die neue Strategie erforderlichen Ressourcen bestehen. Aufgrund der in der Abbildung dargestellten Resultate erachtet die Planungsgruppe die gewählte Strategie für realisierbar. Sie überlegt sich in der Folge die notwendigen Massnahmen, um die festgestellten Lücken zwischen Ist- und Soll-Zustand zu schliessen.

Schlüsselfaktoren/ Ressourcen	Hohe Ressourcen	Mittelmässige Ressourcen	Wenig Ressourcen
Aufbauorganisation			
Ablauforganisation			
Fähigkeiten der Mitarbeitenden			
Organisationskultur			
Angebot			

Soll-Profil ········ ——— Ist-Profil

Abb. 51: Gap-Analyse einer Hausgemeinschaft für körperlich Behinderte (vgl. Perron 2004).

Zusammenfassung

> Die Einflusskräfte der Umwelt und der Organisation stehen in einer Wechselwirkung. Indem die Ergebnisse der Umweltanalyse und die Ergebnisse der Organisationsanalyse zueinander in Beziehung gesetzt werden, lassen sich die genannten Wechselwirkungen beschreiben und eine Vielzahl von strategischen Optionen erkennen.

> Mit der SWOT-Analyse werden die wichtigsten Stärken und Schwächen der Organisation und die grössten Chancen und Gefahren der Umwelt einander gegenübergestellt. Daraus lassen sich vier Normstrategien ableiten: die Stärken/Chancen-Strategien, die Stärken/Gefahren-Strategien, die Schwächen/Chancen-Strategien sowie die Schächen/Gefahren-Strategien.

> Die Portfolio-Analyse eignet sich für Organisationen, welche in verschiedenen Feldern tätig sind. Sie ermöglicht es, die verschiedenen Organisationsbereiche in Bezug auf ausgewählte Umwelt- und Organisationskriterien zu untersuchen und aus dem Vergleich Normstrategien abzuleiten. Je nach Untersuchungsresultat sind die einzelnen Organisationsbereiche zu fördern, abzubauen oder zu pflegen.

> Mit der Gap-Analyse kann überprüft werden, ob sich die abgeleiteten strategischen Optionen mit den vorhandenen Wertschöpfungsprozessen und Ressourcen umsetzen lassen. Entlang von festzulegenden Kriterien werden Wertschöpfung und Positionierung auf Lücken hin untersucht. Anschliessend sind die für die Lückenschliessung notwendigen Massnahmen zu bestimmen.

Teil 3 Konzeptionsphase

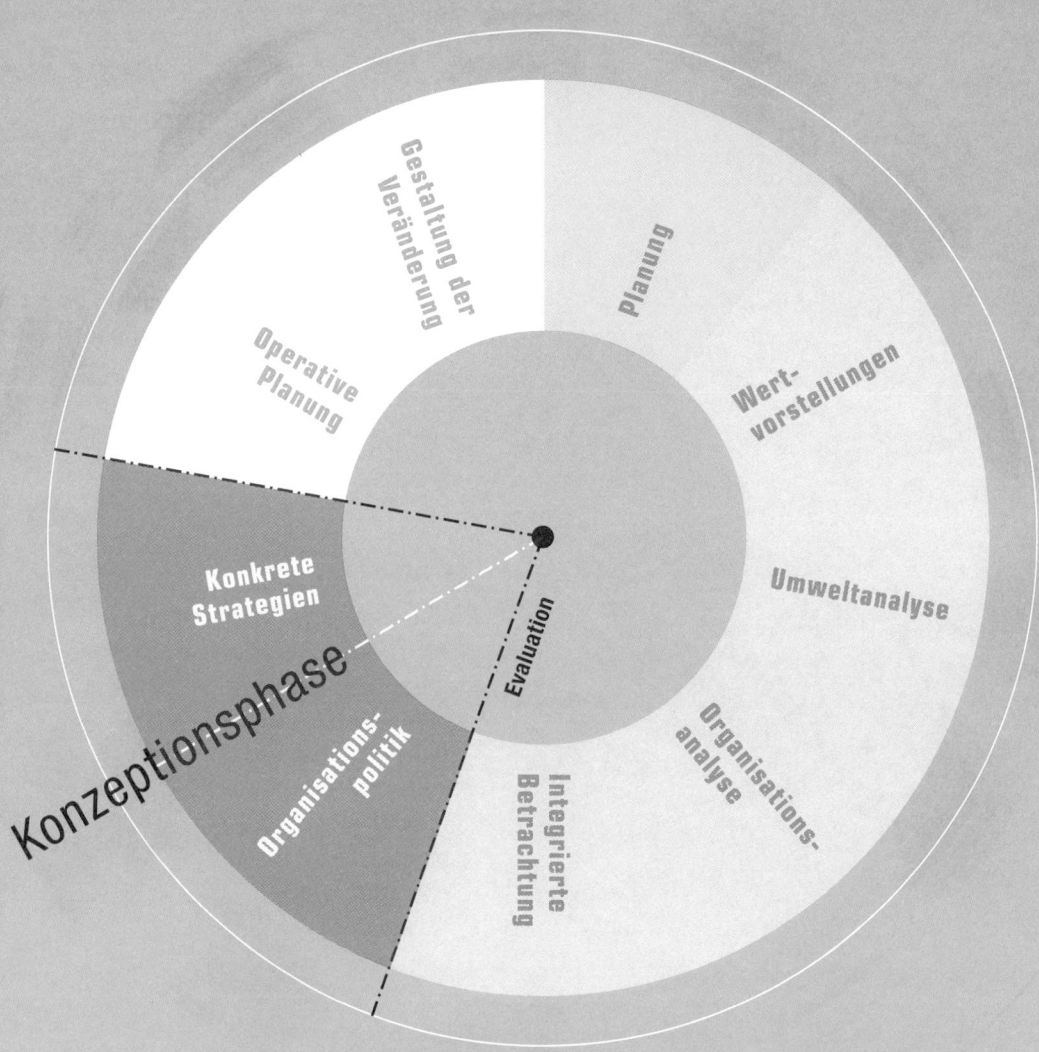

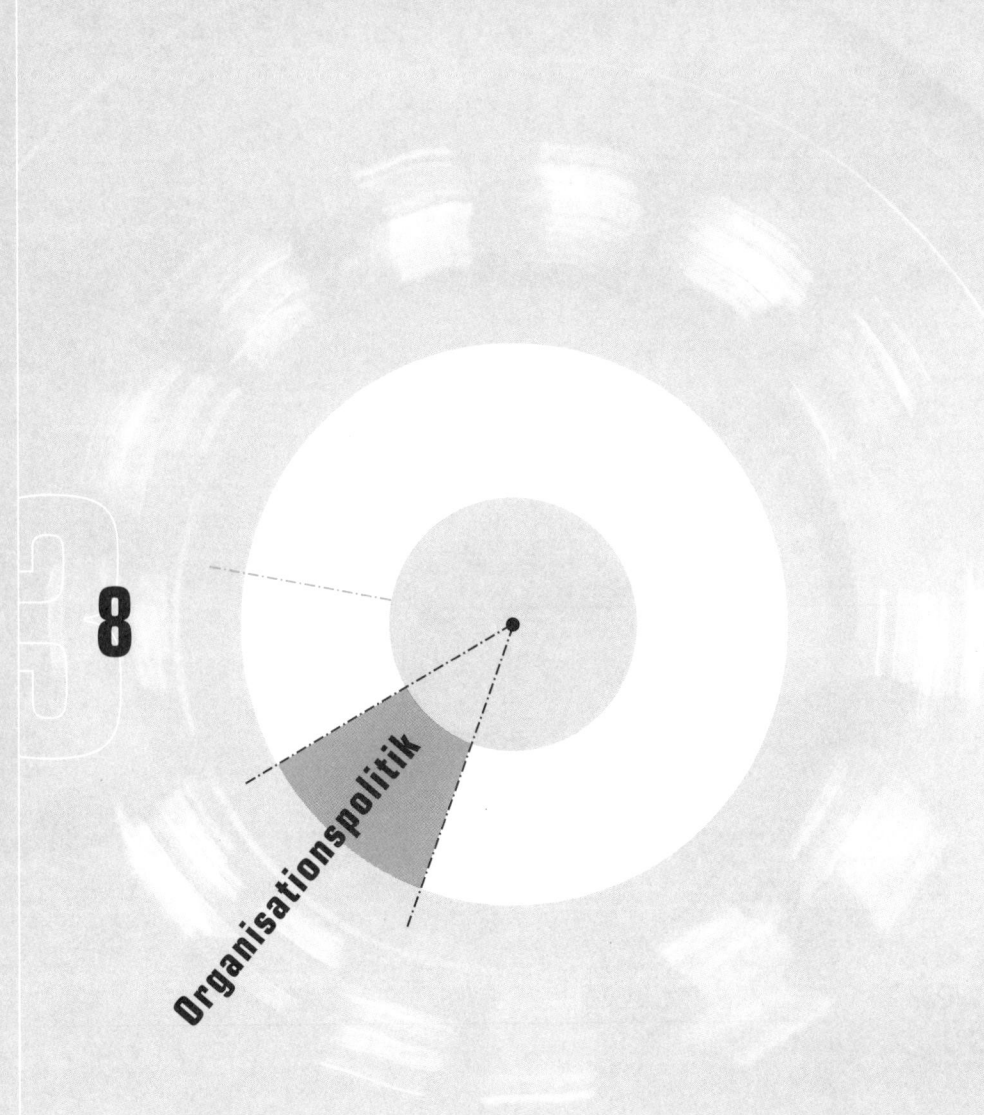

8 Abgleichung mit der Organisationspolitik

Mit der Analysephase haben Sie einen wichtigen und aufwändigen Teil des Strategieentwicklungsprozesses durchlaufen. Sie kennen nun verschiedene strategische Optionen für Ihre Organisation und können zur Konzeptionsphase übergehen. Ziel dieser Phase ist es, die strategischen Optionen mit den normativen Grundsätzen Ihrer Organisation abzugleichen und schliesslich konkrete Strategien zu formulieren. Übrigens ist es durchaus möglich, dass Sie beim Konzipieren der Strategien realisieren, dass noch wichtige Informationen fehlen und deshalb eine vertiefte Analyse für die gewählten strategischen Alternativen notwendig wird. Die graphisch festgehaltene Abfolge der Phasen stellt einen idealtypischen Ablauf dar, von welchem Sie je nach Problemlage und Umständen abweichen können.

Im ersten Schritt der Konzeptionsphase beschäftigen Sie sich mit der Organisationspolitik, welche den Rahmen für die zu entwickelnden Strategien setzt. Sie überprüfen, ob die erarbeiteten strategischen Optionen mit der Vision und dem Leitbild Ihrer Organisation kompatibel sind. Einerseits kann es notwendig sein, im Zuge der Strategieentwicklung neue Visionen zu entwickeln oder das bestehende Leitbild anzupassen. Andererseits kann eine starke Organisationspolitik (z. B. ein gelebtes Leitbild) dazu führen, dass die eine oder andere strategische Option wieder verworfen werden muss, weil sie dem Leitbild widerspricht.

In diesem Schritt stellen Sie sich folgende Schlüsselfragen:

> Was bezweckt unsere Organisation überhaupt?
> Wozu existieren wir eigentlich?
> Was ist unser übergeordnetes Ziel?
> Wer wollen wir sein?

8.1 Vision, Mission, Leitbild

Eine der grossen Herausforderungen in Organisationen besteht darin, aus den Handlungen Einzelner ein kollektives, aufeinander abgestimmtes Muster zu formen, um als Ganzes handlungsfähig zu werden und dabei Positionierungsvorteile gegenüber der Umwelt zu schaffen, die dem einzelnen Individuum nicht offen stehen. Diesbezüglich ist die Organisationspolitik von zentraler Bedeutung.

Vision, Mission und Leitbild sind Instrumente zur Gestaltung der Organisationspolitik[11] (vgl. Müller-Stewens/Lechner 2005, S. 235 ff.). Sie geben Orientierung, zeigen die Entwicklungsrichtung und sind sinnstiftend, motivierend sowie handlungsleitend. Werden konkrete Strategien für die Gesamtorganisation oder für eine organisatorische Einheit formuliert, bilden sie den Rahmen oder die Leitplanken. Sie fungieren also als normative Bezugspunkte für die Entwicklung und Auswahl von Strategien. (Siehe dazu auch Kapitel 4.1, S. 54 ff. und Kapitel 5.2, S. 68 f., wo wir zu Beginn der Analysephase Ansätze für den Umgang mit gesellschaftlicher Verantwortung diskutiert haben.)

Vision

Leitidee für die Zukunft

Eine Vision ist eine auf die Zukunft gerichtete Leitidee, eine richtungsweisende, normative Vorstellung eines zentralen Zieles. Eine wirksame Leitidee zeichnet sich durch drei Eigenschaften aus. Erstens wirkt sie für die ganze Organisation wie auch für die einzelnen Mitarbeitenden sinnstiftend. Sie hilft Umweltbeobachtungen zu verarbeiten und einzuordnen und schafft damit Ordnung und Orientierung. Zweitens wirkt eine Vision motivierend. Sie entwirft ein Bild der Zukunft, das als besonders erstrebenswert erscheint, weckt damit Begeisterung und erzeugt bei den Mitarbeitenden Energie. Drittens wirkt eine Vision handlungsleitend.

Mit der Vision hat eine Organisation also eine richtungsweisende, normative Vorstellung eines zentralen Zieles und richtet ihre Handlungen konsequent auf dieses Ziel aus.

Arten von Visionen

Es lassen sich vier verschiedene Kategorien von Visionen unterscheiden:

Zielfokussierte Visionen beinhalten ein klar formuliertes Ziel (z. B. «Wir wollen bis zum Jahre 2020 500 Betreuungsplätze für Kleinkinder in der ganzen Schweiz anbieten»).

Feindfokussierte Visionen zielen darauf ab, bestimmte Mitbewerber zu übertreffen (z. B. «Als Privatschule wollen wir besser sein als die öffentliche Schule»).

---

[11] Die Organisationspolitik gehört zum normativen Management und ist Aufgabe des obersten Organs der Organisation.

Rollenfokussierte Visionen betonen den Vorbildcharakter der eigenen Organisation (z. B. «Wir wollen die führende Umweltorganisation sein»).

Wandelfokussierte Visionen passen zu Organisationen, welche in einem fundamentalen Veränderungsprozess stehen (z. B. «Wir wollen von einer Schulverwaltung zu einem innovativen Lernumfeld werden»).

Mission

Im Gegensatz zur Vision ist eine Mission nicht notwendigerweise mit der Annahme einer «besseren» Zukunft verbunden und kann sich explizit auch auf die Gegenwart beziehen. Die Mission hält den Organisationszweck fest und beschreibt die als wertvoll erachteten Aufgaben. Es sind Aussagen zu folgenden vier zentralen Elementen erforderlich:

> zum Organisationszweck und zu den Zielen,
> zu den zentralen Werten,
> zu den handlungsleitenden Maximen und konkreten Verhaltensstandards und
> zu den Strategien.

Organisations-
zweck und Ziele

Fallbeispiel: Mission eines Hilfswerks

Zweck
Wir setzen uns für eine Welt ein, in der alle Menschen Zugang zu Nahrung, Wasser, Gesundheit, Bildung und Arbeit haben.

Werte
Wir vertreten Solidarität, Gerechtigkeit und Frieden.

Verhaltensstandards
Wir garantieren einen wirkungsvollen Einsatz der uns anvertrauten Gelder.
Wir pflegen eine aktive und transparente Kommunikation.
Wir sind vertrauenswürdig, verlässlich, profiliert und innovativ.
Wir helfen rasch und wirkungsvoll.

Strategie
Wir kooperieren im internationalen Netzwerk, bündeln Know-how und Ressourcen und verstärken unser Engagement in den Kernaktivitäten Katastrophenhilfe und soziale Sicherheit.

Leitbild

Wird eine Mission schriftlich fixiert und umfassender formuliert, spricht man von einem Leitbild (in Englisch «Mission Statement»). Es macht Aussagen:
> zum Organisationszweck,
> zu den zentralen Werten,
> zu den Aktivitäten und
> zu den konkreten Zielen der Organisation.

Orientierungs-, Legitimations- und Motivationsfunktion

Das Leitbild hat drei verschiedene Funktionen zu erfüllen. Erstens verschafft es den Organisationsmitgliedern Orientierung über Zweck und Richtung der Organisation und ermöglicht ihnen dadurch, kollektiv koordiniert zu handeln. Zweitens erfüllt das Leitbild eine Legitimationsfunktion gegen aussen. Mit einem Leitbild kann sich eine Non-Profit-Organisation gegenüber den Anspruchsgruppen darstellen und ihren Sympathiewert in der Öffentlichkeit erhöhen. Drittens hat das Leitbild auch eine Motivationsfunktion, indem es den Organisationsmitgliedern ermöglicht, sich mit der Organisation und ihren Zielen zu identifizieren.

Leitbilder gehören heute zu den meistverbreiteten Führungsinstrumenten, auch im Non-Profit-Bereich. Eine periodische Überprüfung des Leitbildes – z. B. auch im Laufe eines Strategieentwicklungsprozesses – ist empfehlenswert.

Fallbeispiel: Abgleichung der strategischen Optionen des Sozialdienstes der Stadt U. mit dem Leitbild

Im Rahmen eines Strategieentwicklungsprozesses erarbeitet der Sozialdienst der Kleinstadt U. zwei unterschiedliche strategische Optionen für die Verteilung der begrenzten Ressourcen. In der einen Option werden die finanziellen Mittel unter dem Nutzenaspekt gezielt eingesetzt, indem die Klientinnen und Klienten je nach Entwicklungspotential in zwei Kategorien aufgeteilt werden. Während die als entwicklungsfähig definierten Personen aufwändige Integrationsprogramme besuchen sollen, erhalten Mitglieder der andern Kategorie nur noch Überlebenshilfe.

In der zweiten Option werden die finanziellen Mittel zur Entwicklung aller Klientinnen und Klienten eingesetzt, wenn auch auf differenzierte Art und Weise. Der Bedarf der Klientinnen und Klienten wird abgestimmt auf deren Bedürfnisse und Entwicklungsmöglichkeiten festgelegt.

Die Leitung des Sozialdienstes gleicht die beiden Optionen mit dem Leitbild ab, welches wie folgt aussieht:

«Wer sind wir?
Die Sozialberatung ist ein polyvalenter Sozialdienst für erwachsene Einwohnerinnen und Einwohner von U. Sie ist eine Abteilung der Stadtverwaltung U. und arbeitet eng mit der Sozial- und Vormundschaftsbehörde zusammen.

Grundhaltung der Sozialberatung
Die Sozialberatung orientiert sich an einer humanistischen Ethik und den Menschenrechten. Wir verstehen Klientinnen und Klienten als entwicklungsfähige, eigenverantwortliche Persönlichkeiten und anerkennen ihre individuellen Ressourcen und brachliegenden Fähigkeiten. Sie haben Anspruch auf einen angemessenen Lebensunterhalt, Unterkunft, medizinische Betreuung, psychosoziale Begleitung und Massnahmen zur persönlichen und sozialen Rehabilitation.

Mit der Sozialberatung unterstützen wir das Gemeinwohl, mildern die gesellschaftlichen Benachteiligungen von marginalisierten Bevölkerungsschichten und vermindern die sozialen Spannungen in U. Die Sozialberatung strebt eine solidarische Gesellschaft an, die in angemessener Weise auf die Anliegen der schwächeren Mitglieder Rücksicht nimmt.

Grundlagen, Aufgaben und Ziele
Unser Auftrag ist durch Gesetze und Verordnungen festgelegt, die den solidarischen Umgang mit schwächeren Mitgliedern der Gesellschaft regeln.

Die Sozialberatung bietet eine zeitgemässe und innovative Sozialarbeit an mit dem Ziel, die wirtschaftliche Selbständigkeit und soziale Integration von Hilfe suchenden Personen durch Beratung, Unterstützung und Betreuung zu fördern.

Die Sozialberatung ist Abklärungsstelle bei persönlichen und finanziellen Notlagen, zuständig für die Ausrichtung von Sozialhilfeleistungen, und sichert damit die materielle Existenz der Hilfesuchenden. Wir führen vormundschaftliche Mandate, leisten präventive Arbeit und engagieren uns für die Weiterentwicklung des Sozialwesens. Die Sozialberatung fördert die persönliche und finanzielle Eigenständigkeit und befähigt die Klientinnen und Klienten, im Rahmen ihrer Möglichkeiten selber für das persönliche Wohl zu sorgen.

Zielgruppen
Die Sozialberatung ist Anlaufstelle für sämtliche hilfebedürftigen, erwachsenen Bewohnerinnen und Bewohner von U., unabhängig von Nationalität, Ethnie, politischen Einstellungen, Aufenthaltsstatus, sozialer Herkunft, persönlichen Eigenschaften, Grund der Notlage und Art der Problemstellung.

Wir erwarten eine aktive Mitwirkung der Klientinnen und Klienten bei der Lösung ihrer Probleme.

Organisation und Zusammenarbeit
Für die effiziente und effektive Bewältigung der vielfältigen Aufgaben benötigen die Sozialarbeiterinnen und Sozialarbeiter eine zeitgemässe Infrastruktur, schlanke Strukturen, professionelle Arbeitsinstrumente sowie einen regelmässigen Austausch von Informationen, Erfahrungen und fachlichem Know-how im Team und mit externen Fachpersonen.

Die Mitarbeitenden sind konflikt- und lernfähig und haben die Bereitschaft, ihre Tätigkeit in Frage zu stellen und aus Fehlern zu lernen.

Wir pflegen einen partizipativen und kooperativen Führungsstil, der durch Transparenz, angemessene Information, klare Zielvorgaben, gegenseitige Offenheit, Anerkennung und konstruktive Kritik geprägt ist.»

Die Abgleichung mit dem Leitbild zeigt klar, dass die erste Option nicht in Frage kommt, weil sie der im Leitbild festgehaltenen Grundhaltung widerspricht. Wenn die Klientinnen und Klienten als «entwicklungsfähige, eigenverantwortliche Persönlichkeiten» verstanden werden, darf einer bestimmten Gruppe nicht das Entwicklungspotential abgesprochen werden. Die zweite Option widerspricht hingegen dem Leitbild nicht und kann weiterverfolgt werden.

(In Anlehnung an Stücheli, 2004)

8.2 Instrument

Entwicklung eines Leitbildes

Leitbildentwicklung als internes Projekt

Wenn Sie als Führungskraft das Leitbild Ihrer Organisation entwickeln oder überarbeiten wollen, empfiehlt es sich, die Methoden des Projektmanagements einzusetzen (siehe S. 172 ff.). Es braucht:
> eine Projektleitungsgruppe, in welcher vorzugsweise Mitglieder unterschiedlicher Hierarchiestufen und unterschiedlicher Funktionen mitwirken,
> eine Projektorganisation (Wer wird beratend beigezogen? Wer entscheidet? Wer wird informiert?),
> einen klaren zeitlichen Rahmen (6 Monate bis max. ein Jahr),
> einen flexiblen Ablaufplan sowie
> die notwendigen Ressourcen (Finanzen, Zeit, Räume, externe Beratung etc.)

Wie sieht das Vorgehen aus?

Vorgehen bei der Leitbildentwicklung

Empfehlenswert ist ein zweistufiges Verfahren, wie es in der folgenden Abbildung dargestellt ist.

Stufe	Thema	Fragen, Grundlagen	Aufgabenteilung, Methoden
Stufe 1: Analyse und Zielfindung	Selbstbildanalyse und Zieldiskussion	Wer sind wir? Woher kommen wir? Wohin wollen wir?	Planung durch Projektleitungsgruppe. Einbezug möglichst aller Mitarbeitenden mittels Workshops, Arbeitsgruppen oder Grossgruppenmethoden (z. B. Open Space); evtl. Moderation durch externe Fachpersonen
	Fremdbildanalyse	Wie werden wir von unseren wichtigsten Anspruchsgruppen wahrgenommen?	Die Mitglieder der Projektleitungsgruppe führen Interviews oder Gruppengespräche mit Vertreterinnen und Vertretern der wichtigsten Anspruchsgruppen durch.
Stufe 2: Leitbild- erstellung	Entwurf eines Leitbilds	Basierend auf den Ergebnissen der Stufe 1	Durch die Projektleitungsgruppe
	Vernehmlassung		Planung durch Projektleitungsgruppe. Workshops mit Mitarbeitenden der verschiedenen Hierarchiestufen und Funktionen; evtl. Moderation durch externe Fachpersonen
	Erarbeitung der gültigen Fassung		Durch die Projektleitungsgruppe
	Verabschiedung		Durch oberstes Organ der Organisation
	Information aller Organisationsmitglieder und der Öffentlichkeit		Präsentation, Workshop, schriftliche Information (Prospekt)

Abb. 52: *Zweistufiges Verfahren für die Leitbildentwicklung (vgl. Graf/Spengler 2000, S. 88 ff.)*

Wie sieht das Leitbild aus?

Das Leitbild einer Non-Profit-Organisation gibt Antwort auf folgende Fragen:

Fragen	Antworten
Wer sind wir? Wo kommen wir her?	Auftrag, Identität, Geschichte
Was wollen wir?	Anspruch, Werte, Menschen- und Gesellschaftsbild, globale Ziele
Was tun wir? Für wen bzw. mit wem?	Pauschalaussage zu Leistungen/Angeboten, Adressatinnen, Nutzern, Zielgruppen
Wo arbeiten wir?	Lokales, nationales, globales, politisches und soziales Umfeld
Wie arbeiten wir? Was können wir?	Qualitätskriterien, fachliche Kompetenzen
Wie gehen wir miteinander um?	Kommunikation und Kooperation, Führungsverständnis und Organisationskultur
Mit wem arbeiten wir zusammen und wie?	Kooperationspartnerinnen und Förderer

Abb. 53: *Kernpunkte eines Leitbildes (vgl. Graf/Spengler 2000, S. 44)*

Damit ein Leitbild seine Funktionen erfüllen kann, soll es in knappen, prägnanten Formulierungen, in Form von Thesen und Postulaten und ohne Begründung die zentralen Ziele und Grundsätze für die Tätigkeit der Organisation aufstellen. Ein Gesamtumfang von vier Seiten darf nicht überstiegen werden. Wir empfehlen Ihnen, eine einseitige Kurzfassung und eine drei- bis vierseitige Langfassung zu formulieren.

Ausserdem haben Sie bei der Erarbeitung folgende Anforderungen zu beachten:

> Ein Leitbild hat langfristige Gültigkeit (mindestens 5 Jahre).
> Ein Leitbild ist authentisch. Die Inhalte sind aufeinander abgestimmt und widersprechen sich nicht.
> Ein Leitbild macht affirmative Aussagen («Wir sind... wir verhalten uns...») und gibt keine Absichtserklärungen.
> Ein Leitbild beschränkt sich auf die wesentlichen Aussagen und enthält keine langatmigen Beschreibungen. Es ist in einer einfachen, verständlichen, bildhaften Sprache verfasst.
> Ein Leitbild drückt die Einzigartigkeit der Organisation aus.
> Ein Leitbild kommt aus der Organisation selber; das Erstellen kann also nicht an Externe delegiert werden.

Wie wird das Leitbild umgesetzt?

Umsetzung eines Leitbildes

Ein Leitbild ist nur dann wirkungsvoll, wenn alle Mitarbeitenden es kennen, akzeptieren, sich damit identifizieren und danach handeln. Deshalb ist es wichtig, dass:

> alle Organisationseinheiten überlegen, wie sie den Organisationszweck und die zentralen Werte für ihren eigenen Arbeitsbereich in überprüfbaren Ziele konkretisieren können,
> das Leitbild von den Führungskräften bei Zielkonflikten als Richtschnur zu Rate gezogen wird,
> das Leitbild als Grundlage für die Personalauswahl und Personalentwicklung dient,
> das Leitbild periodisch überarbeitet und weiterentwickelt wird.

Zusammenfassung

> Bei der Abgleichung mit der Organisationspolitik wird überprüft, ob die in der Analysephase erarbeiteten strategischen Optionen mit den normativen Grundsätzen der Organisation kompatibel sind. Werden Unvereinbarkeiten festgestellt, hat die Organisation ihre Politik zu überarbeiten oder die betreffenden strategischen Optionen fallen zu lassen.

> Vision, Mission und Leitbild sind Instrumente der Organisationspolitik und wirken sinnstiftend, motivierend und handlungsleitend. Während Visionen ein zukünftiges und begeisterndes Bild der Organisation entwerfen, kann sich eine Mission auch auf die Gegenwart beziehen. Eine Mission benennt den Organisationszweck, die Ziele, die zentralen Werte, die handlungsleitenden Maximen sowie die Strategien der Organisation. Wird eine Mission schriftlich festgehalten und umfassender formuliert, spricht man von einem Leitbild. Leitbilder sind das am häufigsten eingesetzte Instrument der Organisationspolitik.

> Wird ein neues Leitbild erarbeitet oder das bestehende weiterentwickelt, empfiehlt es sich, nach den Methoden des Projektmanagements vorzugehen, möglichst viele Mitarbeitende in den Prozess einzubeziehen und die Umsetzung des Leitbildes mitzuplanen.

9 Formulierung konkreter Strategien

Die in der Analysephase gewonnenen strategischen Optionen sind jetzt mit der Organisationspolitik abgeglichen. Dadurch ist eine erste Bereinigung erfolgt. Doch welche Option sollen Sie nun auswählen und konkretisieren?

Darum geht es im nun folgenden Schritt, in welchem Sie sich folgende Schlüsselfragen stellen:

> Welche strategische Option verfolgen wir weiter?
> Welches ist die Strategie der Gesamtorganisation?
> Was bedeutet die Gesamtstrategie für die strategischen Geschäftseinheiten?
> Was bedeutet die neue Strategie für die zentralen Funktionen oder Prozesse?

Bei der Auswahl der strategischen Option knüpfen Sie an die Resultate der Analyse des Marktes an (siehe S. 83 ff.), in welcher Sie jene Marktsegmente definiert haben, in denen Ihre Organisation tätig sein will. Für die Bearbeitung dieser Marktsegmente (Zielgruppen) gilt es jetzt, geeignete Strategien zu entwickeln. Dabei sind in grösseren Organisationen zwei Ebenen zu unterscheiden: die Ebene der Gesamtorganisation und jene der strategischen Geschäftseinheiten. Eine strategische Geschäftseinheit ist eine Organisationseinheit, welche für die Bearbeitung eines Bereiches direkt verantwortlich ist (siehe S. 156 ff.). Das kann z. B. eine Abteilung sein oder eine regionale Einheit einer nationalen Organisation. Bei kleinen Organisationen, welche nur in einem Bereich tätig sind, macht es dagegen keinen Sinn, strategische Geschäftseinheiten zu definieren.

Aus der Strategie der Gesamtorganisation leiten Sie schliesslich sogenannte Funktionalstrategien für die zentralen Funktionen (z. B. Beschaffung, Verkauf, Spendenmarketing …) und/oder für die zentralen Prozesse Ihrer Organisation (Betreuung, Entwicklungsplanung, Auftragsabwicklung …) ab. Welche und wie viele Funktionalstrategien nötig sind, hängt von der Grösse Ihrer Organisation und von der aktuellen Aufbau- und Ablauforganisation ab. In grossen Organisationen mit autonomen strategischen Geschäftseinheiten, welche unterschiedliche Strategien verfolgen, kann es nötig sein, Funktionalstrategien bzw. Prozessstrategien für jede strategische Geschäftseinheit separat zu formulieren. Die nachfolgende Abbildung gibt Ihnen einen Überblick über die Hierarchie der Strategien.

Strategien auf verschiedenen Ebenen

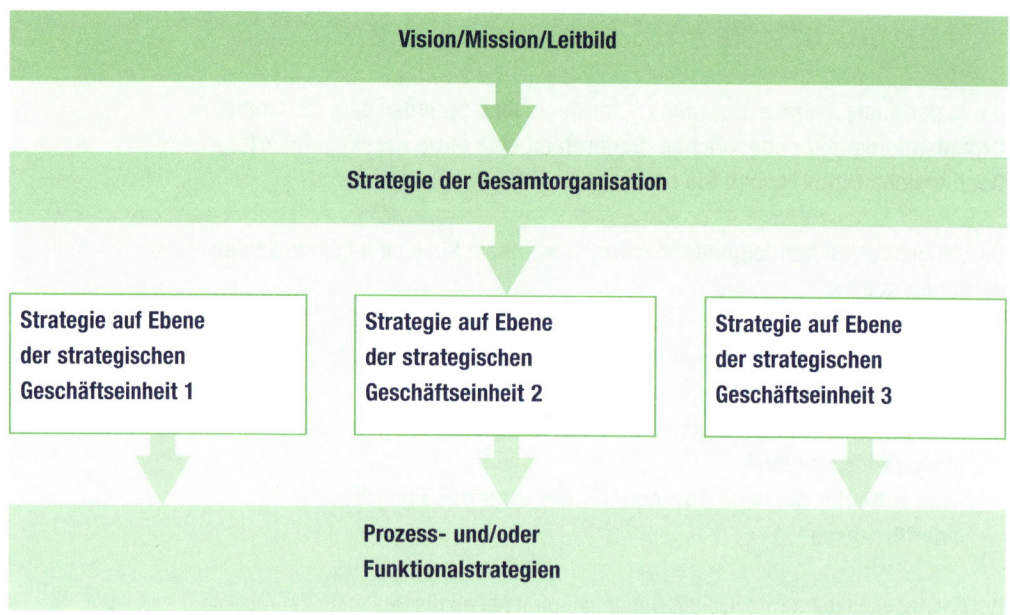

Abb. 54: Übersicht über die Strategien auf verschiedenen Ebenen

9.1 Strategien auf Ebene der Gesamtorganisation

Aus der Zusammenführung der Umweltanalyse (Aussensicht) und der Organisationsanalyse (Innensicht) haben Sie strategische Optionen ermittelt und aufgrund des Leitbildes sortiert. Nun konkretisieren Sie die strategischen Optionen zu strategischen Alternativen, um sich schliesslich für die beste Alternative zu entscheiden und diese auszuformulieren.

Wie gehen Sie dabei vor? Sie bringen die Positionierung Ihrer Organisation am jeweiligen Markt mit den Stärken der eigenen Wertschöpfung in Einklang, und das zuerst einmal aus der Perspektive der Gesamtorganisation. Sie prüfen verschiedene strategische Alternativen. Dabei geht es um die zu wählende Grundpositionierung (Kostenführerschaft versus Differenzierung), um die Frage, ob die bisherigen Regeln der Branche weiterhin eingehalten werden sollen, und um die Frage, ob eine Diversifikation sinnvoll und erwünscht ist. Auch der geografische Fokus (regional, national, international) und die Wahl für die grundsätzliche Taktik (offensiv oder defensiv), Marktführerschaft oder Nischenanbieter sind Entscheidungen auf Ebene der Gesamtorganisation.

Sie stellen sich folgende Schlüsselfragen:
> Wohin wollen wir?
> Welches sind unsere strategischen Alternativen?
> Welche strategische Ausrichtung der Gesamtorganisation wählen wir?

9.1.1 Dimensionen der Strategien

Bei der Entwicklung von Strategien, bei denen die Positionierung gegenüber den Mitanbietern im Vordergrund steht, scheinen der Kreativität keine Grenzen gesetzt zu sein. Die Vielfalt lässt sich jedoch sinnvoll reduzieren, wenn man sich auf vier zentrale Dimensionen konzentriert (vgl. Müller-Stewens/Lechner 2005, S. 263 ff.):

Schwerpunkt des Wettbewerbs:
Wodurch soll ein Vorteil gegenüber den Mitanbietern erworben werden? Nach Porter (1980/1999) stehen zwei grundsätzliche Möglichkeiten zur strategischen Ausrichtung offen: Differenzierung über die Kosten oder Differenzierung über die angebotenen Leistungen[12]. Soll beispielsweise ein Hilfswerk, welches Asylunterkünfte führt, die niedrigsten Betreuungstarife anstreben oder soll es qualitativ hoch stehende Angebote für einzelne Flüchtlingsgruppen (z. B. minderjährige Kinder) anbieten?

Differenzierung oder Kostenführerschaft

Ort des Wettbewerbs:
Wo soll konkurriert werden? Fokussiert die Organisation nur auf ein einzelnes Marktsegment wie eine bestimmte Klientengruppe oder eine Region, oder will sie in der gesamten Branche tätig und Leader sein? Soll sich das genannte Hilfswerk also auf einzelne Kantone konzentrieren oder soll es in der ganzen Schweiz im Asylbereich tätig sein?

Kleines Segment oder Branchenleader

Taktiken des Wettbewerbs:
Welche Taktiken sollen eingesetzt werden und wie sind die Massnahmen zu kombinieren? Soll eine offensive Strategie eingesetzt werden, um zu wachsen, oder eine defensive Strategie, um die bisherige Position zu sichern? Muss das genannte Hilfswerk offensiv auf einen neuen Anbieter von Asylunterkünften reagieren und die Bewohnertarife vorübergehend so stark senken, dass es dem privaten Anbieter gar nicht möglich ist, in den Markt einzusteigen? Oder soll es durch intensives Lobbying versuchen, seine Position zu halten?

Offensiv oder defensiv

Regeln des Wettbewerbs:
Nach welchen Regeln soll konkurriert werden? Sollen die alten Regeln der Branche weiterhin gelten oder will eine Organisation als Regelbrecher neue Regeln einführen? Kann beispielsweise ein privater Anbieter von Asylunterkünften die Branchenlogik brechen?

Mitspielen oder Verändern der Regeln

---

[12] Die beiden grundlegenden strategischen Ausrichtungen nach Porter werden auch als «generische Wettbewerbsstrategien» bezeichnet (siehe S. 145 ff.).

9.1.2 Instrumente/Konzepte

Um die Dimensionen der Strategien zu bearbeiten und strategische Alternativen für die Gesamtorganisation zu entwickeln, gibt es eine Vielzahl von Konzepten und Instrumenten. Wir stellen Ihnen im Folgenden drei davon vor, welche sich für die Strategieformulierung von Non-Profit-Organisationen eignen. Die nachfolgende Abbildung gibt Ihnen einen Überblick über die zentralen Fragen, welche sich mit diesen drei Konzepten/Instrumenten bearbeiten lassen, und die dazugehörenden Strategiealternativen.

Konzepte/ Instrumente	Zentrale Fragen, Spannungsfeld	Strategiealternativen
a) Generische Strategietypen nach Porter	*Differenzierung oder Kostenführerschaft?* Basiert unsere grundlegende strategische Ausrichtung eher auf effizientem Kostenmanagement oder auf einer klaren Differenzierung der angebotenen Leistungen?	Kostenführerschaft branchenweit Differenzierung branchenweit Differenzierungsfokus in einem Branchensegment Kostenfokus in einem Branchensegment
b) Veränderung der Regeln des Wettbewerbes	*Mitspielen oder verändern?* Wollen wir uns weiterhin an die Branchenregeln halten oder versuchen wir, über ein innovatives neues Geschäftsmodell die Spielregeln der Branche zu unseren Gunsten zu verändern?	Regelmachende Regelnehmende Regelbrechende
c) Diversifikationsentscheidungen	*Konzentration oder Diversifikation?* Besteht eine Notwendigkeit zur Diversifikation oder sollten wir uns aus gewissen Geschäftsfeldern zurückziehen?	Konzentration auf ein strategisches Geschäftsfeld Diversifikation in ein neues strategisches Geschäftsfeld Rückzug aus einem strategischen Geschäftsfeld

Abb. 55: Konzepte/Instrumente für die Formulierung von Strategien der Gesamtorganisation

Das vierte Instrument, welches wir Ihnen in diesem Kapitel vorstellen, unterstützt Sie in der Entscheidung für die «richtige» Strategie. Es listet Kriterien auf, anhand derer Sie die strategischen Alternativen bewerten können (siehe S. 151 f.). Das fünfte Instrument unterstützt Sie in der Formulierung der von Ihnen ausgewählten Strategie(n) (siehe S. 152 ff.).

Spannungsfeld «Differenzierung oder Kostenführerschaft»: Generische Strategietypen nach Porter

Eine der zentralen strategischen Entscheidungen auf Ebene der Gesamtorganisation ist die Frage der Positionierung über Qualität/Leistung oder über den Preis. Sehr viele Non-Profit-Organisationen haben vermutlich bisher implizit auf einer Differenzierungsstrategie aufgebaut. Durch den zunehmenden finanziellen Druck kann diese Positionierung verwässert werden und es ist zu überlegen, ob nicht eine klare Neupositionierung Richtung Kostenführerschaft und Begrenzung des Leistungsangebotes für die eine oder andere Non-Profit-Organisation die geeignete Strategie wäre.

Porter (1980/1999) unterscheidet zwei grundlegende strategische Ausrichtungen, welche er als «generische Wettbewerbsstrategien» bezeichnet: Entweder kann über geringere Kosten oder über eine Differenzierung der angebotenen Leistung konkurriert werden. Gleichzeitig müssen Sie entscheiden, ob Sie sich auf ein spezifisches Segment konzentrieren oder ob sie branchenweit tätig sein wollen.

	Schwerpunkt des Wettbewerbs über Vorteile durch:	
	Differenzierung	niedrige Kosten
branchenweit	**Differenzierung** > Leistung/Qualität > Einzigartigkeit	**Kostenführerschaft** > Preis/Kosten > Standardprodukt
segmentspezifisch	**Differenzierungsfokus** > spezifisches Bedürfnis > preisunelastisch	**Kostenfokus** > begrenztes Bedürfnis > preiselastisch

Ort (oder Umfang) des Wettbewerbs

Abb. 56: Generische Strategietypen nach Porter (1980/1999)

Kostenführerschaft: Eine Organisation, die auf Kostenführerschaft setzt, versucht, ihre Dienstleistung günstiger zu erbringen als ihre Mitbewerber, indem sie Grössenvorteile (economies of scale) sowie langjährige Erfahrungen ausnutzt. Die angebotene Leistung muss also billiger entwickelt, erbracht und abgesetzt werden, als die Mitanbietenden dazu in der Lage sind.

Differenzierungsstrategie: Anstatt auf Grösse und Erfahrung zu setzen, kann eine Organisation ihre Leistungen so gestalten, dass diese sich stark von den Angeboten der Mitanbietenden unterscheiden. Der durch den Unterschied geschaffene Nutzen muss den Geldgebern so wichtig erscheinen, dass diese die Bereitschaft zeigen, eine Preisprämie zu bezahlen. Hier bieten sich insbesondere Qualitäts- und Nischenstrategien an.

Fallbeispiel: Differenzierungsstrategie eines Trainingscamps für gewalttätige Jugendliche

Verschiedentlich mussten in der Vergangenheit delinquente Jugendliche mangels Alternative in Untersuchungsgefängnissen verwahrt werden. Eine Stiftung plant nun ein Trainingscamp für jene gewalttätigen Jugendlichen, welche in den herkömmlichen Jugendheimen keine Aufnahme finden. Die angestrebte intensive Betreuung durch Fachleute hat ihren Preis: Der geplante Tarif für Therapie, Betreuung und Unterkunft fällt deutlich höher aus als die aktuellen Tagessätze in den bestehenden Jugendheimen und in Untersuchungsgefängnissen. Nach diversen Abklärungen geht der Stiftungsrat davon aus, dass die Behörden bereit sein werden, den Preis für den Mehrwert der Leistung zu bezahlen, weil damit ein grösserer gesellschaftlicher Nutzen erzielt werden kann als mit der Verwahrung in Untersuchungsgefängnissen.

Porter geht von einer U-förmigen Beziehung zwischen Marktanteil und Rentabilität aus:

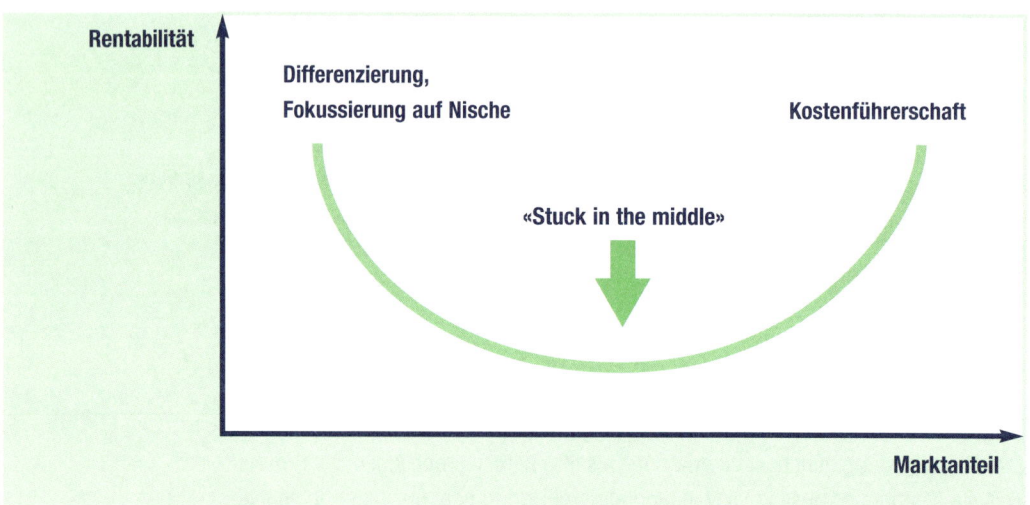

Abb. 57: Zusammenhang zwischen Marktanteil und Rentabilität (vgl. Müller-Stewens/Lechner 2005 S. 269)

In dieser Betrachtungsweise stehen die «Weder-noch»-Organisationen am schlechtesten da, weil sie die niedrigste Rentabilität haben. Erfolgreich sind hingegen jene Organisationen, welche:
> mit kleinem Marktanteil sich entweder branchenweit differenzieren oder auf eine Nische fokussieren (siehe obiges Beispiel Trainingcamps für gewalttätige Jugendliche) oder
> Organisationen mit einem hohen Marktanteil, die als Kostenführer die gesamte Branche bedienen. (Mit der Fusion zur UNIA [Schweiz] und ver.di [Deutschland] haben die Gewerkschaften in den vergangenen Jahren die Kostenführerschaftsstrategie gewählt.)

Fallbeispiel: Strategie der Kostenführerschaft dreier Behindertenwerkstätten

In der Region Unterland können die geistig behinderten Erwachsenen zwischen vier Werkstätten wählen, welche von selbständigen Vereinen oder Stiftungen betrieben werden und zwischen 20 und 40 Arbeitsplätze anbieten. Drei Werkstätten unterscheiden sich in ihrer Ausrichtung kaum, während die vierte Einrichtung einen konfessionellen Hintergrund hat.

Die steigenden Qualitätsanforderungen bei gleichzeitig stagnierenden Subventionen machen den Anbietern zu schaffen. Die drei «ähnlichen» Anbieter setzen sich in der Folge gemeinsam an den Verhandlungstisch und beschliessen, sich zu einer einzigen Organisation zusammenzuschliessen. Die Grössenersparnisse sollen es ihnen ermöglichen, die Kostenführerschaft zu übernehmen und ihre Dienstleistungen mit den vorhandenen, beschränkten finanziellen Mitteln zu erbringen. Die vierte Einrichtung mit konfessionellem Hintergrund wird dagegen entweder zusätzliche Spenden generieren oder einen von den Behinderten zu bezahlenden Aufpreis für ihre Leistungen verlangen müssen. Wenn sie für die Behinderten nicht zusätzlichen Nutzen schafft, wird sie Mühe haben, den höheren Preis durchsetzen oder die Spenden sammeln zu können.

Spannungsfeld «Mitspielen oder Verändern der Regeln des Wettbewerbs»

Gerade unter erhöhtem Wettbewerbsdruck stellt sich die Frage nach innovativen Ideen und Geschäftsmodellen. Einer Organisation eröffnen sich ganz neue Möglichkeiten im Markt, wenn es ihr gelingt, die herkömmlichen Spielregeln zu brechen und neue Regeln einzuführen. Je nachdem, ob und wie eine Organisation von dieser Möglichkeit Gebrauch macht, lassen sich drei Typen unterscheiden (vgl. Müller-Stewens/Lechner 2005, S. 273 f.).

> Die Regelmachenden sind die dominierenden Akteure der Branche. An ihrem Verhalten orientieren sich Organisationen, die als Regelnehmenden zu bezeichnen sind.

> Im Gegensatz zu den Regelmachenden versuchen die Regelbrechenden, mit unkonventionellen Ideen die bestehende Branchenlogik in Frage zu stellen. Gelingt es ihnen, sich durchzusetzen, werden sie zu den neuen Regelmachenden.

Die Branchenlogik lässt sich nicht nur durch neue Produkte (z. B. PC anstatt Schreibmaschine) verändern. Vielmehr kann der Hebel entlang der ganzen Wertschöpfungskette angesetzt werden (siehe S. 98 ff.). Eine Asylorganisation könnte sich z. B. überlegen, welche Dienstleistungen sie aufgrund ihrer Stärken und ihres Know-hows aufbauen könnte, die in Zeiten sinkender Asylgesuche das Überleben der Organisation sichern könnten. IKEA hat beispielsweise die Spielregeln des Wettbewerbs in der Möbelindustrie zu Beginn der fünfziger Jahre völlig auf den Kopf gestellt (billige Möbel für alle, Cash-and-Carry-Prinzip, Waren zum Anfassen und auf Lager, Selbstbauweise, Geschäfte auf der grünen Wiese, Internationalisierung, Katalogversand, langfristige Lieferantenbeziehungen etc.).

Fallbeispiel: «Regelbrecher»-Strategie eines privaten Unternehmens für die Vermittlung von Erwerbslosen

1998 ging das Sozialdepartement der Stadt Zürich neue Wege und schloss mit dem Maatwerk, einem «Headhunter für hoffnungslose Fälle», einen Vertrag ab. Das auf die Vermittlung von schwer vermittelbaren Erwerbslosen spezialisierte, gewinnorientierte niederländische Unternehmen verpflichtete sich damals, für 240 Leute eine Stelle im regulären Arbeitsmarkt zu finden. Im Gegenzug sollte es für jede geglückte Vermittlung 4000 Franken vergütet bekommen. Damit wurden die bisher geltenden Finanzierungsregeln gebrochen. Weder staatliche noch private Anbieter von Dienstleistungen für Erwerbslose waren zuvor «erfolgsabhängig» bezahlt worden.

Die Regelbrecher konnten sich allerdings über die Zeit nicht durchsetzen. «Kopfprämien» sind auch heute nicht die Regel in der Erwerbslosenvermittlung und die Stadt Zürich löste ihren Vertrag mit dem Maatwerk nach relativ kurzer Zeit wieder auf.

Spannungsfeld «Konzentration oder Diversifikation»

Das Spannungsfeld zwischen Spezialisierung auf ein strategisches Geschäftsfeld und wenige Kernkompetenzen einerseits (Konzentration) und Risikoverteilung durch Tätigkeit in unterschiedlichen Geschäftsfeldern (Diversifikation) andererseits ist eine der wichtigsten Entscheidungen einer Organisation. Unter Diversifikation wird der Eintritt einer Organisation in ein neues Geschäftsfeld verstanden. Wann genau aber handelt es sich um ein neues Geschäftsfeld? Um diese Frage zu beantworten, ist es hilfreich, auf die Kriterien zurückzugreifen, anhand derer Geschäftsfelder gemeinhin abgegrenzt werden (wie Produkte, Marktsegmente, Nutzen, Geografie, Technologien etc.). Wenn sich mindestens zwei relevante Kriterien signifikant verändern, dann ist von einem neuen Geschäftsfeld zu sprechen. Vereinfacht gesagt repräsentieren Geschäftsfelder möglichst isoliert funktionierende Ausschnitte aus dem gesamten Betätigungsfeld einer Organisation (vgl. Müller-Stewens/Lechner 2005, S. 156 ff.).

Es gibt gute Gründe für eine Organisation, eine Konzentrationsstrategie zu wählen. Z. B.:   *Gründe für eine Konzentration*
> klare Ausrichtung, klare Aussenwahrnehmung
> Konzentration der Ressourcen
> vertiefte Kenntnis des Geschäftes
> gezielte Bearbeitung des relevanten Marktsegmentes

Genauso gibt es aber auch gute Gründe, sich für eine Diversifikationsstrategie zu entscheiden: *Gründe für eine Diversifikation*
> Risikoverteilung
> Ausgleich zyklischer Entwicklungen
> Nutzung von Synergien
> bessere Auslastung von Kapazitäten
> Partizipation an neuen Wachstumsfeldern

Diversifikationsrichtungen

Entscheidet sich eine Organisation für eine Diversifikationsstrategie, kann sie sich in vier Diversifikationsrichtungen bewegen. Bei der verwandten oder horizontalen Diversifikation bewegt sich die Organisation in ein Feld, das in weiten Bereichen Gemeinsamkeiten mit den bestehenden Geschäftsfeldern aufweist. Diesbezüglich bietet sich insbesondere eine Diversifikation entlang der Kernfähigkeiten einer Organisation an, um Synergiemöglichkeiten zu nutzen. Von der Risikoverteilung aus betrachtet, bleibt dabei weiterhin eine hohe Abhängigkeit von der Branche bestehen. Beispielsweise könnte eine private Kinderkrippe einen eigenen Kindergarten aufbauen.   *Verwandte oder horizontale Diversifikation*

Bei der vertikalen Diversifikation integriert eine Organisation ein Geschäftsfeld, das ihrem momentanen Aktivitätsspektrum entweder vor- oder nachgelagert ist. Ob Organisationen in vor- oder nachgelagerte Geschäftsfelder diversifizieren sollen, hängt von verschiedenen Punkten ab: Je spezifischer eine Leistung und je grösser ihre strategische Bedeutung ist, desto sinnvoller ist es, die dazu nötigen Aktivitäten in der eigenen Organisation zu integrieren. Für eine geschützte Werkstätte, welche auf die Produktion von Geschenkartikeln spezialisiert ist, kann es beispielsweise sinnvoll sein, einen eigenen Verkaufsladen an guter Passantenlage zu eröffnen.   *Vertikale Diversifikation*

Konzentrische Diversifikation	Von der konzentrischen Diversifikation wird dann gesprochen, wenn eine Organisation ihre aktuellen Fähigkeiten auf die Wertschöpfungskette eines anderen Geschäfts übertragen kann (economies of scope). So könnte beispielsweise ein hiesiges Frauenhaus seine Kompetenzen in Empowerment von Frauen in der Entwicklungszusammenarbeit einbringen.
Laterale oder konglomerate Diversifikation	Hat das neue Geschäftsfeld kaum noch Gemeinsamkeiten mit dem ursprünglichen, so spricht man von einer nichtverwandten, lateralen oder konglomeraten Diversifikation. Hier steht die Risikostreuung im Vordergrund, um z. B. die Beschäftigung zu sichern. In der Praxis ist diese Art der Diversifikation oft mit vielen Problemen verbunden. Als eine solche Diversifikation kann die Übernahme des Zürcher Theaters Hora (Theater mit geistig Behinderten) durch eine geschützte Werkstätte bezeichnet werden. Vor der Fusion bot die Werkstätte vor allem Arbeitsplätze mit leichten industriellen Tätigkeiten an. Mit der Fusion wurden geschützte Arbeitsplätze für professionelle, geistig behinderte Schauspielerinnen und Schauspieler geschaffen.
Rückzug	Schliesslich kann die Diversifikation auch im Rückzug aus einem bestimmten Geschäftsfeld bestehen. Ein solcher Schritt wird dann erforderlich, wenn etwa die Nachfrage in einem Markt aufgrund eines soziokulturellen Wertewandels oder der Änderung staatlicher Rahmenbedingungen immer weiter schrumpft. So wurden beispielsweise Ende des letzten Jahrhunderts in der Schweiz die gesetzlichen Grundlagen für die Fürsorge anerkannter Flüchtlinge revidiert. Seither ist nicht mehr der Bund (und in dessen Auftrag die Flüchtlingshilfswerke) zuständig, sondern es obliegt den Kantonen, die Sozialhilfe zu gewährleisten. Nur wenige Kantone übertrugen die Fürsorge anerkannter Flüchtlinge an die Hilfswerke, die meisten beauftragten damit die gemeindeeigenen Sozialämter. Dadurch verloren die Flüchtlingshilfswerke einen wichtigen Arbeitsbereich und eine wichtige Finanzquelle. Zum Zeitpunkt der Gesetzesänderung waren jene Hilfswerke im Vorteil, welche diese Veränderung früh antizipierten und sich rechtzeitig aus der Flüchtlingshilfe zurückgezogen hatten.

Formen der Diversifikation

Diversifikation aus eigener Kraft	Um zu diversifizieren, stehen Non-Profit-Organisationen zwei Möglichkeiten offen. Zum einen können sie sich auf ihre eigenen Kräfte konzentrieren und die bestehenden Fähigkeiten zur Erschliessung neuer Geschäftsfelder nutzen (interne Entwicklung). Die Organisation lernt dabei Neues und der Diversifikationsprozess ist bis zu einem gewissen Zeitpunkt auch reversibel. Die interne Entwicklung dauert aber meist lange.
Kooperation	Zum andern hat sie die Möglichkeit, sich mit einer oder mehreren andern Organisationen zusammenzuschliessen, welche bereits im anvisierten Geschäftsfeld tätig sind (Kooperation). Die Chancen und Gefahren von Kooperationen sind stets sorgfältig zu prüfen. In der alltäglichen Zusammenarbeit können strukturelle, politische und kulturelle Unterschiede oft zu Spannungen führen, welche die Funktionsfähig-

keit von Kooperationen wesentlich beeinträchtigen. Auf der andern Seite ermöglichen Kooperationen meist einen rascheren Eintritt in ein neues Geschäftsfeld und eine gezielte Zusammenarbeit dort, wo es wirklich erwünscht ist. Das Risiko ist auf die Kooperationspartner verteilt und die komplementären Fähigkeiten können zu einer leistungsstarken Einheit verbunden werden. Kooperationen sind aber oft auch instabil, weil die Partner meist rechtlich und wirtschaftlich selbständig bleiben. Manchmal werden statt echten Kooperationen auch so genannte strategische Netzwerke gebildet, in der die beteiligten Organisationen eng zusammenarbeiten und so versuchen, Synergien zu nutzen (vgl. Müller-Stewens/Lechner 2005, S. 286 ff.).

Um die Organisation mit all ihren strategischen Geschäftsfeldern zu visualisieren und die Frage von Konzentration oder Diversifikation zu entscheiden, eignet sich auch sehr gut die Portfolio-Analyse (siehe S. 119 ff.).

Entscheidungskriterien für eine konkrete Strategie

Es ist vorteilhaft, wenn Sie als Führungskraft im Laufe des Strategieentwicklungsprozesses den Fokus möglichst lange und möglichst weit offen halten. Insofern wird sich häufig mehr als eine strategische Alternative anbieten. Um eine klare Positionierung zu erreichen, müssen Sie sich schliesslich aber doch für eine konkrete Strategie entscheiden. Nach welchen Kriterien sollen Sie diese Entscheidung treffen? Müller-Stewens/Lechner (2005, S. 324 f.) empfehlen, die verschiedenen strategischen Alternativen anhand von vier Hauptkriterien zu bewerten:

Kriterien für die Bewertung von Strategien

Angemessenheit: Um die Angemessenheit der strategischen Alternative zu prüfen, können Sie folgende Fragen stellen: Welche Stärken und Schwächen zeichnen die Strategie aus? Trägt die Strategie den Interessen der verschiedenen Anspruchsgruppen Rechnung? Ist die Strategie mit der Eigengesetzlichkeit der Organisation vereinbar? Ein nützliches Instrument für die Bewertung der Angemessenheit verschiedener Strategien stellt die Nutzwertanalyse dar (siehe S. 89 ff.).

Angemessenheit

Zielerreichung: Hier bewerten Sie das Risiko und den Erfolgsbeitrag der strategischen Alternativen. Welcher Mehrwert kann mit der Strategie schätzungsweise generiert werden (z. B. Erhöhung des Eigenfinanzierungsgrades einer Non-Profit-Organisation oder des Nutzens für eine bestimmte Anspruchsgruppe)? Wie gross ist das Risiko eines Scheiterns und welches wären die Folgen? Ist die Organisation im Falle einer nicht erfolgreichen Strategie in ihrem Überleben gefährdet?

Zielerreichung

Durchführbarkeit: Um die Durchführbarkeit zu überprüfen, vergleichen Sie die für die Umsetzung einer strategischen Option notwendigen finanziellen und personellen Ressourcen mit den vorhandenen Ressourcen. Dafür eignet sich z.B. die Gap-Analyse (siehe S. 124 ff.). Die finanzielle Durchführbarkeit kann mit Hilfe einer Mittelflussrechnung untersucht werden.

Durchführbarkeit

Konsistenz — Konsistenz: Wenn eine strategische Alternative aus mehreren Elementen besteht, haben Sie die einzelnen Elemente daraufhin zu prüfen, ob sie zueinander passen, und so lange an den Gegensätzen zu arbeiten, bis ein schlüssiges Programm entsteht.

Formulierung der Strategie

Nachdem Sie sich für eine Strategie entschieden haben, gilt es nun, diese mit klaren Worten zu formulieren und nötigenfalls Funkionalstrategien für die wichtigsten Funktionen (z. B. Marketing oder Finanzierung) und/oder Prozessstrategien für die wichtigsten Wertschöpfungsprozesse (z. B. Heimeintritt, Entwicklung) abzuleiten. Wir empfehlen Ihnen, sich dabei an den inhaltlichen Fragestellungen einer Strategie von Rüegg-Stürm (2003) zu orientieren und folgende Fragen zu beantworten (siehe Abb. 2, S.18):

Formulierung anhand der inhaltlichen Dimensionen einer Strategie

> Welches ist die grundlegende Entwicklungsrichtung unserer Organisation? Wie wollen wir uns strategisch positionieren?
> Wie gehen wir mit den wichtigsten Anspruchsgruppen um?
> Welche Leistungen wollen wir anbieten und welchen Nutzen stiften wir damit für unsere Zielgruppen?
> Wo liegt der Fokus unserer Wertschöpfung?
> Wo wollen wir kooperieren?
> Wie gestalten wir die Kooperation mit Partnerorganisationen?
> Welche herausragenden Fähigkeiten haben wir?

Da Sie die Strategie gegen innen (Mitarbeitende) und gegen aussen kommunizieren müssen, erarbeiten Sie mit Vorteil zwei Varianten. In der Kurzversion formulieren Sie die wichtigsten Aussagen in ein bis zwei prägnanten und motivierenden Sätzen (z. B. als strategische Leitlinien). Die ausführlichere Version kann mehrere Seiten umfassen und gibt den Mitarbeitenden oder wichtigen Anspruchsgruppe die nötigen Informationen zur Gesamtstrategie, zu den Strategien der strategischen Geschäftsfelder und zu den Funktionalstrategien.

Fallbeispiel: Strategie eines Verbandes der Wohlfahrtspflege

Kurzversion
Wir fördern die Integration und fordern soziale Gerechtigkeit. Wir kooperieren im internationalen Netzwerk, bündeln Know-how und Ressourcen und verstärken unser Engagement in den Kernaktivitäten soziale Benachteiligung, Erwerbslosigkeit und Migration.

Ausführlichere Version

Grundlegende Entwicklungsrichtung, strategische Positionierung
Wir fördern die Integration und fordern soziale Gerechtigkeit.

Mehrspartentätigkeit und anwaltschaftliche Funktion sind eigentliche Merkmale unserer Organisation. Wir müssen uns gleichzeitig als Interessenvertreterin von sozial benachteiligten Menschen und als Dienstleistungsorganisation positionieren und behaupten. Dazu kommt die Anforderung, innovative neue Angebote und Projekte zu entwickeln. Wir sind in erster Linie im Gebiet X tätig. Eine Expansion in die angrenzenden Gebiete wird bis 2010 schrittweise angestrebt.

Leistungsprogramm
Unser Leistungsprogramm konzentriert sich auf die drei Bereiche:
> Soziale Benachteiligung
> Erwerbslosigkeit
> Migration

Mit den Methoden Beratung, Bildung, Beschäftigung in Betrieben und Freiwilligenarbeit setzen wir dieses Leistungsprogramm um. Damit beraten, unterstützen und begleiten wir Menschen, damit sie ihr Leben in eigener Verantwortung gestalten können, und setzen uns für sozial benachteiligte Gruppen ein.

Anspruchsgruppen
Unsere wichtigsten Anspruchsgruppen sind wie bisher: Auftraggebende, Trägerschaft, Klientinnen und Klienten bzw. Kundinnen und Kunden, Mitarbeitende, Partnerorganisationen, Mitanbieter, Spenderinnen und Spender.

Kernkompetenzen
Grundlagenarbeit, Kommunikation nach innen und nach aussen und Anwaltschaft sind die Kernkompetenzen für die Umsetzung der Strategie.

Kooperation
Die Zusammenarbeit im nationalen Netzwerk, mit der Dachorganisation und mit Partnerorganisationen gewinnt an Bedeutung. Die Zusammenarbeit soll bei allen Tätigkeiten unserer Organisation bewusst gestaltet und gewichtet werden.

Die strategischen Leitlinien konkretisieren die Gesamtstrategie in einem ersten Schritt. Sie werden anschliessend für die einzelnen organisatorischen Einheiten in einem Umsetzungsplan mit Zielen, Indikatoren, Massnahmen, Zeitplan und Zuständigkeiten noch weiter konkretisiert.

Strategische Leitlinie 1:
Wir fördern die Integration von Einzelpersonen, Familien und Gruppen in unserer Gesellschaft durch Dienstleistungen und Projekte in den Handlungsfeldern soziale Benachteiligung, Erwerbslosigkeit und Migration.

Konkret bedeutet dies:
> Wir überprüfen unsere Angebote im Bereich Erwerbslosigkeit und passen sie an die neuen Bedürfnisse an. In den übrigen Bereichen werden unsere Dienstleistungen und die Leistungsprozesse weitergeführt.

Strategische Leitlinie 2:
Wir fordern soziale Gerechtigkeit und fördern ein solidarisches und respektvolles Zusammenleben in unserer Gesellschaft durch anwaltschaftliche Interessenvertretung für benachteiligte Einzelpersonen, Familien und Gruppen, durch eine aktive Kommunikation und die Mitarbeit in Gremien und Fachgruppen.

Konkret bedeutet dies:
> Die anwaltschaftliche Funktion wird ausgebaut und bis 2010 werden die Kapazitäten verdoppelt.
> Gesellschafts- und tagespolitische Themen werden systematischer aufgearbeitet und in die Jahresplanung und die aktuelle Tätigkeit integriert.
> Die Kommunikation zu Fragen der sozialen Gerechtigkeit muss verbessert werden. Dazu nutzen wir verstärkt die neuen Medien.

Strategische Leitlinie 3:
Innovation und Flexibilität, aber auch Verlässlichkeit, qualifiziertes Fachwissen und Qualitätsbewusstsein prägen unsere Organisation.
Sowohl die Integrationsangebote als auch die Anwaltschaft und Interessenvertretung müssen fachlich qualifiziert und professionell umgesetzt werden. Dazu ist auch eine systematische Auseinandersetzung mit Grundlagenarbeit notwendig. Zudem wird das Qualitätsbewusstsein systematisch weiterentwickelt.

Konkret bedeutet dies:
> Die Aufbau- und die Ablauforganisation werden im Hinblick auf die strategischen Ziele überprüft und optimiert.
> Die Grundlagenarbeit muss systematischer wahrgenommen werden. Die Zusammenarbeit mit den Fachinstituten wird neu definiert.
> Das Qualitätsmanagement wird kontinuierlich weiterentwickelt.

Strategische Leitlinie 4:
Wo sinnvoll und möglich werden die Aktivitäten unserer Organisation in die angrenzenden Gebiete ausgeweitet.

Konkret bedeutet dies:
> *Geeignete Dienstleistungen werden in den angrenzenden Gebieten angeboten.*
> *Die Ausweitung erfolgt über Kooperationen mit verlässlichen Partnerorganisationen.*
> *Die Entwicklung und das Wachstum erfolgen schrittweise und organisch.*

Strategische Leitlinie 5:
Gesunde Finanzen sind ein entscheidender Faktor, damit die Ziele unserer Organisation erreicht werden können.

Konkret bedeutet dies:
> *Es wird ein innerbetriebliches Rechnungswesen aufgebaut und in das Managementsystem integriert.*
> *Die Reserven werden bis 2010 um 10% erhöht.*
> *Die Trägerschaft wird ausgeweitet und eine finanzielle Beteiligung der neuen Mitträger angestrebt.*
> *Der Anteil an Legaten soll bis 2010 um 30% steigen.*

9.2 Strategien auf Ebene der Geschäftseinheiten

Ist eine Non Profit-Organisation in verschiedenen Geschäftsfeldern tätig und organisatorisch in verschiedene Geschäftseinheiten gegliedert, braucht es nicht nur eine Gesamtstrategie, sondern auch für die einzelnen Geschäftseinheiten Strategien, die auf die Gesamtstrategie abgestimmt sind. Verschiedene Hilfswerke sind beispielsweise gleichzeitig im Asylbereich, im Erwerbslosenbereich sowie in der Entwicklungszusammenarbeit engagiert. Für jeden Bereich muss daher eine eigene Strategie erarbeitet werden, die dazu beiträgt, die Gesamtstrategie des Hilfswerkes umzusetzen.

Wenn Ihre Organisation also in verschiedenen Geschäftsfeldern tätig ist, ist es wichtig, dass Sie sich folgende Schlüsselfragen stellen:

> Was bedeutet unsere Gesamtstrategie für die einzelne strategische Geschäftseinheit?
> Welche Strategien verfolgen die einzelnen strategischen Geschäftseinheiten?

9.2.1 Was sind strategische Geschäftsfelder (SGF) und strategische Geschäftseinheiten (SGE)?

Strategische Geschäftsfelder und strategische Geschäftseinheiten

Als strategische Geschäftsfelder (SGF) werden möglichst isoliert funktionierende Ausschnitte aus dem gesamten Betätigungsfeld einer Organisation bezeichnet. Sie weisen eigene Chancen und Risiken sowie Ertragsaussichten auf und verlangen nach einer eigenen Strategie (vgl. Müller-Stewens/Lechner 2005, S. 159).

Die strategischen Geschäftsfelder werden von den strategischen Geschäftseinheiten (SGE) bearbeitet, welche für eines oder mehrere Felder verantwortlich sind. Strategische Geschäftseinheiten sind Organisationseinheiten, welche:
> innerhalb der Organisation deutlich abgrenzbar sind (keine Überschneidungen hinsichtlich Kunden/Klientinnen, Mitanbietern etc.),
> ihre Strategien selbständig entwerfen und für deren Umsetzung verantwortlich sind sowie
> die finanzielle Verantwortung tragen.

Ein Hilfswerk kann beispielsweise die SGE Inlandhilfe, die SGE Flüchtlingshilfe und die SGE Auslandprojekte umfassen, während eine Umweltschutzorganisation in die SGE Bildung, SGE Geschenkartikelverkauf und in die SGE Kampagnen/Lobbying unterteilt sein kann.

Strategische Geschäftseinheiten zu bilden, ist vor allem bei grösseren Organisationen mit unterschiedlichen Tätigkeitsfeldern sinnvoll. Dadurch:
> kann die interne Komplexität reduziert werden,
> lassen sich massgeschneiderte Strategien für die einzelnen Bereiche entwickeln und
> kann flexibel auf Veränderungen in den Geschäftsfeldern (Märkten) reagiert werden.

Ausserdem dürfte sich die Delegation wichtiger Kompetenzen an die SGE motivierend auf die Mitarbeitenden auswirken.

Auf der andern Seite sind häufig starke und nachteilige Zentrifugalkräfte zu beobachten. Es besteht die Gefahr, dass die einzelnen SGE die Gesamtorganisation aus ihrem Blickfeld verlieren und zu «Organisationen in der Organisation» mutieren.

9.2.2 Instrument/Konzept

Produkt-Markt-Strategien

Abgestimmt auf die Strategie der Gesamtorganisation entwickelt jede einzelne SGE so genannte Produkt-Markt-Strategien und legt damit die Stellung gegenüber einzelnen Zielgruppen fest. Für Non-Profit-Organisationen ist die Frage besonders wichtig, inwieweit Veränderungen der Marktstrategie erforderlich sind (siehe auch Portfolio-Analyse, S. 119 ff.).

Um sich im Markt zu positionieren, bieten sich einer Organisation bzw. einer strategischen Geschäftseinheit die drei folgenden Möglichkeiten:

> Wenn eine Organisation/SGE mit ihrer Position zufrieden ist, wird sie sich entschliessen, ihre aktuelle Marktposition beizubehalten und ihre aktuelle Strategie weiterzuverfolgen.   *Positionierung beibehalten*

> Ist die Organisation/SGE allerdings nicht mehr vollständig überzeugt von ihrer momentanen Position, strebt sie eine Umpositionierung an. Dabei verändert sie den Schwerpunkt ihrer Aktivitäten nicht grundsätzlich, sondern versucht lediglich, die bisherigen Marktsegmente an ihren Randbereichen zu erweitern und neue Zielgruppen zu erschliessen.   *Umpositionierung*

> Schliesslich kann sich eine Organisation/SGE am Markt neu positionieren. Dieser Weg erscheint dann als vorteilhaft, wenn die bisherige Positionierung keine Marktchancen mehr bietet. Voraussetzung dafür ist eine grundlegend neue Marktstrategie: Welche Zielgruppe soll angesprochen werden? Welcher Nutzen soll gestiftet werden?   *Neupositionierung*

Die nachfolgende Tabelle gibt einen Überblick über die möglichen Produkt-Markt-Strategien.

	Abbau der Produkte/Dienste	Gegenwärtig angebotene Produkte/Dienste	Neue Produkte/Dienste
Abbau der Märkte	Rückzug 1	Produktkonstante Marktverdichtung 2	Progressive Marktverdichtung 3
Gegenwärtig bediente Märkte	Marktkonstante Produktverdichtung 4	Marktdurchdringung 5	Produktentwicklung 6
Neue Märkte	Progressive Produktverdichtung 7	Marktentwicklung 8	Diversifikation 9

Abb. 58: *Produkt/Markt-Matrix (vgl. Müller-Stewens/Lechner 2005, S. 257)*

Fallbeispiele zu den verschiedenen Formen von Produkt-Markt-Strategien:

1) Rückzug: Ein Hilfswerk, das in der Entwicklungszusammenarbeit, in der Friedensarbeit sowie in der Flüchtlingshilfe tätig ist, beschliesst, die SGE Flüchtlingshilfe aufzugeben und keine Angebote mehr an Flüchtlinge im Inland zu machen.

2) Produktkonstante Marktverdichtung: Eine Organisation für geistig Behinderte führt ein Wohnheim und eine Werkstätte für erwachse Behinderte sowie eine Schule für geistig behinderte Kinder. Die SGE Schule beschliesst, keine mehrfach behinderten Kinder mehr aufzunehmen.

3) Progressive Marktverdichtung: Ein Hilfswerk ist im In- und Ausland tätig. Die SGE Inland trifft die Entscheidung, sich auf eine Region zu konzentrieren (neue Bundesländer) und gleichzeitig die Produktepalette mit neuen Angeboten für Erwerbslose auszubauen.

4) Marktkonstante Produktverdichtung: Ein Verkehrsverband führt zur Finanzierung seiner Lobbytätigkeit ein Reisebüro. Die SGE Reisebüro beschliesst, nur noch Pauschalreisen anzubieten und keine Zugfahrkarten und Abonnemente mehr zu verkaufen.

5) Marktdurchdringung: Eine kulturelle Organisation betreibt ein Museum für Gegenwartskunst, Ateliers für bildende Künstlerinnen und Künstler sowie einen Konzertsaal. Die SGE Museum beschliesst, die gegenwärtige Positionierung im Markt beizubehalten und die bisherigen Angebote zu optimieren, um so mehr Besucherinnen und Besucher gewinnen zu können. Dazu verstärkt sie ihre Marketingaktivitäten und lanciert ein Kundenbindungsprogramm.

6) Produktentwicklung: Eine Suchtfachstelle führt einen Beratungsdienst für Suchtkranke und eine Präventionsstelle, welche Arbeitgeberinnen in ihren Präventionsbemühungen unterstützt. Die SGE Präventionsstelle beschliesst, den Arbeitgeberinnen neu ein Kursprogramm zu speziellen Suchtformen wie Magersucht, Esssucht etc. anzubieten.

7) Progressive Produktverdichtung: Ein Hilfswerk unterstützt Entwicklungsprojekte im Ausland und bietet in einer Region des Inlands eine Budgetberatungsstelle und Bildungsangebote für verschuldete Personen an. Die SGE Inland beschliesst, die Budgetberatungsstelle zu schliessen und im Gegenzug die Kursangebote auf das ganze Inland auszuweiten.

8) Marktentwicklung: Eine Gesundheitsorganisation führt einen überregionalen spitalexternen Pflegedienst und betreibt eine regionale Vermittlungsstelle für Babysitter. Die SGE Vermittlung von Babysittern beschliesst, zu expandieren und ihre Dienstleistungen auch überregional anzubieten.

9) Diversifikation: Ein soziokulturelles Zentrum in einer Grossstadt betreibt ein Kino, ein Fotoatelier für Erwachsene und führt kreative Kurse für Kinder und Jugendliche durch. Die SGE Kurse entschliesst sich, die Problematik der Langzeiterwerbslosen aufzugreifen und neu eine Tagesstruktur für Langzeitarbeitslose anzubieten.

Ähnliche Fragen wie auf Ebene Gesamtorganisation	Wenn Sie als Führungskraft eine SGE leiten und eine Produkt-Markt-Strategie entwickeln, knüpfen Sie an die Umweltanalyse, insbesondere die Marktanalyse (siehe S. 83 ff.), an. Sie stellen sich die Frage, welche Zielgruppen mit welchen Leistungen bedient werden sollen, welcher Nutzen den Kundinnen und Kunden geboten werden soll und wie der Marketing-Mix in der Folge auszugestalten ist. Grundsätzlich können Sie sich auf der Ebene der SGE auch überlegen, ob Sie eine Differenzierungs- oder Kostenführerschaftsstrategie (siehe S. 145 ff.) wählen wollen. Diese Fragen werden Sie aber – ebenso wie eine allfällige Diversifikationsstrategie (siehe S. 148 ff.) – gemeinsam mit der Gesamtorganisationsleitung diskutieren müssen.

Die strategischen Alternativen auf Ebene SGE können Sie schliesslich ebenfalls anhand der erwähnten Kriterien Angemessenheit, Akzeptanz, Durchführbarkeit und Konsistenz bewerten (siehe S.151 f).

Zusammenfassung

> Bei der Formulierung von Strategien sind verschiedene Ebenen zu unterscheiden. Zunächst ist in Abstimmung mit Leitbild und Vision die strategische Ausrichtung der Gesamtorganisation festzulegen. Daraus leiten sich in Organisationen, welche in verschiedenen Bereichen tätig sind, Strategien für die einzelnen strategischen Geschäftseinheiten ab. Schliesslich gilt es, abgestimmt auf die Strategie der Gesamtorganisation, Funktionalstrategien für die wichtigsten Funktionen und/oder Prozessstrategien für die wichtigsten Wertschöpfungsprozesse der Organisation zu bestimmen.

> Strategien auf der Ebene der Gesamtorganisation beziehen sich auf den Schwerpunkt des Wettbewerbs (Kostenführerschaft oder Differenzierung), auf den Ort des Wettbewerbs (einzelne Marktsegmente, regional, national oder international), auf die Taktiken (offensiv oder defensiv) und auf die Spielregeln (bestehende oder neue Spielregeln).

> Mit seinem Konzept der generischen Strategietypen erklärt Porter, dass Organisationen, welche sich klar für die Strategie der Kostenführerschaft oder für die Strategie der Differenzierung entscheiden, einen Wettbewerbsvorteil gegenüber den «Weder-noch»-Organisationen haben.

> Bezüglich der Spielregeln der Branche haben Organisationen drei strategische Alternativen. Sie können als Regelmachende dominieren, sich als Regelnehmende anpassen oder als Regelbrechende neue Regeln durchzusetzen versuchen.

> Eine der wichtigsten Entscheidungen der Organisation betrifft das Spannungsfeld «Konzentration oder Diversifikation». Organisationen können sich auf ein bestimmtes Geschäftsfeld konzentrieren oder sich in verschiedene Richtungen und in unterschiedlichen Formen diversifizieren.

> Strategien auf Ebene der strategischen Geschäftseinheiten müssen kompatibel mit der Strategie der Gesamtorganisation sein und können mit Hilfe der Produkt-Markt-Matrix entwickelt werden.

> Um sich für die «richtige» Strategie entscheiden zu können, hilft es, die ausgewählten strategischen Alternativen entlang der folgenden vier Kriterien zu bewerten: Angemessenheit, Zielerreichung, Durchführbarkeit und Konsistenz.

Teil 4 Umsetzungsphase

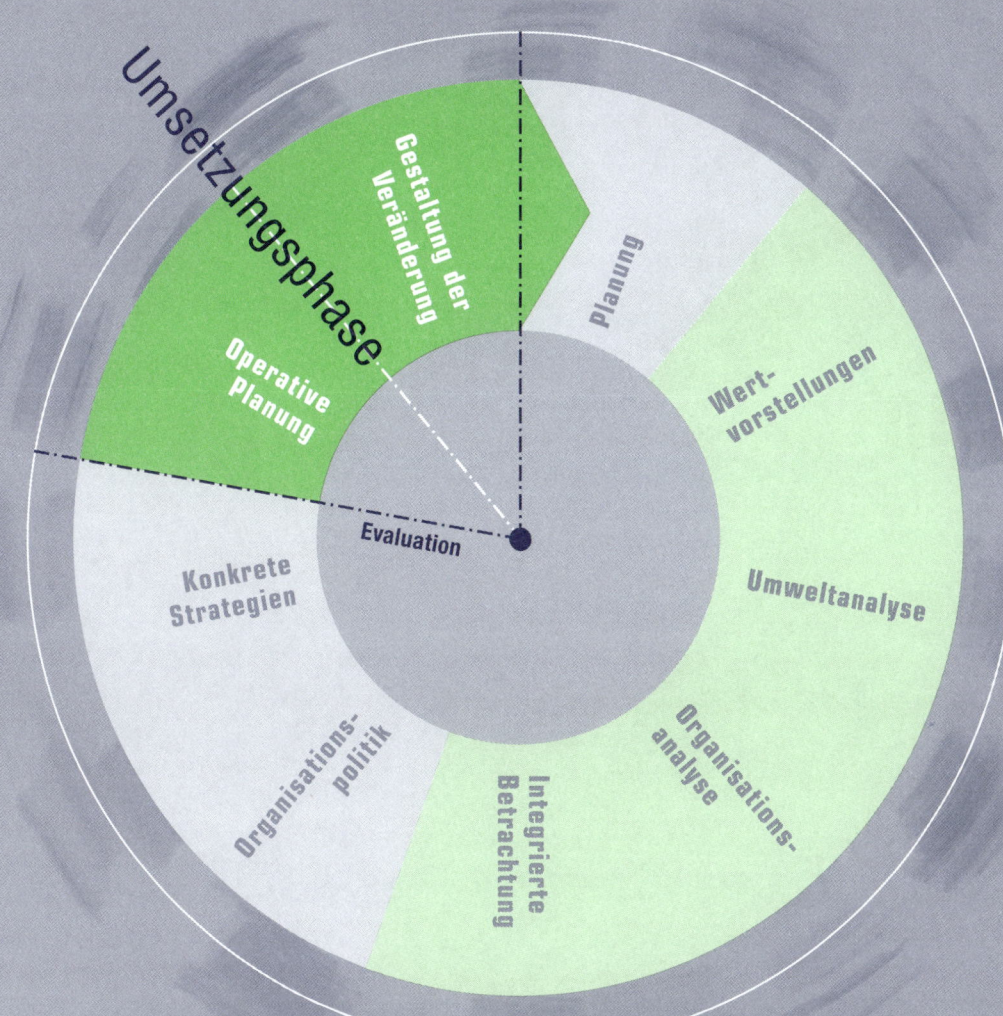

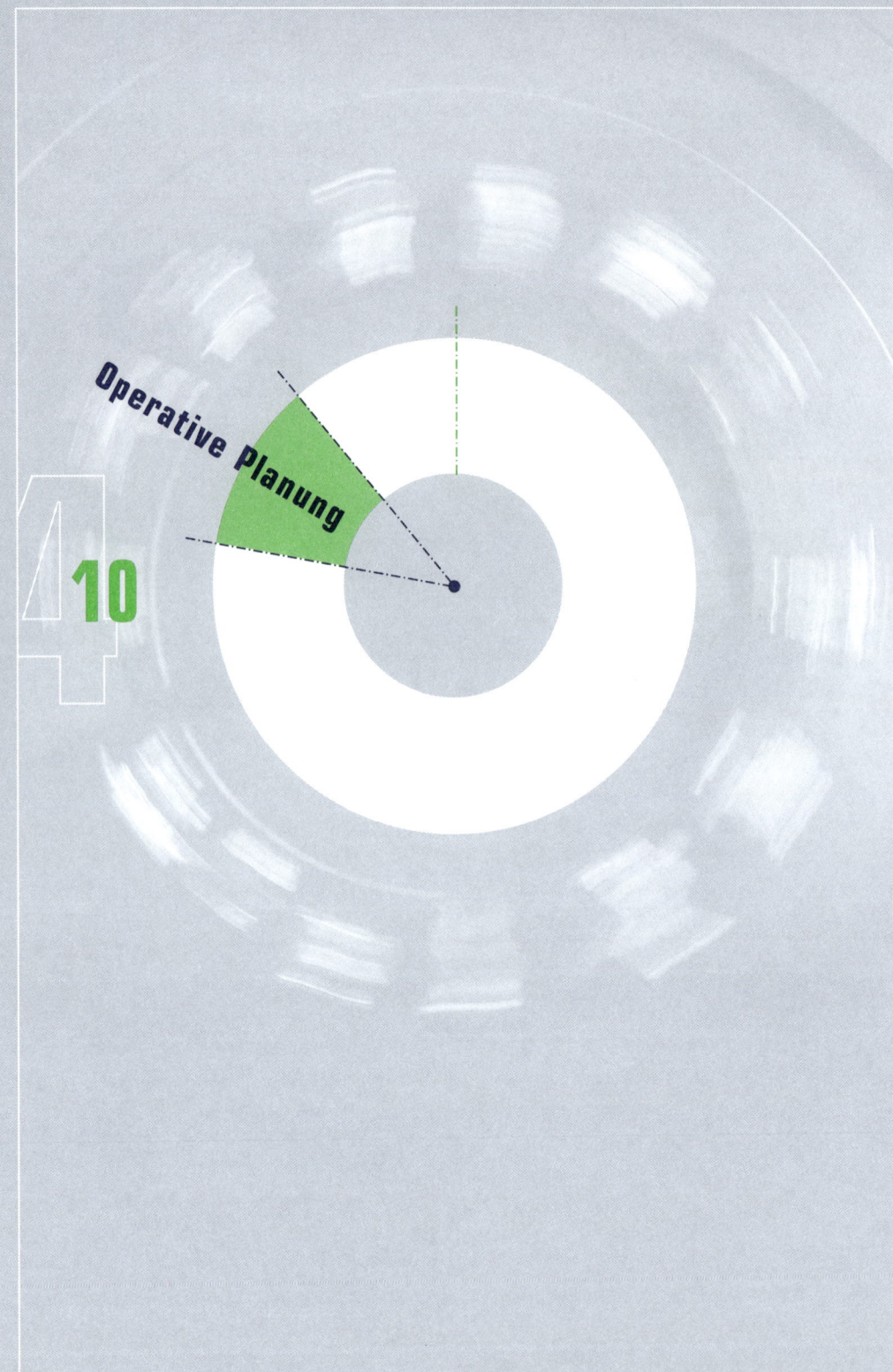

10 Operative Planung

Mit der Formulierung und Verabschiedung konkreter Strategien haben Sie die Entwicklung der Strategie – den Strategieentwicklungsprozess – abgeschlossen. Nun beginnt die zweite grosse Herausforderung: die Umsetzung der neuen Strategien ins «Alltagsgeschäft», in die gelebte Wirklichkeit. In der Regel lässt sich dies nicht ohne grössere und kleinere Veränderungsprozesse in der Organisation bewerkstelligen.

Die Gestaltung der Veränderung ist ein sehr weites und spannendes Feld. Es geht beispielsweise um die Frage, wie Sie als Führungskraft mit Widerständen umgehen sollen, wie die Veränderungsprozesse als Lernprozesse gestaltet werden können, oder um die Dramaturgie und Inszenierung des Wandels. Unter den Stichwörtern Change Management oder Organisationsentwicklung findet sich eine Fülle von Fachliteratur. Darauf gehen wir in diesem Handbuch[13] nur insofern ein, als wir den ersten Schritt der Umsetzung – den Übergang in die operative Planung – näher beleuchten.

Wenn Sie die Umsetzung einer neuen Strategie planen, stellen sich Ihnen folgende Schüsselfragen:

> Wie erreichen wir unsere strategischen Ziele?
> Welche konkreten Ziele leiten sich aus unseren strategischen Zielen ab?
> Wie kommunizieren wir die neue Strategie intern und nach aussen?

---

[13] Ein Anschlussband zum Thema «Gestaltung der Veränderung» ist geplant.

10.1 Umsetzungsverantwortung, Controllingphilosophie und Scorecards

Strategie in überprüfbare Ziele umsetzen

Was gemessen und überprüft wird, wird in der Regel auch gemacht. Ziele schaffen eine gemeinsame Verständigungsgrundlage für zukunftsgerichtetes Handeln und bündeln die Aufmerksamkeit einer Organisation in eine bestimmte Richtung. Deshalb ist es Aufgabe der Führungskräfte, die neue Strategie in konkrete Ziele zu «übersetzen» (strategische Ziele, Bereichsziele, Prozessziele, Jahresziele im Rahmen eines Management-by-Objective-Prozesses). Dies erfolgt schrittweise auf verschiedenen Ebenen, bis als Endergebnis ganz konkrete Kennzahlen/Messgrössen und Zielwerte (Key Performance Indicators) vorliegen.

Controllingverantwortung der Führungskräfte

Die Führungskräfte nehmen damit ihre Controllingverantwortung war. Controlling heisst Planung, Zielbestimmung und Steuerung und leitet sich aus der Führungsverantwortung ab, Resultate zu erreichen. Die Resultats- und damit die Controllingverantwortung liegen allein bei den Führungskräften (vgl. Rüegg-Stürm 2002).

Ziele «SMART» formulieren

Da die Führungskräfte an der Zielerreichung gemessen werden, ist es wichtig, Ziele (auf verschiedenen Ebenen) so zu formulieren, dass sie überprüfbar werden. Sowohl strategische Ziele als auch Jahresziele müssen in irgendeiner Form messbar sein, denn Ziele sind nichts anderes als vorweggenommene Resultate. In der Praxis hat sich als «Eselsbrücke» das SMART-Prinzip bewährt:

- **S** schriftlich fixiert
- **M** messbar/quantitativ
- **A** attraktiv und aktionsorientiert, anschlussfähig
- **R** realistisch
- **T** terminiert

Besonders bei qualitativen Zielen – die oft nicht direkt gemessen werden können – ist es wichtig, Indikatoren zu bestimmen. Wie soll z. B. eine bessere Qualität der Dienstleistungen oder eine höhere Zufriedenheit der Klientinnen erfasst werden? In einem solchen Fall werden Indikatoren festgelegt, die das Ziel annäherungsweise erfassen helfen. Diese Indikatoren werden in konkrete Messgrössen übersetzt. Bei der Balanced Scorecard spricht man in diesem Fall von Leistungstreibern, die einen ursächlichen Einfluss auf die Qualität, die Zufriedenheit der Kundschaft oder die Prozessqualität haben.

Wenige Kennzahlen, dafür aktuell halten

Messgrössen bzw. Kennzahlen machen Ziele also überprüfbar. Für jedes strategische Ziel soll mindestens eine Kennzahl definiert werden. Insgesamt sollen aber nicht mehr als zwanzig Kennzahlen verwendet werden, da der Messaufwand ansonsten zu gross würde. Die Sollwerte und die Periodizität zur Überprüfung sind ebenfalls festzulegen. Der periodische Soll-Ist-Vergleich zwischen Zielwert und aktuellem Messwert zeigt den Führungskräften den Grad der Strategieumsetzung.

Wichtig ist auch, dass Ziele immer verantwortungsgerecht sind, d. h. dass die Führungskraft die Zielerreichung in hohem Masse beeinflussen kann. Die Diskussion über das Messen ist übrigens häufig ebenso bedeutsam wie der Austausch über die Messresultate. Qualitätsvorstellungen werden dadurch transparent und verhandelbar gemacht. Wenn sich die Beteiligten über die Art der Zielmessung und die Messgrössen einig sind, stimmen sie in der Regel auch über die Zielinhalte überein.

Fallbeispiel: Strategische Ziele einer Umweltorganisation

Eine Umweltorganisation möchte sich neu als die kompetente Organisation im Bereich Energiesparen in der deutschsprachigen Schweiz positionieren. Sie führt drei verschiedene strategische Geschäftseinheiten: Beratung von Unternehmen und Organisationen, Beratung von Privatpersonen und Haushalten sowie Grundlagen und Lobbyarbeit. Als strategisches Ziel für die Gesamtorganisation definiert sie folgendes: «Wir wollen bis 2010 einen Bekanntheitsgrad von 20% in der deutschsprachigen Schweiz erreichen.» Der Grad der Zielerreichung soll mit einer Umfrage, die bei einem grossen Marktforschungsinstitut angehängt werden kann, gemessen werden. Die SGE Beratung von Unternehmen und Organisationen definiert in der Folge für ihren Bereich das strategische Ziel, «den Anteil von Beratungen von Unternehmen/Organisationen um 10 Prozent bis ins Jahr 2010 zu erhöhen». Die SGE Beratung Private definiert als strategisches Ziel, «die Erstkontakte via Internetplattform bis 2010 zu verdoppeln» und «ein neues Büro in Bern aufzubauen».

In der Praxis haben sich verschiedene Scorecard-Modelle zur Umsetzung strategischer Ziele in die operative Planung bewährt, z. B. die Balanced Scorecard. Sie wird im Folgenden kurz vorgestellt.

10.2 Instrumente

Balanced Scorecard (BSC)

BSC ist ein Führungs- und Controllinginstrument, welches die Ausrichtung der Organisation auf ihre Vision und ihr strategisches Ziel steuert. Sie übersetzt die Strategie in konkrete Ziele und dazugehörige Messgrössen. Dabei werden gleichzeitig die Interessen der externen Anspruchsgruppen berücksichtigt wie auch interne Erfordernisse für Geschäftsprozesse, Innovationen, Lernfähigkeit und Wachstum. Das Feedback aus den Messgrössen dient dazu, die Lernprozesse der Organisation zu überprüfen und neue Lernprozesse zu initiieren.

Die klassische BSC unterscheidet vier verschiedene Perspektiven. Bei Bedarf können die Perspektiven auch angepasst werden:

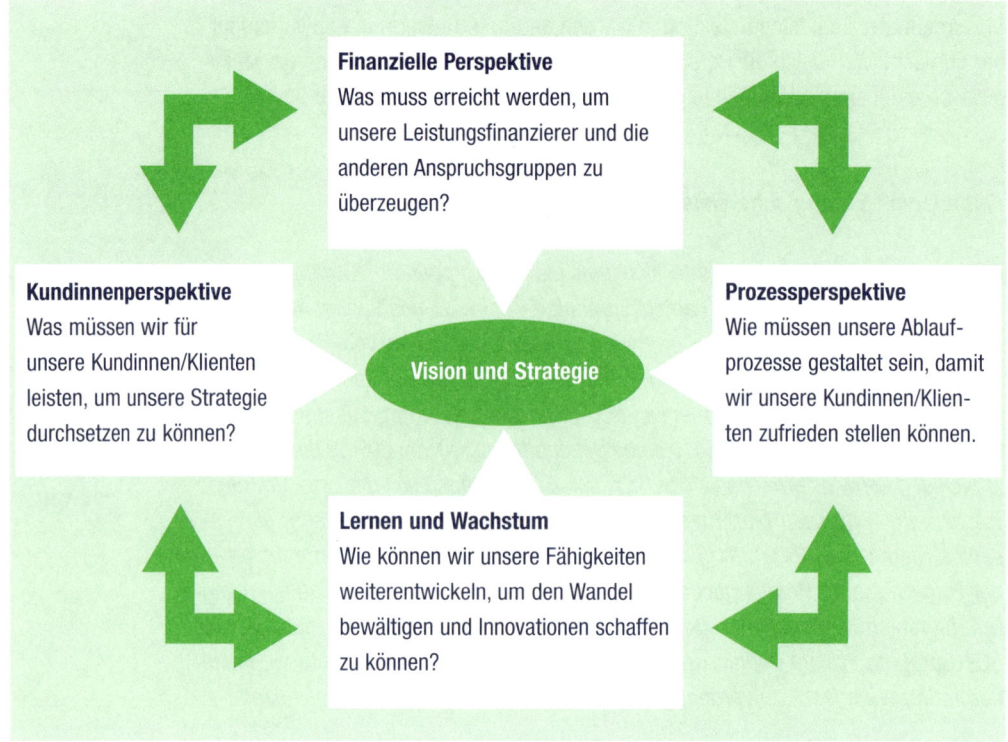

Abb. 59: *Aufbau einer Balanced Scorcard (in Anlehnung an Kaplan/Norton 1997)*

Vorgehen bei der BSC

Wie gehen Sie als Führungskraft vor, um eine Balanced Scorecard zu erarbeiten? In einem ersten Schritt leiten Sie für jede Perspektive aus der Vision und der Gesamtstrategie Ziele ab, setzen sie zueinander in Beziehung und fragen sich, wie sie sich gegenseitig beeinflussen. In einem zweiten Schritt bestimmen Sie die zentralen Treiber: Welche Faktoren sind für die Zielreichung pro Perspektive ausschlaggebend (z. B. Qualität der Beziehungen zu den Kunden/Klientinnen oder Qualifikation der Mitarbeitenden)? Die Treiber ihrerseits werden in Messgrössen übersetzt. Schliesslich bestimmen Sie die Aktivitäten, deren Umsetzung zur Zielerreichung führen.

Die BSC ist Aufgabe der obersten Führung. Ihr Gelingen hängt massgeblich von der Fokussierung auf das Wesentliche ab. Um die BSC übersichtlich und umsetzbar zu gestalten, sollte pro Perspektive nur eine kleine Anzahl (max. 5) Ziele, Treiber und Messgrössen abgeleitet werden. In die Entstehung sind möglichst viele Mitarbeitende einzubeziehen, denn oftmals sind die Diskussionen, welche zur Bestimmung der Kennzahlen führen, wichtiger als die Kennzahlen selber.

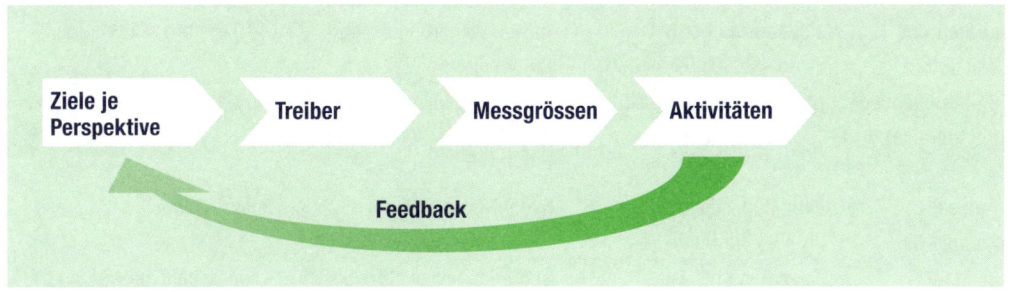

Abb. 60: Arbeitslogik der Balanced Scorecard

Fallbeispiel: Drogentherapiestation Kirchhof

Die Drogentherapiestation Kirchhof hat sich entschieden, ein neues Standbein aufzubauen. Neben der traditionellen Drogentherapie sollen Angebote der Schadensminderung geschaffen werden, die sich an jene Klientinnen und Klienten richten, welche abstinenzorientierte Therapien nicht durchzustehen vermögen.

Strategie
Ausweitung der Drogentherapiestation in ein Zentrum für ganzheitliche Suchtarbeit (Therapie und Schadensminderung) und entsprechende Neupositionierung

Langfristiges Ziel
> Leistungsverträge mit den regionalen Verwaltungsbehören anpassen

Kurzfristige Ziele:
> Konzept für den Aufbau der neuen Angebote
> Konzept für die Finanzierung der neuen Angebot

Perspektive	Treiber	Messgrössen	Zielwerte
Finanzielle Perspektive	Betreuungsverhältnis	Verhältnis Betreute / Mitarbeitende	Max. 1:1
	Grösse der Einrichtung	Umsatz	Plus 10% pro Jahr
	Erschliessung von Finanzierungsquellen	Finanzmittelzufluss	Plus 200 000 pro Jahr
KlientInnen-Perspektive	Neuaufnahmen insgesamt	Anzahl Neuaufnahmen pro Monat	Plus 20%
	Interesse für Angebote Schadensminderung	Anzahl Fallführungen Schadensminderung	25 Fälle pro Jahr
	Zufriedenheit der Klientinnen und Klienten	Zufriedenheitsskala 1 bis 6	Durchschnittsbewertung 5

Lernen und Wachstum (Mitarbeitenden-Perspektive)	Kompetenzen der MA in Schadensminderung	Anzahl Weiterbildungstage pro Mitarbeitende	10 Tage pro MA pro Jahr
	Optimale Stellenbesetzung	Grad der Erfüllung des Kompetenzenprofils durch MA	80% Übereinstimmung
Prozess-Perspektive	Bearbeitungsdauer von Anträgen auf Aufnahme	Anzahl Tage	max. 7 Tage
	Zusammenarbeit mit einweisenden Stellen	Zufriedenheitsskala 1 bis 6	Durchschnittsbewertung 5 der einweisenden Stellen

Abb. 61: *Die Balanced Scorecard am Beispiel der Drogentherapiestation Kirchhof (in Anlehnung an Bätscher/Ermatinger 2004, S. 120)*

Die BSC zeigt hier die Übersetzung der neuen Strategie in konkrete überprüfbare Ziele und dient als Steuerungsinstrument auf oberster Ebene, um die neue Strategie tatsächlich umzusetzen.

Businessplan (Geschäftsplan)

Der Businessplan ist ein geeignetes Instrument, um die neue Strategie gegen aussen und innen überzeugend zu kommunizieren. Mit ihm können Sie die bisherige und zukünftige Entwicklung Ihrer Organisation in umfassender und einheitlicher Art darstellen. Der Businessplan wird an Kooperationspartner, Leistungsfinanziererinnen, Auftraggeber, den Stiftungsrat oder Vereinsvorstand sowie an neue Führungskräfte abgegeben. In der Organisation selbst dient der Businessplan als Richtschnur für das Handeln in den nächsten drei bis fünf Jahren.

Auslöser für die Erarbeitung eines Businessplans können neben dem Abschluss des Strategieentwicklungsprozesses auch die Gründung einer neuen Organisation sein, die Überprüfung der Machbarkeit eines neuen Projektes, Kooperationen oder Zusammenschlüsse sowie Restrukturierungen.

Bestandteile eines Businessplans

Schlüsselelemente des Businessplans sind die Geschäftsidee, das Team und die Finanzierung. In der Regel enthält der Businessplan folgende Teile[14]:

> **Executive Summary / Zusammenfassung:**
> Geschäftsidee, Leistungen, wichtigste Projekte der nächsten 3 bis 5 Jahre, Finanzbedarf (kurz und knapp!).

---

[14] Unter www.gruenden.ch finden sich detaillierte Informationen zum Businessplan, u. a. auch eine bearbeitbare Vorlage.

> **Organisation – Wir stellen uns vor**
> Geschichte der Organisation, Organisationskultur, Rechtsform, Stärken und Schwächen, geplante Entwicklungsschritte.
> **Dienstleistungen – Was bieten wir an?**
> Beschreibung der Dienstleistungen, Qualitätsniveau, Menge, Weiterentwicklung.
> **Märkte – Wer sind unsere Kundinnen?**
> Kunden/Klientinnen und ihre Bedürfnisse, Marktstellung, Zielgruppen, Marktanteile, Markttrends.
> **Mitanbietende – Wer arbeitet im selben Markt?**
> Leistungen der Mitanbietenden, ihre Stärken und Schwächen, ihre Marktstellung, ihre Strategien.
> **Marketing – Wie erreichen wir unsere Kundinnen bzw. Klienten?**
> Preisgestaltung, Kommunikation, Distribution.
> **Geschäftsprozesse – Wie stellen wir unsere Leistung her?**
> Kernkompetenzen, Wertschöpfung, Standort und Infrastruktur, Know-how und Technologie, Kooperationen, Administration, Kostenstruktur.
> **Management – Wer setzt den Businessplan um?**
> Schlüsselpersonen, Organigramm, externe Fachpersonen.
> **Risiken – Was könnte unseren Plan gefährden?**
> Interne und externe Risiken.
> **Finanzen – Wie finanzieren wir uns in Zukunft?**
> Fünfjahresplan der Leistungen, Kosten, Investitionen; Gewinn- und Verlustrechnung, Mittelflussrechnung, Projektplan mit Meilensteinen.

Der zu wählende Detaillierungsgrad des Businessplans hängt von den Adressaten und Adressatinnen und deren Interessen, der Grösse der Organisation und der Komplexität der Tätigkeiten ab. Es empfiehlt sich, Aufwand und Nutzen einander gegenüberzustellen und die 80/20-Regel[15] einzuhalten. Zentral ist es, sich in die jeweiligen Adressaten hineinzuversetzen und sich zu fragen, was diese am Businessplan speziell interessiert, also deren kritische Fragen bereits vorwegzunehmen. Ihnen als Führungskraft muss klar sein, dass Sie zukünftig an den Angaben des Businessplans gemessen werden.

Aufwand und Nutzen bei der Erstellung eines Businessplans

Für die Kapazitätsplanung und die Planung der Auslastung werden mit Vorteil eine Best-Case- sowie eine Worst-Case-Planung durchgeführt. Dabei ist zu berücksichtigen, dass sich aufgrund der Erfahrungskurveneffekte, geplanter Rationalisierungsmassnahmen, geplanter Personalentwicklungspläne sowie geplanter Investitionen die Kapazitätenplanung entsprechend verändern kann. Bei der Kostenplanung ist ein besonderes Augenmerk auf die grossen Kostenblöcke (häufig Personalkosten) zu richten. Sie sind jeweils kritisch zu hinterfragen. Beispielsweise kann eine

---

[15] Die 80/20-Regel (Paretoprinzip) beruht auf Erfahrungswerten und besagt, dass 80 Prozent eines bestimmten Resultates mit 20 Prozent des Aufwandes erreichbar sind. Umgekehrt werden für die letzten 20 Prozent der Zielerreichung (Perfektionierung) etwa 80 Prozent des Aufwandes benötigt.

Kinderkrippe mit drei Gruppen zu je zehn Kindern eine eigene Köchin einstellen und eine Küche einbauen. Wenn in unmittelbarer Nähe der Kinderkrippe jedoch ein Hotel oder eine Kantine einer grösseren Organisation angesiedelt ist, kann ein externer Bezug der Verpflegung viel kostengünstiger sein.

Fallbeispiel: Businessplan für einen Waldkindergarten

Engagierte Eltern wünschen sich in ihrer Gemeinde einen Waldkindergarten und gründen deshalb eine Projektgruppe. In einem ersten Schritt führen sie eine eingehende Analyse des Umfeldes durch: Welche Erfahrungen wurden in bereits bestehenden Waldkindergärten gemacht? Welches ist der Bedarf aus Sicht der Gemeinde? Welche Bedürfnisse haben Eltern und Kinder?

Aufbauend auf den Resultaten der Analyse, erarbeitet die Projektgruppe einen Businessplan. Dieses Instrument hilft der Gruppe, ihre Idee so weit zu konkretisieren, dass sie in der Praxis umgesetzt werden kann. Gleichzeitig dient der Businessplan als Informations- und Legitimationsinstrument. Die zuständigen Behörden und Geldgeber werden ausführlich über die Machbarkeit und Finanzierbarkeit des Projektes, über seine Chancen und Risiken informiert, so dass sie in der Lage sind, über den Antrag der Projektgruppe zu entscheiden. Ausserdem vermittelt der Businessplan die Kompetenzen der Projektgruppe und wirkt auf die Behörden überzeugend.

(In Anlehnung an Nägeli, 2004)

Projektmanagement

In vielen Fällen wird es sinnvoll sein, die durch die Strategieentwicklung notwendigen organisationalen Veränderungen in bearbeitbare Teilprojekte aufzuteilen und mit den Methoden des Projektmanagements zu bearbeiten (vgl. Fahrni/Hartschen/Blauenstein 2004, S. 155 ff.). So kann beispielsweise die durch die Neupositionierung notwendige Zusammenlegung der zwei Büros einer kulturellen Organisation an einem Standort als Projekt definiert werden.

Projekte sind einmalig

Grundsätzlich dient ein Projekt dazu, einen Anfangszustand in einen neuen Zustand umzugestalten. Ein Projekt ist also mittels definierten Anfangs und Endes zeitlich begrenzt und unterscheidet sich von der Alltagsarbeit durch seine Einmaligkeit. Es ist mit einem gewissen Risiko behaftet, denn ob ein Projekt gelingt, ist zu Beginn unsicher.

Wichtig ist, dass Sie:
> klare Ziele definieren (was genau wollen wir erreichen?),
> klare Rahmenbedingungen und Ressourcen festlegen (in welchem Zeitraum wollen wir das Ziel erreichen? Mit welchen personellen und finanziellen Mitteln wollen wir es erreichen?),
> eine projektspezifische Organisation installieren und
> das Projekt gegenüber andern Vorhaben abgrenzen.

Das Projektmanagement stellt durch Massnahmen der Planung, Kontrolle, Koordination und Steuerung sicher, dass die vereinbarten Ziele erreicht werden. Zu den Aufgaben gehören u. a.:
> das zu bearbeitende Problem abzugrenzen,
> Aufgaben, Kompetenzen und Verantwortung den beteiligten Personen zuzuteilen,
> die Entscheidungsprozesse zu organisieren,
> die getroffenen Entscheide durchzusetzen,
> die Termine und Kosten zu planen,
> die nötigen Ressourcen zur Verfügung zu stellen,
> das Projektteam zu führen
> die Mitarbeitenden zu informieren.

Abb. 62: *Inhalte des Projektmanagements (vgl. Fahrni/Hartschen/Blauenstein 2004, S. 157)*

Projektorganisation
Die Projektorganisation setzt sich in der Regel aus dem Lenkungsausschuss, der Projektleitung und dem Projektteam zusammen. Wenn das notwendige Projektmanagement-Know-how in Ihrer Organisation nicht abrufbar ist, empfiehlt es sich, eine externe Fachberatung beizuziehen.

Projektorganisation festlegen

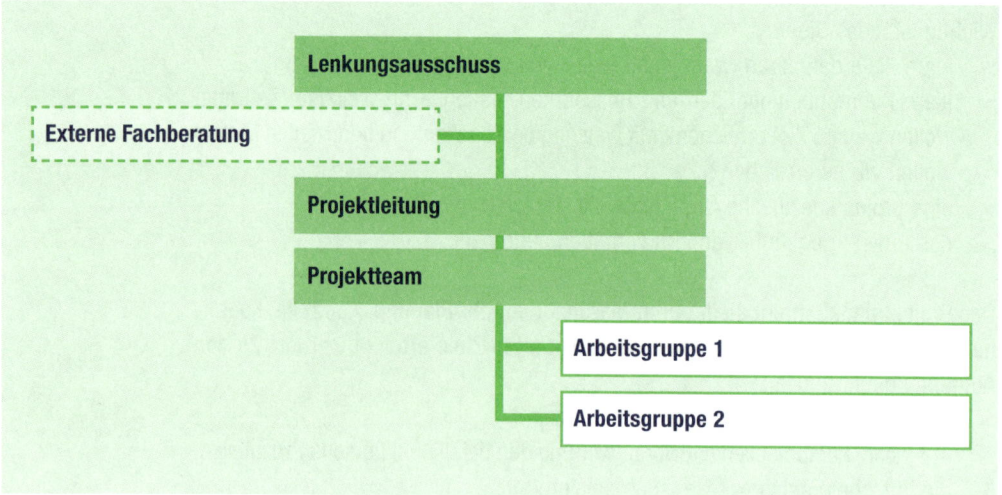

Abb. 63: Projektorganisation

Wenn Sie eine Projektorganisation bilden, gilt es Folgendes zu beachten:

Lenkungsausschuss:
Der Lenkungsausschuss bearbeitet die strategisch relevanten Fragen und:
> initiiert das Projekt,
> ernennt die Projektleitung und das Projektteam,
> legt die Ziele und Rahmenbedingungen des Projekts fest und
> genehmigt die Umsetzung des Projekts.

Deshalb ist es wichtig, dass im Lenkungsausschuss sowohl die Geschäftsleitung als auch die Auftraggebenden (Vorstandsmitglieder, Stiftungsratsmitglieder, Exekutivmitglieder von Gemeinden etc.) vertreten sind.

Projektleitung:
Die Projektleiterin oder der Projektleiter:
> erarbeitet den Projektplan,
> steuert dessen Umsetzung, indem sie/er die Aufgaben und Verantwortungen den Beteiligten zuweist,
> bindet alle Betroffenen ein,
> fördert die Teamkultur und das Engagement der Beteiligten,
> kontrolliert die Einhaltung der Termine und der finanziellen Vorgaben und leitet nötigenfalls Korrekturen ein.

Projektteam:
Im Projektteam sind alle vom Veränderungsvorhaben betroffenen Organisationsbereiche vertreten. Die Anzahl der Mitglieder hängt von der Grösse der Organisation ab, sollte 7 Personen aber nicht überschreiten. Das Projektteam:
> unterstützt die Projektleitung in der Erarbeitung des Projektplans und in der Projektkontrolle,
> setzt die ihm zugewiesenen Aufgaben um.

Bei grossen Projekten ist es empfehlenswert, verschiedene thematische oder bereichsbezogene Arbeitsgruppen zu bilden, welche das Projektteam in seiner Arbeit unterstützen.

Externe Fachberatung:
Falls nötig, ziehen Sie eine externe Fachberatung bei, welche:
> den Lenkungsausschuss und die Projektleitung berät,
> das Projektteam schult und
> das Projektteam in seiner Entwicklungs- und Umsetzungsarbeit fachlich unterstützt.

Projektplanung
Die Planung hat den Zweck, die Projektziele, Tätigkeiten, Termine und Ressourcen aufeinander abzustimmen und den Prozess zu steuern. Dazu müssen Sie:
> die verschiedenen Projektphasen bestimmen,
> alle durchzuführenden Tätigkeiten ermitteln und den verschiedenen Projektphasen zuordnen,
> die für die jeweiligen Aufgaben verantwortlichen Personen bestimmen,
> die notwendigen personellen und finanziellen Ressourcen einschätzen und
> Feedback- und Reportingschleifen einplanen, um den Prozess optimal zu steuern und laufend anzupassen.

Klare, aber anpassungsfähige Projektplanung

Zusammenfassung

> Nach Abschluss des Strategieentwicklungsprozesses folgt der ebenso wichtige Strategieumsetzungsprozess. In einem ersten Schritt der Umsetzung werden die strategischen Ziele auf konkrete, mess- und überprüfbare Schritte heruntergebrochen. Ausserdem gilt es, die zur Zielerreichung notwendigen Veränderungsprojekte zu bestimmen und zu organisieren.

> Mit der Balanced Scorecard lässt sich eine Strategie in konkrete Ziele und Messgrössen umsetzen. Neben der finanziellen Perspektive wird dabei auch die Perspektive der Kundschaft, der Mitarbeitenden und der Prozesse beachtet. Die kontinuierliche Erhebung und Überprüfung der Messgrössen gibt Führungskräften Auskunft, inwiefern die angestrebte Strategie bereits Wirklichkeit geworden ist.

> Das Instrument des Businessplans dient dazu, die Strategie der Gesamtorganisation, die Funktional- und/oder Prozessstrategien sowie die Finanzierung der neuen Strategie gegen innen und gegen aussen knapp und verständlich darzustellen.

> Mit den Methoden des Projektmanagements lassen sich die Veränderungsprojekte planen, organisieren und durchführen, welche für die Strategieumsetzung notwendig sind. Es braucht eine passende Projektorganisation und eine detaillierte Projektplanung.

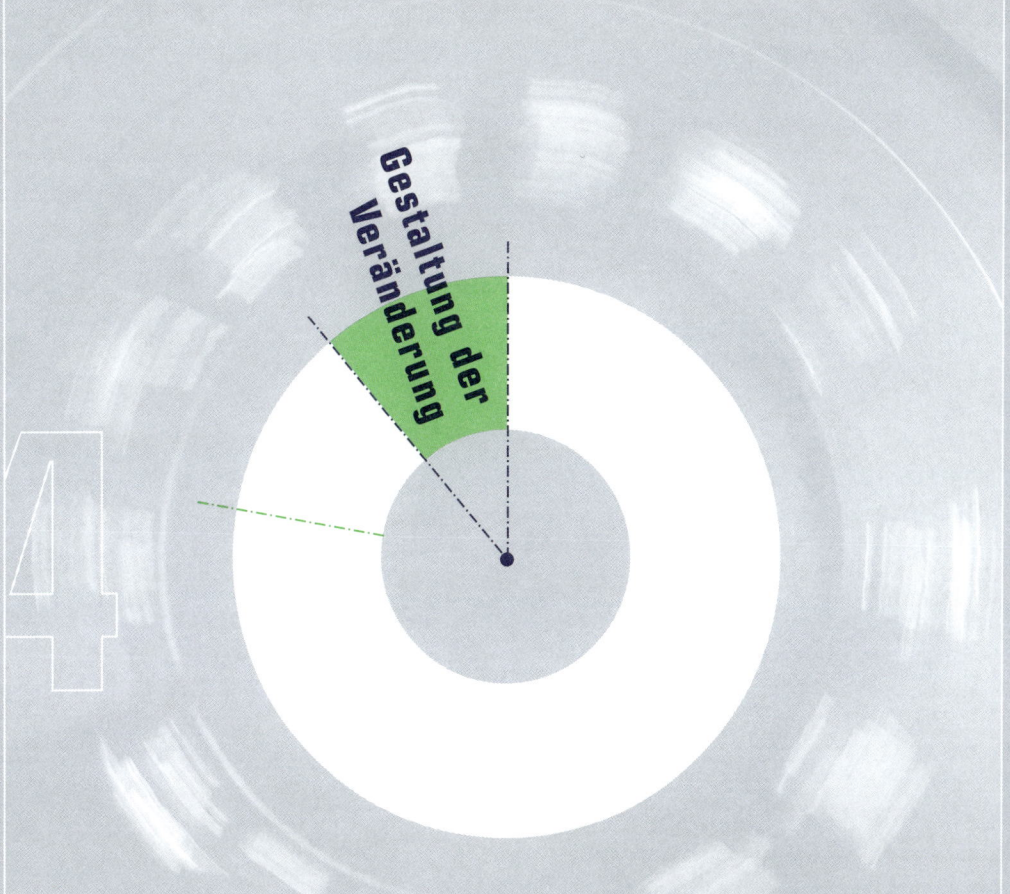

Wie soll die zukünftige Entwicklung gestaltet werden? In dieser Phase stehen die verschiedenen aufgrund der neuen Strategie notwendigen Veränderungsprozess und -projekte im Mittelpunkt. Dabei geht es darum, eine geeignete Dramaturgie des Wandels zu planen und umzusetzen. Sie entwerfen eine Projektlandschaft, priorisieren die wichtigsten Projekte, entscheiden, welche Prozesse zuerst verbessert werden müssen, wie die verschiedenen Massnahmen oder Projekte zeitlich zu staffeln sind, wer daran wie intensiv beteiligt sein wird und welche Rahmenbedingungen es braucht, um die neue Strategie gelebte Wirklichkeit werden zu lassen.

All diese Fragen sowie die Gestaltung von dauerhaften Lernprozessen und der Umgang mit Widerständen bei Veränderungen werden im Anschlussband diskutiert werden.

Teil 5 Evaluation

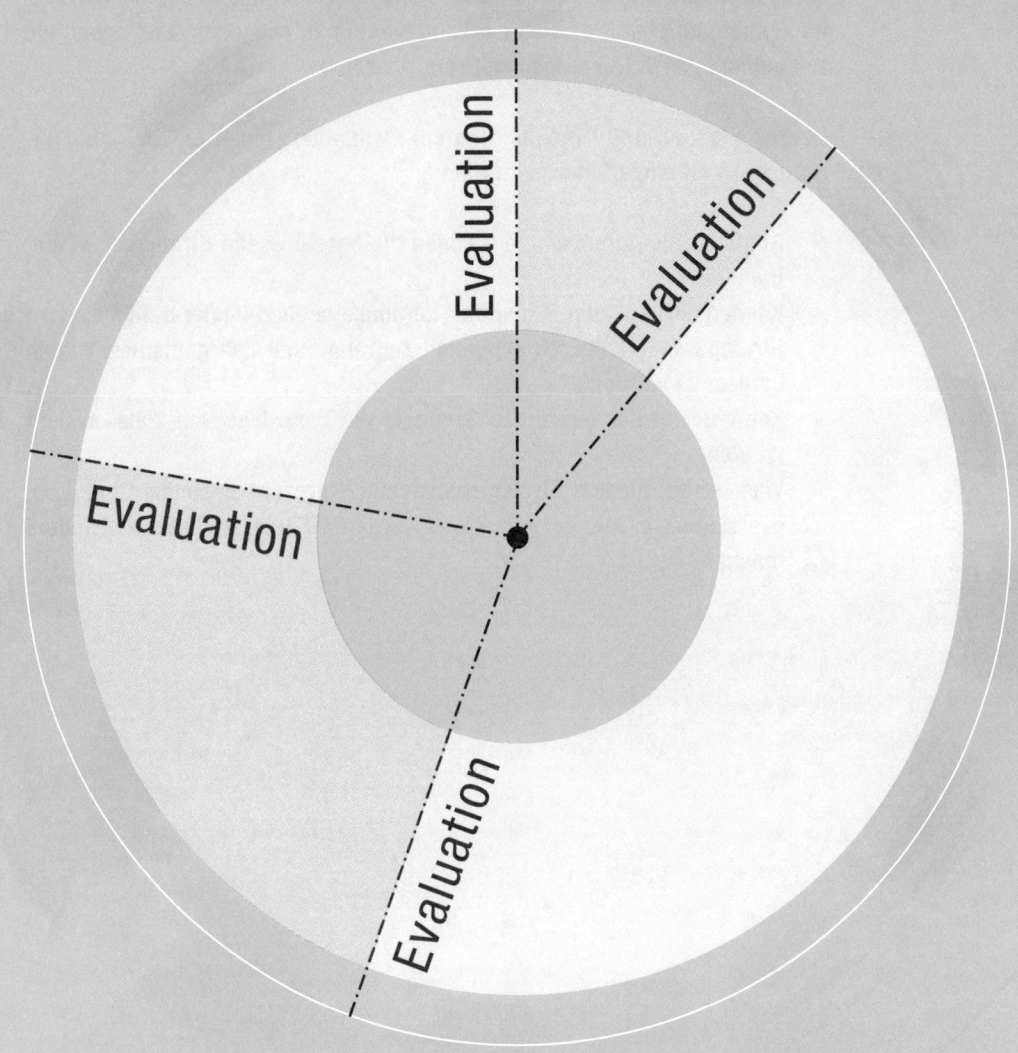

11 Laufende Evaluation

Häufig wird mit der Evaluation erst nach der Umsetzung der geplanten Massnahmen begonnen. Zu diesem Zeitpunkt liegen einerseits viele Daten vor, was die Auswertung vereinfacht. Andererseits können aufgedeckte Fehler oder Fehlentwicklungen kaum mehr oder nur mit grossem Aufwand und gegen grossen Widerstand korrigiert werden. Um möglichst früh steuernd eingreifen zu können, empfiehlt es sich deshalb, laufend zu evaluieren und schon die erste Phase, die Initiierungsphase, auszuwerten.

Bei der Planung und Durchführung der Evaluation stellen Sie sich als Führungskraft folgende Schlüsselfragen:

> Stimmen die Annahmen, auf denen die beschlossene Strategie aufbaut, immer noch?
> Können die geplanten Aktivitäten zur Implementierung der beschlossenen Strategie innerhalb des geplanten Zeitraums mit den geplanten Mitteln umgesetzt werden?
> Konnten mit der gewählten Strategie die beabsichtigten Ziele erreicht werden?
> Was ist bei diesem Strategieentwicklungsprozess besonders gut bzw. besonders schlecht gelaufen? Was würden wir beim nächsten Mal anders machen?

11.1 Evaluieren, messen, kontrollieren

Evaluation und Controlling werden häufig synonym verwendet. Beide dienen der Steuerung der Aktivitäten einer Organisation. Sie bestehen vereinfacht gesagt in Soll-Ist-Vergleichen. Controlling fokussiert mehr auf die quantitativen Soll-Ist-Vergleiche (siehe auch S.166 ff.), während Evaluation häufig auch qualitative Soll-Ist-Vergleiche beinhaltet. Um diese Vergleich durchführen zu können, müssen für jede Phase der Strategieentwicklung und für jeden Phasenschritt Ziele definiert werden. Dabei können sowohl klare Messgrössen festgelegt werden (z. B. der Zeitrahmen für die Analysephase, die zeitlichen Ressourcen der Beteiligten, der Kostenrahmen für die externe Begleitung etc.) oder wie bei der Balanced Scorecard (siehe S. 167 ff.) zunächst nach den wichtigsten Treibern für die Zielerreichung in dieser Phase gesucht werden. Es können aber auch Reflexionsschleifen bewusst eingebaut werden, in denen der jeweilige Phasenschritt im Rückblick kritisch beleuchtet wird, um für die nächsten Schritte zu lernen (z. B. Qualität der Zusammenarbeit, Informationsfluss, Umgang mit Konflikten, Verteilung der Arbeitsbelastung etc.). Sobald festgestellt wird, dass die Ist-Werte nicht den Soll-Werten entsprechen, muss die Organisationsleitung korrigierend eingreifen und die nötigen Verhaltensänderungen einleiten (vgl. Müller-Stewens/Lechner 2005, S. 694 ff.).

Reflexionsschleifen bewusst einbauen

Quantitative und qualitative Überprüfung des Strategieentwicklungsprozesses gehen Hand in Hand. Die Resultate der Messungen sind keine objektiven, wahren Grössen. Eine zusätzliche Bedeutung der Messgrössen liegt denn auch im kollektiv reflektierten Prozess der Performanceevaluation. Dieser löst innerhalb der Organisation gleichsam automatisch neue Strategiediskussionen aus, was das Nachdenken über die Zukunft intensiviert.

Mit der Festlegung der Messgrössen wird der Fokus der Veränderung festgelegt: «What you measure is what you get!» Die Messgrössen lenken den Blick der Mitarbeitenden in eine bestimmte Richtung und geben ihnen laufend Feedback zu ihren Leistungen und zu ihrem Beitrag zur Strategieumsetzung. Insofern sind sie eine wichtige Orientierungshilfe und machen die Strategie für alle (be)greifbar. Die Evaluation des eigentlichen Strategieentwicklungsprozesses soll dagegen einen Lernprozess bei den Beteiligten – meist obere Führung – auslösen und die weiteren Strategieentwicklungsprozesse verbessern.

Laufende Evaluation als Lernprozess

11.2 Instrumente

Prämissenkontrolle

Jeder Strategieentwicklungsprozess geht von bestimmten Prämissen (Szenarien, Annahmen zur Wertentwicklung oder Nachfrageentwicklung etc.) über die zukünftige Entwicklung aus. Im Laufe des ganzen Strategieentwicklungs- und Umsetzungsprozesses können sich die «Vorzeichen» verändern und getroffene Annahmen als falsch erweisen. Deshalb ist es wichtig, dass Sie die Prämissen stets schriftlich festhalten. Periodisch überprüfen Sie, ob die getroffenen Annahmen weiterhin Gültigkeit haben. Falls Sie Veränderungen beobachten, leiten Sie korrigierende Massnahmen ein.

Stimmen unsere Annahmen noch?

Gerade Prämissen, die in schnell sich wandelnden Bereichen getroffen werden, können sich plötzlich als falsch erweisen. Ein Hilfswerk erarbeitet beispielsweise aufgrund der prognostizierten hohen Erwerbslosigkeit ein neues Erwerbslosenprojekt. Schon während der Konzeptphase kann sich ein rascher als erwarteter konjunktureller Aufschwung ergeben, der die Finanzierung der Umsetzung des Projektes in Frage stellt. Werden die Zeichen für den konjunkturellen Aufschwung vom Hilfswerk nicht rechtzeitig wahrgenommen, wird es die Gelder für die Konzeptausarbeitung vergeblich ausgeben.

Durchführungskontrolle

Setzen wir das um, was wir vereinbart haben?

Bei der Durchführungskontrolle überprüfen Sie, ob und wie sich die geplanten Aktivitäten zur Implementierung der beabsichtigten Strategie umsetzen lassen. Werden die Massnahmen und Projekte im festgelegten Zeitraum und innerhalb des festgelegten Budgetrahmens durchgeführt? Gibt es Widerstände und wenn ja, weshalb? Sind die geplanten Aktivitäten überhaupt geeignet, um die Strategie zu implementieren?

Um diese Fragen zu beantworten, erarbeiten Sie zunächst geeignete messbare Indikatoren. Danach lassen Sie die Ist-Werte laufend erheben und mit den Soll-Werten (Planung) vergleichen. Ergeben sich Abweichungen, überprüfen Sie, ob und welche Korrekturmassnahmen zu ergreifen sind. Gleichzeitig können Sie periodisch eine Reflexion im Strategieteam durchführen, wo Sie einen kurzen qualitativen Rückblick, die Einschätzung der Beteiligten und den Anpassungsbedarf erfassen.

Fallbeispiel: Durchführungskontrolle der Neuausrichtung eines Treffpunktes für Erwerbslose

Aktivitäten SOLL	Aktivitäten IST	Zeitplan SOLL	Zeitplan IST	Mitteleinsatz SOLL	Mitteleinsatz IST
Entwicklung Gruppenangebot für stellensuchende Migrantinnen und Migranten	✓	1.6.06	1.9.06	5 Arbeitstage	8 Arbeitstage
Durchführung erstes Gruppentreffen	✓	1.9.06	21.9.06	1 Arbeitstag	1 Arbeitstag
Entwicklung eines Internetkurses für stellensuchende Migrantinnen und Migranten	✓	1.6.06	15.8.06	5 Arbeitstage	7 Arbeitstage
Durchführung des ersten Internetkurses		25.10.06			
Entwicklung eines Sozialkompetenztrainings für Langzeiterwerbslose	✓	1.6.06	20.9.06	10 Arbeitstage	10 Arbeitstage
Durchführung des ersten Sozialkompetenztrainings		9.11.06			

Abb. 64: Teil einer Durchführungskontrolle am Beispiel eines Treffpunkts für Erwerbslose

Wirksamkeitskontrolle

Erreichen wir unsere strategischen Ziele?

Bei der Wirksamkeitskontrolle geht es einerseits um die Frage, ob mit der gewählten Strategie die gesetzten strategischen Ziele erreicht werden konnten (Performance-Kontrolle). Andererseits wird überprüft, ob die Organisation überhaupt noch die richtigen Ziele verfolgt oder ob der Strategieprozess eine Eigendynamik entwickelt hat und die verfolgten Werte und Normen gar nicht mehr der Vision entsprechen (Normenkontrolle).

Bei der Performance-Kontrolle wird davon ausgegangen, dass die Aktivitäten von Non-Profit-Organisationen sowohl Einwirkungen (Impact) auf Klientinnen/Kunden als auch Auswirkungen auf das Umfeld (Outcome) haben. Die Einwirkungen sollen den Bedürfnissen (= Ziele) der Klienten/Kundinnen entsprechen, während die Auswirkungen mit den Zielen der Auftraggebenden (Bedarf) übereinzustimmen haben. Zur Überprüfung sind wiederum geeignete Messgrössen (Indikatoren) sowie die Soll-Werte zu bestimmen und mit den erhobenen Ist-Werten zu vergleichen. Geeignete Erhebungsverfahren sind nebst Messungen das Interview oder eine Fragenbogenumfrage (vgl. Schedler/Proeller 2003, S. 137 f.).

Fallbeispiel: Performance-Kontrolle der Heroinabgabe an Schwerstsüchtige

Ziele	Indikator
Bedürfnisse (Ziele) der KlientInnen	
> regelmässiger, sicherer Zugang zu Heroin von hoher Qualität	> Öffnungszeiten Heroinabgabe
> Stabilisierung der eigenen Lebenssituation	> Anzahl Rückfällige pro Anzahl Teilnehmende (Rückfallquote)
	> Anzahl Erwerbstätige pro Anzahl Teilnehmende
Ziele der Auftraggebenden	
> Verbesserung des Gesundheitszustands der Heroinabhängigen	> Anzahl Krankheitstage pro Jahr pro Teilnehmende
> Reduzierung der Beschaffungskriminalität	> Anzahl Anzeigen pro Jahr
> Erhöhung der Sicherheit im öffentlichen Raum	> Zufriedenheit der Stadtbewohnerinnen und -bewohner

Abb. 65: *Performance-Kontrolle am Beispiel der Heroinabgabe an Schwerstsüchtige*

Zusammenfassung

> Die einzelnen Schritte des Strategieentwicklungs- und Strategieumsetzungsprozesses werden laufend quantitativ und qualitativ evaluiert. Dadurch können Abweichungen von Beginn an festgestellt und sofort korrigiert werden.

> Die Prämissenkontrolle stellt während des gesamten Planungs- und Umsetzungsprozesses sicher, dass die Grundannahmen der Umwelt- und Organisationsanalysen laufend überprüft und neue Entwicklungen berücksichtigt werden. Bei der Durchführungskontrolle wird beleuchtet, inwieweit die geplanten Schritte zur Strategieimplementierung bereits umgesetzt wurden. Mit der Wirksamkeitskontrolle wird schliesslich überprüft, ob die gewünschten Ziele mit der Umsetzung der Strategie erreicht werden konnten.

Fallstudie und Ausblick

12 Fallstudie: Strategische Neupositionierung eines Treffpunkts für Erwerbslose

Von Christine Koradi Weber

12.1 Worum geht es?

Der Treffpunkt für Erwerbslose in B. gehört zusammen mit der Rechtsberatung und der Sozialberatung zu den kirchlichen Dienstleistungen im Erwerbslosenbereich. Im Treff finden Erwerbslose die notwendige Infrastruktur (Informationen, Computer, Kopierer etc.) für die selbständige Stellensuche. Bei Bedarf erhalten sie dort persönliche Unterstützung und Beratung durch die Mitarbeitenden. Vor allem Langzeiterwerbslose nützen den Treff wegen der regelmässigen Öffnungszeiten auch als Tagesstruktur.

Ausgangssituation

Infolge der Rezession haben sich innerhalb der letzten beiden Jahre die Zahlen der Benutzerinnen und Benutzer mehr als verdoppelt. Ein grosser Teil von ihnen sind beruflich schlecht qualifizierte Migranten und Langzeiterwerbslose. Gleichzeitig litt das Team unter einer grossen Fluktuation.

Vor diesem Hintergrund entschliesst sich die Leiterin der Dachorganisation der kirchlichen Dienstleistungen im Erwerbslosenbereich, einen Strategieentwicklungsprozess für die strategische Geschäftseinheit «Treffpunkt für Erwerbslose» zu initiieren.

12.2 Initiierung

Bevor der Strategieentwicklungsprozess im Team initiiert wird, erstellt die Leiterin des Treffpunkts einen Projektplan (siehe S. 188). Bei der Erstellung des Projektplans entscheidet sie über die Wahl der Instrumente, das Vorgehen in einzelnen Schritten, den zeitlichen Rahmen und den Miteinbezug des Teams. Der Projektplan hält demnach fest, wer was wann wie macht und zu welchen Resultaten die einzelnen Schritte führen sollen. Im Verlauf des Strategieentwicklungsprozesses dient der Projektplan als Orientierungshilfe: Zu Beginn des Prozesses wird dem Team der Projektplan erläutert, damit alle Beteiligten einen Gesamtüberblick zum bevorstehenden Prozess erhalten («Wohin wollen wir?»). Bei jedem neuen Schritt zeigt die Leiterin anhand des Projektplans auf, was bisher gemacht worden ist und was als Nächstes getan werden muss («Wo stehen wir?»). Der Projektplan und das gesamte Vorhaben werden an einer Teamsitzung besprochen. Dies ist der eigentliche Startpunkt des Strategieentwicklungsprozesses.

Grober Projektplan als Orientierungshilfe

Projektplan

Phase	Instrument	Vorgehen	Zuständigkeit	Resultate	Zeitplan
Aussensicht: Analyse der weiteren Umwelt	STEP-Analyse (siehe. S. 65 ff.)	Vorbereitung erster Workshop	Leiterin	Relevante Umfelder der strategischen Geschäftseinheit Erwerbslosentreff	Bis 21.1.2006
		Erster Workshop	Team	Chancen-Risiken-Profil des Erwerbslosentreffs	Am 21.1.2006
Innensicht: Organisationsanalyse	Stärken-Schwächen-Profil (siehe S. 111 ff.)	Vorbereitung zweiter Workshop	Leiterin	Checkliste der zu bewertenden Faktoren	Bis 25.2.2006
		Zweiter Workshop	Team	Stärken-Schwächen-Profil des Erwerbslosentreffs	Am 25.2.2006
	Eskalationstreppe zur Beurteilung von Fähigkeiten (siehe S. 109 f.)	Nachbereitung zweiter Workshop	Leiterin	Kernkompetenzen des Erwerbslosentreffs	Bis 24.3.2006
Aussensicht: Analyse des nahen Umfeldes	Marktsegmentierung und Zielgruppendefinition (siehe S. 83 ff.)	Vorbereitung dritter Workshop	Leiterin	Ist-Positionierung des Erwerbslosenteffs	Bis 24.3.2006
Integrierte Betrachtungsweise	SWOT-Analyse (siehe S. 116 ff.)	Vorbereitung dritter Workshop	Leiterin	SWOT-Analyse	Bis 24.3.2006
Formulierung konkreter Strategien	Produkt-Markt-Strategien (siehe S. 157 ff.)	Dritter Workshop	Team	Positionierung bezüglich Mitanbietern, Zielgruppe und Angebot	Am 24.3.2006
		Nachbereitung dritter Workshop	Leiterin	Einverständnis der Trägerschaft	Bis 7.4.2006
Planung der Umsetzung	Massnahmenplan	Reguläre Teamsitzung	Team	Massnahmen zur Umsetzung der neuen Strategie	Am 7.4.2006

Abb. 66: *Projektplan zur strategischen Neupositionierung eines Treffpunkts für Erwerbslose*

Da zu Beginn des Prozesses die Beteiligten kaum mit den Fachbegriffen und den einzelnen Instrumenten des Strategischen Managements vertraut sind, erarbeitet die Leiterin als gemeinsamen Bezugsrahmen ein einfaches Modell, welches gemeinsam diskutiert wird.

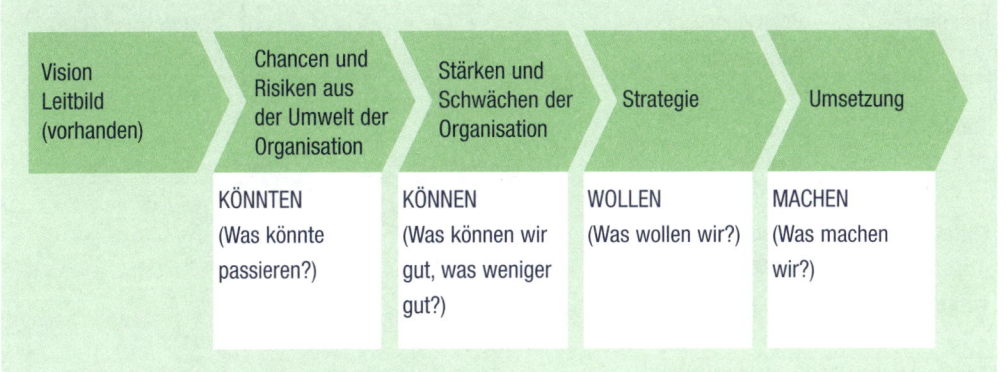

Abb. 67: Einfaches Modell des Strategieentwicklungsprozesses

Bezugsrahmen des Strategieentwicklungsprozesses

Die Leiterin entscheidet sich, das gesamte Team, bestehend aus Sozialarbeitern, Juristinnen und Sekretariatsmitarbeitern (insgesamt acht Personen), in den Strategieentwicklungsprozess einzubeziehen. Alle Teammitglieder haben in verschiedener Weise eine Funktion gegenüber dem Treffpunkt (Zuweisung von Klient/innen, Empfang etc.) und damit ein Interesse an dessen gutem Funktionieren. Der breite Beteiligungsgrad bietet folgende Vorteile: Motivation durch Miteinbezug, Akzeptanz gegenüber Neuerungen, die in der Praxis von allen mitgetragen werden müssen, und mehr Innovation dank heterogenen und interdisziplinären Sichtweisen.

Eckpunkte des Strategieentwicklungsprozesses

Initiative, Energie und Interesse lassen nach, wenn sich ein Prozess über lange Zeit erstreckt. Es lohnt sich, das Timing relativ knapp zu bemessen, damit für die Beteiligten konkrete Resultate ihrer Bemühungen rasch ersichtlich werden. Durch die analytische Auseinandersetzung, durch Diskussion und Zusammenarbeit im Team entstehen Motivation und Innovationsbereitschaft, was auch für die anschliessende Umsetzungs- und Realisierungsphase wichtig ist. Zwischen Initiierung und Umsetzung soll deshalb möglichst wenig Zeit liegen. Angesichts hoher Fallbelastung ist es ausserdem sinnvoll, sehr sorgfältig mit den knappen Zeitressourcen umzugehen. Diese Überlegungen der Leiterin führen zu folgendem Bezugsrahmen:

Ort	Kontext	rigid	offen
	Verantwortlichkeit	zentral	dezentral
	Einflussrichtung	top-down	bottom-up
Beteiligte	Beteiligungsgrad	elitär	breit gestreut
	Perspektivenmix	homogen	heterogen
	Fähigkeitenmix	monodisziplinär	interdisziplinär
Timing	Dauer	kurz	lang
	Auslöser	terminorientiert	ereignisorientiert
	Horizont	kurzfristig	langfristig
Mittel	Ressourceneinsatz	gering	hoch
	Methodeneinsatz	spärlich	reichhaltig
Vorgehen	Arbeitsweise	analytisch	intuitiv
	Strukturierungsgrad	fein	grob
Zusammenarbeit	Konfliktintensität	niedrig	hoch
	Entscheidungsform	patriarchalisch	demokratisch
	Transparenz	gering	hoch

Abb. 68: *Bezugsrahmen des Strategieentwicklungsprozesses des Treffpunkts für Erwerbslose*

Der Strategieentwicklungsprozess soll innerhalb von drei Monaten durchgeführt werden, wobei drei halbtägige Workshops im Gesamtteam ausreichen müssen. Zu beachten ist allerdings, dass der Zeitaufwand für die Leiterin zur Vor- und Nachbereitung der Workshops hoch ist und entsprechend eingeplant werden muss.

12.3 Aussensicht: Analyse der weiteren Umwelt

Vorbereitung des ersten Workshops durch die Leiterin

Der erste Workshop ist der Umfeldanalyse gewidmet. In Vorbereitung des Workshops legt die Leiterin die für den Treffpunkt relevanten Umfelder fest. Der Erkenntnisgewinn aus der Diskussion über relevante und weniger relevante Umfelder wäre zu gering, als dass es sich lohnen würde, Zeit im Gesamtteam dafür aufzuwenden.

Aus Sicht der Leiterin lässt sich das Umfeld des Treffpunkts für Erwerbslose in drei Hauptfelder einteilen, welche in der Folge systematisch nach Trends und Entwicklungen durchleuchtet werden sollen. Diejenigen Entwicklungen, welche einen entscheidenden Einfluss auf den Treffpunkt ausüben, werden auf ihre Chancen und Gefahren für den Treffpunkt hin überprüft.

```
                    Generelles Umfeld
                    > Wirtschaft
                    > Technologie
                    > Politik
                    > Gesellschaft

Mitanbieter                 Treffpunkt für Erwerbslose    Klientinnen/Klienten
> Schreibstuben der regionalen                            > Migranten
  Arbeitsvermittlungsstellen                              > Langzeitarbeitslose
> Städtische Schreibstuben                                > Junge Arbeitslose
                                                          > Gutqualifizierte Arbeitslose
```

Abb. 69: Umfeld des Treffpunkts für Erwerbslose

Erster Workshop:
Analyse der Chancen und Risiken im Umfeld des Treffpunkts

Das Team wird in Zweiergruppen aufgeteilt. Jede Gruppe kann sich jenen Ausschnitt aus dem Umfeld auswählen, für den sich die Gruppenmitglieder interessieren. Die Gruppen werden aufgefordert, eine Aussensicht einzunehmen und folgende Frage zu beantworten: Was könnte im gewählten Umfeld passieren (Entwicklungen, Trends) und was wären die Auswirkungen auf den Treffpunkt (Aspekte der Chancen und der Risiken für den Treffpunkt)? Anschliessend werden die Gruppenresultate im Gesamtteam auf von der Leiterin vorbereiteten Arbeitsblättern präsentiert und diskutiert.

Umfeldanalyse mit dem Team

Die Chancen-Risiken-Analyse findet eine sehr kreative Anwendung. Die Teammitglieder operieren mit Annahmen, ergänzt durch Erfahrungswissen, welches dank der heterogenen Zusammensetzung ein breites ist. Entsprechend gestaltet sich die Diskussion lebhaft und ergibt vielfältige und sehr brauchbare Resultate – ein für alle Beteiligten motivierender Einstieg in den Prozess!

Resultate der Chancen-Risiken-Analyse

a) Generelles Umfeld
Ausschlaggebend im generellen Umfeld sind vor allem die wirtschaftlichen und technologischen Entwicklungen. Zum einen lässt sich beobachten, dass konjunkturelle Ab- und Aufschwünge in immer kürzeren Abständen aufeinander folgen und damit eine schwankende Anzahl von Besucherinnen und Besuchern im Treffpunkt sowie bei gleich bleibendem Personalschlüssel eine instabile Betreuungsqualität bewirken können.

Chancen und Risiken aus der Umfeldanalyse

Durch die fortlaufende Umstrukturierung des Wirtschaftsstandortes Schweiz gehen zudem die traditionellen Arbeitsplätze im Produktionssektor verloren und werden neue Arbeitsplätze im Dienstleistungssektor geschaffen. Arbeitsplätze für Menschen, welche nicht voll leistungsfähig sind, verschwinden zusehends. Die Anzahl der Langzeiterwerbslosen, welche keine Aussicht auf eine Stelle im regulären Arbeitsmarkt haben, steigt und damit auch ihre Anzahl im Treffpunkt.

Neu sind nicht mehr vorwiegend schlecht qualifizierte oder ältere Arbeitskräfte von Erwerbslosigkeit betroffen, sondern immer mehr auch junge Personen und gut qualifizierte Arbeitnehmende. Damit ändert sich die Zusammensetzung der Nutzungsgruppen im Treffpunkt.

Der Zugang zum Internet ist heute Bedingung für die Arbeitssuche, was je nach Qualifikationsstand der Erwerbslosen unterschiedliche Anforderungen an die Beratung und Betreuung stellt.

b) Mitanbieter
Was die Mitanbieter anbelangt, so unterscheiden sie sich in verschiedener Hinsicht klar vom Treffpunkt für Erwerbslose. Zum einen sind sie aufgrund gesetzlicher Rahmenbedingungen nur für bestimmte Gruppen (z. B. nur Stempelberechtigte) von Erwerbslosen offen, während der Treffpunkt für alle Interessierten unentgeltlich, freiwillig und sanktionsfrei zugänglich ist. Zum andern fokussieren sie ausschliesslich auf die Stellensuche und können nicht als Tagesstruktur genutzt werden. Gemeinsam ist das Ziel der verschiedenen Anbieter, nämlich die Integration der Erwerbslosen in den Arbeitsmarkt. In Abgrenzung zu den Mitanbietern strebt die Dachorganisation der kirchlichen Dienstleistungen im Erwerbslosenbereich darüber hinaus auch die soziale Integration der Erwerbslosen an.

c) Klientinnen und Klienten
Die Anzahl der Besucherinnen und Besucher des Treffs schwankt – wie bereits erwähnt – je nach konjunktureller Phase stark, was eine flexible Leitung der Treffs erfordert.

Bedingt durch die beschriebenen wirtschaftlichen Entwicklungen werden die Zusammensetzung der Besuchenden und damit die im Treffpunkt geäusserten Bedürfnisse immer heterogener, so dass differenzierte Angebote entwickelt werden müssen. Junge Erwerbslose und gut qualifizierte Erwerbslose wünschen vor allem gute infrastrukturelle Bedingungen, während Migrantinnen und Migranten häufig persönliche Unterstützung nachfragen. Langzeiterwerbslose wiederum sind eher auf eine Tagesstruktur angewiesen.

Nachbereitung des ersten Workshops durch die Leiterin

Die Leiterin ordnet und protokolliert die Resultate aus der Chancen-Risiken-Analyse und gibt sie zurück ans Team mit dem Auftrag, sich bis zum nächsten Workshop Gedanken zu folgenden Fragen zu machen:

> Bin ich der Meinung, dass die Analyse stimmt? Gibt es entscheidende Trends, die Chancen und Gefahren bergen, welche in der Analyse vergessen gegangen sind?
> Welches sind die für den Treffpunkt entscheidenden Einflussfaktoren? Auf welche Chancen bzw. Risiken muss meiner Meinung nach reagiert werden?

Indem sich die Beteiligten inhaltlich bereits auf den nächsten Workshop vorbereiten, wird einerseits der Prozess beschleunigt, andererseits bleiben sie auch in der Zwischenzeit gedanklich in den Prozess eingebunden.

12.4 Innensicht: Organisationsanalyse

Zweiter Workshop: Stärken-Schwächen-Analyse

Zu Beginn des Workshops steht noch einmal die Chancen-Risiken-Analyse im Mittelpunkt. Die Teammitglieder bringen ihre Überlegungen zu den oben erwähnten Fragen ein. Es ist Aufgabe der Leiterin, die Diskussion über die wichtigen Einflussfaktoren zu moderieren, Argumente zu gewichten und Schwerpunkte zu setzen.

Im Anschluss daran wird das Stärken-Schwächen-Profil ermittelt. Vor dem Workshop hat die Leiterin eine Checkliste mit den zu beurteilenden Punkten zusammengestellt. Die Strukturierung bleibt damit – wie auch während des ganzen Prozesses – Sache der Leiterin, die Teamressourcen werden ausschliesslich für die inhaltliche Auseinandersetzung eingesetzt.

Die Leiterin fordert die Beteiligten auf, nun eine Innensicht einzunehmen und in zwei Gruppen das Profil mittels Ankreuzen auf den vorbereiteten Arbeitsblättern zu erstellen. Die Resultate werden im Gesamtteam vorgestellt und verglichen.

Die Arbeit in Untergruppen bewährt sich sehr. Beim Stärken-Schwächen-Profil sind beispielsweise Diskussionen um Abweichungen in der Beurteilung am fruchtbarsten.

Resultate der Stärken-Schwächen-Analyse

Stärken und Schwächen aus der Organisationsanalyse

Als wichtigste Stärke wird einerseits die Qualität der persönlichen Beratung und der Infrastruktur für die Arbeitssuche betont. Andererseits werden die einmaligen Bedingungen genannt, welche den Teilnehmenden angeboten werden können: Die Beratungen sind unentgeltlich und freiwillig und anders als in den Regionalen Arbeitsvermittlungszentren werden keine Sanktionen ausgesprochen. Ebenfalls als positiv zu bewerten ist die politisch unabhängige Trägerschaft, welche flexibel und schnell auf Veränderungen reagieren kann.

Als wichtigste Schwächen werden die divergierende Positionierung der SGE Treffpunkt und der Gesamtorganisation, die mangelnde Ausrichtung der Angebote auf die Bedürfnisse der jeweiligen Zielgruppen sowie die lückenhafte Evaluation der Angebote genannt. Ausserdem kennen sich die Mitarbeitenden zu wenig in den Bewerbungstechniken und in der Benützung des Internets aus.

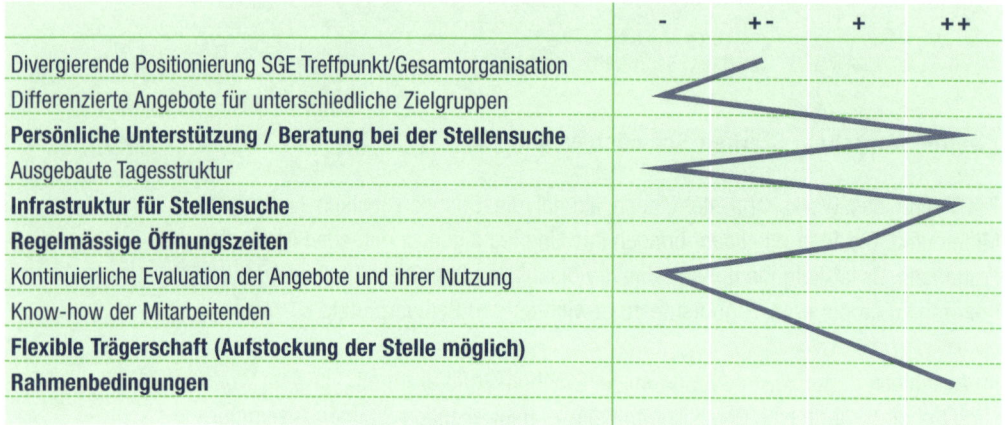

Abb. 70: *Stärken-Schwächen-Profil des Treffpunkts für Erwerbslose*

Nachbereitung des zweiten Workshops: Bestimmung der Kernkompetenzen

Die Leiterin überprüft die Resultate des Stärken-Schwächen-Profils anhand der Eskalationstreppe. Dieses Instrument eignet sich gut dafür, eine Gewichtung der Stärken vorzunehmen und Kernkompetenzen bewusst zu machen. Damit wird verhindert, dass entscheidende Stärken vergessen oder bei der Entwicklung, Verstärkung oder Abschaffung von Angeboten gar aufgegeben werden.

Fähigkeit	Wertvoll	Selten	Nicht imitierbar	Nicht substituierbar	Effekt
Persönliche Unterstützung bei der Stellensuche	ja	nein			Parität
Infrastruktur	ja	nein			Parität
Informationsangebot	ja	nein			Temporärer Vorteil
Tagesstruktur	ja	ja	nein		Temporärer Vorteil
Personal	ja	ja	nein		Temporärer Vorteil
Unentgeltliches Angebot	ja	ja	nein	nein	Temporärer Vorteil
Freiwilliges, sanktionsfreies Angebot	ja	ja	ja	ja	Nachhaltiger Vorteil

Abb. 71: Eskalationstreppe zur Prüfung der Fähigkeiten des Treffpunkts für Erwerbslose

12.5 Aussensicht: Analyse des nahen Umfeldes

**Vorbereitung des dritten Workshops:
Marktsegmentierung und Zielgruppendefinition**

Für die Marktsegmentierung und Zielgruppendefinition braucht es fachspezifisches Know-how, weshalb die Leiterin sie selber erarbeitete.

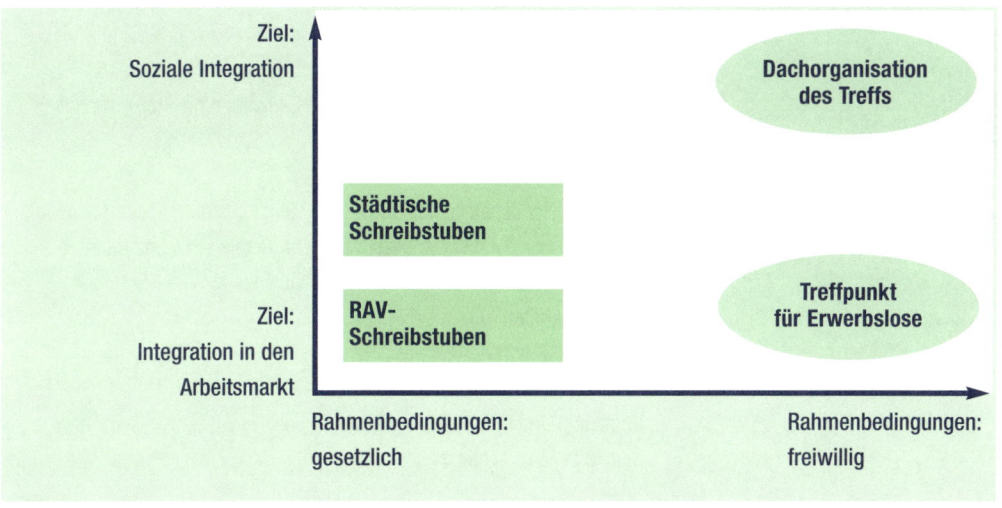

Abb. 72: Ist-Positionierung des Treffpunkts für Erwerbslose im Feld der Mitanbieter

12.6 Integrierte Betrachtungsweise

Vorbereitung des dritten Workshops durch die Leiterin: SWOT-Analyse

Erste strategische Optionen durch eine integrierte Betrachtung

Die SWOT-Analyse ist wie die Eskalationstreppe und die Marktsegmentierung/Zielgruppendefinition ein eher rational-analytisches Instrument, welches anzuwenden einiges an Fachwissen in Strategischem Management erfordert. Die Anwendung dieser Instrumente in einem heterogenen Team wäre vermutlich sehr aufwändig und wenig ergiebig. Zudem leiten sich aus der SWOT-Analyse strategische Optionen ab, für welche schliesslich die Leiterin die Verantwortung zu tragen hat. Die strategischen Optionen ergeben sich jedoch nicht einfach sozusagen logisch, sondern sind das Resultat intensiver Überlegungen, Gewichtungen und Wertungen, sind teilweise also abhängig von der Haltung und Intentionen der Person, welche die Analyse vornimmt. Deshalb ist es sehr sinnvoll, die Resultate der SWOT-Analyse der Leiterin im Gesamtteam zu überprüfen, allenfalls zu korrigieren und zu ergänzen.

Die folgende Tabelle fasst die Ergebnisse der SWOT-Analyse der Leiterin zusammen:

Umweltfaktoren / Organisationsfaktoren	Chancen	Gefahren
	> Strukturelle Veränderungen und steigende Sockelerwerbslosigkeit: Erwerbslosigkeit weiterhin brennendes Thema > Wenig Angebote mit Tagesstruktur in B. > Unterschiedliche Positionierung der Angebote in B.	> Konjunkturelle Schwankungen: schwankende Zahl Erwerbslose und Besuchende > Strukturelle Veränderungen: heterogene Nutzungsgruppen mit divergierenden Bedürfnissen > Zugang zu Internet wird Bedingung für Stellensuche
Stärken > Unterstützung/Beratung Stellensuchende > Infrastruktur > Regelmässige Öffnungszeiten > Flexible Trägerschaft > Freiwillige Rahmenbedingungen	> Nutzung der zusätzlichen Personalressourcen, der Infrastruktur sowie der regelmässigen Öffnungszeiten, um das Angebot Tagesstruktur auszubauen (Freizeitgestaltung, soziale Vernetzung) und damit die Angebotslücke in B. zu schliessen	> Zielgruppenspezifische Angebote im Bereich PC- und Internetbenutzung

Schwächen		
> Divergierende Positionierung Treffpunkt und Gesamtorganisation > Wenig zielgruppenspezifische Angebote > Wenig ausgebaute Tagesstruktur > Mangelnde Evaluation der Angebote > Mangelnde Qualifikation der Mitarbeitenden (Bewerbungstechniken, Internet)	> Betonung der unterschiedlichen Positionierung der Angebote in B. und Anpassung der Positionierung des Treffpunkts an die Positionierung der Gesamtorganisation, d. h. soziale Integration als Zielsetzung > Neue Angebote differenzieren und auf die unterschiedlichen Bedürfnisse ausrichten	> Zielgruppen einschränken: Junge Erwerbslose (unter 20 Jahren) an spezialisierte Stellen weiterweisen > Ausbildung der Mitarbeitenden in Bewerbungstechniken und Internet > Evaluationskonzept für Angebote erarbeiten und umsetzen

Abb. 73: SWOT-Analyse des Treffpunkts für Erwerbslose

12.7 Formulierung konkreter Strategien

Dritter Workshop: Erarbeitung Positionierung und Entscheidung über strategische Entwicklung

Zur Diskussion im Team erläutert die Leiterin die von ihr erarbeitete Analyse und zeigt an Hand der Resultate ihrer SWOT-Analyse mögliche strategische Optionen (Umpositionierung Treffpunkt, Entwickeln zielgruppenspezifischer Angebote) schematisch auf. Mit schematischen Darstellungen lassen sich komplizierte Sachverhalte vereinfacht darstellen. Sie eignen sich als gemeinsame Diskussionsgrundlage weitaus besser als verbale Erklärungen.

Positionierung überprüfen und Strategie konkretisieren

Aufgrund der Diskussion schlägt das Team die Umpositionierung des Treffpunkts als konkrete Strategie vor. Damit verbunden sind folgende strategische Entscheidungen: Einschränkung der Zielgruppen, Aufbau von zielgruppenspezifischen Angeboten, Verstärkung der personellen Ressourcen und Verbesserung des Evaluationsprozesses.

Die Entscheidung für diese strategische Option ist aufgrund der vorhergegangenen Diskussionen und Erkenntnisse in den ersten beiden Workshops folgerichtig, für alle nachvollziehbar und in sich stimmig. Der gemeinsam erarbeitete Konsens ergibt somit eine hohe Identifikation mit den Erneuerungen und grosse Motivation, die anstehenden Aufgaben zur konzeptionellen Entwicklung der Angebote anzupacken.

Resultate des dritten Workshops

a) Positionierung des Treffpunkts in einer unbesetzten Nische
Der Treffpunkt wird weiterhin als freiwilliges, unentgeltliches, unabhängiges und sanktionsfreies Angebot positioniert. Neu soll er mit seinen Dienstleistungen jedoch die soziale Integration der Erwerbslosen anstreben.

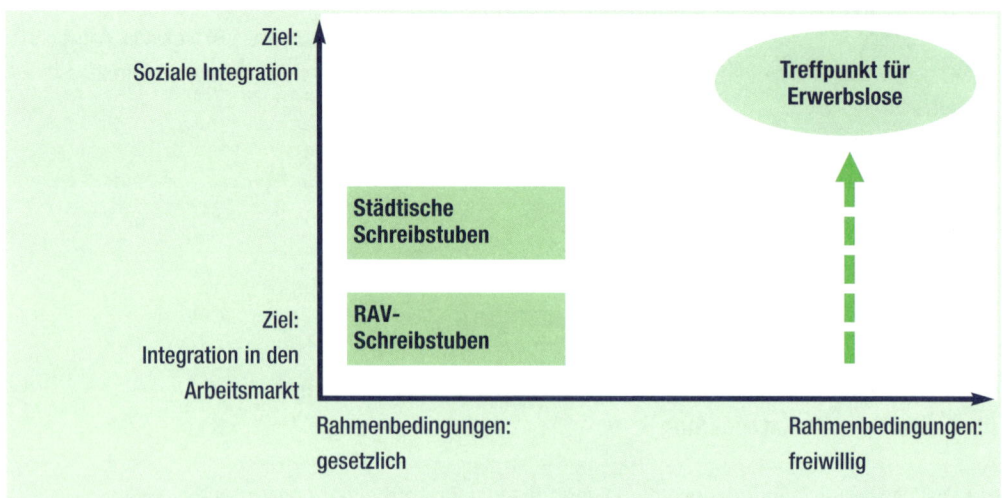

Abb. 74: *Neupositionierung des Treffpunkts für Erwerbslose*

Damit kann sich der Treffpunkt als einzigartiges Projekt in B. positionieren. Durch die fortschreitenden strukturellen Veränderungen des Arbeitsmarktes wird die Langzeiterwerbslosigkeit und damit das Problem der sozialen (Des-)Integration in Zukunft zunehmen, was dem Positionierungsfeld des Treffpunktes eine hohe gesellschaftliche Relevanz verleiht. Ausserdem kann damit die Ausrichtung des Treffpunkts mit jener der übergeordneten Gesamtorganisation in Einklang gebracht und Synergien genutzt werden.

b) Einschränkung der Zielgruppen
Die zunehmend heterogenen Bedürfnisse der verschiedenen Zielgruppen überfordern die Kapazitäten des Treffpunktes. Da junge Erwerbslose eine besonders sensible Zielgruppe darstellen und für sie bereits andere spezifische Angebote in B. bestehen, werden sie in Zukunft nicht mehr bedient, sondern an spezialisierte Organisationen verwiesen.

c) Aufbau von zielgruppenspezifischen Angeboten

Die bestehenden Angebote werden zielgruppenspezifisch angepasst. Zudem werden neue Angebote mit dem Ziel der sozialen Integration erarbeitet:

> Migrantinnen und Migranten mit wenig Deutschkenntnissen, bildungsferne Erwerbslose:
> > Persönliche Unterstützung bei der Arbeitssuche
> > Internet- und PC-Kurse (neu)
> > Stellensuche in der Gruppe in der Muttersprache (neu)

> Langzeiterwerbslose, nicht arbeitsmarktfähige Erwerbslose
> > Infrastruktur Treffpunkt
> > Freizeitangebote (neu)
> > Förderung der sozialen Vernetzung und der Sozialkompetenzen über Gruppenangebote (neu)

> Gut qualifizierte Erwerbslose
> > Infrastruktur für Arbeitssuche

Damit können nicht nur die unterschiedlichen Bedürfnisse der Besuchenden besser erfüllt werden, sondern auch die Neupositionierung (soziale Integration) in den Angeboten umgesetzt werden.

d) Verstärkung der personellen Ressourcen

Die Stellenprozente des Treffpunkts werden aufgestockt und mit einer/-m neuen, qualifizierten Mitarbeiter/in besetzt.
Die Mitarbeitenden werden in Bewerbungstechniken und Internet geschult.

e) Verbesserung des Evaluationsprozesses

Der Evaluationsprozess wird überprüft und verbessert.

Nachbereitung des dritten Workshops durch die Leiterin

Die Diskussionsergebnisse aus dem dritten Workshop fasst die Leiterin im Papier «Positionierung Treffpunkt» zusammen, welches die neue Ausrichtung des Treffpunkts sowie die zu entwickelnden Angebote beschreibt. Das Papier wird zum Abschluss allen Beteiligten zur Vernehmlassung vorgelegt, ist es doch das sichtbare Endprodukt des gesamten Entwicklungsprozesses, welches noch einmal die Mitsprache aller erfordert. Die Leiterin lässt das Grundlagenpapier in seiner Endfassung schliesslich von der Trägerschaft formal genehmigen, um das Einverständnis der Verantwortlichen noch vor der Umsetzung sicherzustellen.

Gemeinsame Verabschiedung der neuen Strategie

12.8 Planung der Umsetzung

Im Rahmen einer regulären Teamsitzung werden aus dem Gesamtteam drei Arbeitsgruppen gebildet mit dem Auftrag, Grobkonzepte zu den neuen, zielgruppenspezifischen Angeboten zu erarbeiten. Die Leiterin legt die entsprechenden Zuständigkeiten und den Zeitrahmen in einem Massnahmenplan fest.

Massnahme	Verantwortung	Termin
Grobkonzept für unterstützendes Angebot Stellensuche für MigrantInnen	Aa	1.5.06
Grobkonzept für Internetkurs für MigrantInnen und bildungsferne Erwerbslose	Aa	1.6.06
Grobkonzept für PC-Kurs für MigrantInnen und bildungsferne Erwerbslose	Aa	1.5.06
Grobkonzept Freizeitangebot Langzeiterwerbslose	Bb	1.7.06
Grobkonzept Sozialkompetenztraining Langzeiterwerblose	Cc	1.7.06
Budget StellensuchTreffpunkt	Leitung	1.6.06

Abb. 75: *Massnahmenplan des Treffpunkts für Erwerbslose*

13 Ausblick der Autorinnen des Handbuches

Es ist immer schwierig einzuschätzen, was passiert wäre, wenn kein Strategieentwicklungsprozess initiiert worden wäre. Aber wir könnten ja mal phantasieren: Die Zusammenarbeit im Erwerbslosentreff wird immer schlechter. Die Mitarbeitenden sind überfordert. Sie müssen zu viele und zu unterschiedliche Erwerbslose betreuen. Die Qualität der Betreuung sinkt. Im besten Fall hätte man in einer Schnellschussaktion einen weiteren Sozialarbeiter eingestellt. Die Prozesse hätten sich etwas entspannt, aber wirklich zufrieden stellend ist die Situation nicht geworden. Die Fluktuationsrate ist weiterhin hoch. Es spricht sich allmählich herum, dass die Unterstützung im Erwerbslosentreff nicht so gut ist. Die Mitarbeitenden werden immer unzufriedener, die Kundinnen und Kunden merken die zunehmenden Spannungen und schauen sich langsam nach Alternativen um. Es gibt ja auch noch andere Anbieter am Markt. Kürzlich hat ein neuer Anbieter sogar mit neuen Angeboten überrascht, die den Langzeitarbeitslosen die soziale Vernetzung erleichtern. Vielleicht wird der Treffpunkt in zwei Jahren mangels Nachfrage geschlossen…

Was wäre, wenn…

In Tat und Wahrheit wurde der Treffpunkt für Erwerbslose nicht geschlossen, sondern er arbeitet im Gegenteil wieder erfolgreich. Mit der beschriebenen Neupositionierung gelang es der Leiterin, die Angebote besser auf die Bedürfnisse der Besucherinnen und Besucher auszurichten und gleichzeitig die Arbeitsbedingungen für die Mitarbeitenden attraktiver zu gestalten.

Eine Erfolgsgarantie für Strategieentwicklungsprozesse gibt es jedoch nicht. Wir haben in der Einführung darauf hingewiesen, dass die beste Planung und Analyse nicht gewährleistet, dass eine Organisation erfolgreich ihre Zukunft bewältigt. Durch das Strategische Management und die Auseinandersetzung mit den verschiedenen Schlüsselfragen eines Strategieentwicklungsprozesses wird jedoch ein Lernprozess in der Organisation angestossen. Es zeigen sich möglicherweise neue Wege, die vorher im Dunkeln lagen, Potentiale der Mitarbeitenden werden sichtbar etc.

Strategieentwicklung als langfristiger Lernprozess

Dabei leisten die für den Profitbereich erarbeiteten Konzepte und Instrumente des Strategischen Managements gute Dienste, wenn sie wie im Beispiel des Treffpunktes für Erwerbslose an die Erfordernisse der eigenen Organisation angepasst und nicht einfach unreflektiert übernommen werden. Wichtig erscheint uns auch, sie wohl dosiert einzusetzen. Möglichst viele Analysen verursachen mit Sicherheit einen riesigen Aufwand, garantieren aber noch keine erfolgreiche Strategieentwicklung. Um die stets beschränkten Ressourcen möglichst wirksam einzusetzen, lohnt es sich daher, schon zu Beginn genau zu überlegen, welche Schritte nicht nur wünschenswert, sondern auch notwendig sind.

In unserem Handbuch empfehlen wir ein Vorgehen entlang der typischen Phasen des Strategieentwicklungsprozesses und stellen für die Bearbeitung der verschiedenen phasenbezogenen Fragen eine Fülle von Konzepten und Instrumenten vor. Damit möchten wir ein systematisches und zielorientiertes Vorgehen fördern, welches gepaart mit den gut entwickelten intuitiven (und übrigen) Fähigkeiten vieler Führungskräfte in Non-Profit-Organisationen zu qualitativ hoch stehenden, manchmal auch überraschenden Resultaten führen kann.

Nach nichts Geringerem als der Sicherung der Zukunft von Non-Profit-Organisation trachten wir also, indem wir – wie in der Einleitung erwähnt – einen Beitrag zur Verbesserung der Praxis des Sozialmanagements leisten wollen. Wenn das Handbuch den Führungskräften von Non-Profit-Organisationen in Strategieentwicklungsprozessen wirksame Unterstützung bietet, können wir unseren Anspruch einlösen.

Anhang

Glossar

Balanced Scorecard (BSC)	205
Controlling	205
Diversifikation	205
Economies of Scale	206
Economies of Scope	206
Frühwarnindikatoren	206
Kernkompetenzen	206
Market-based-View	207
Marketing-Mix	207
Marktsegmentierung	207
Marktstrategie	207
Mission	208
Nutzwertanalyse	208
Portfolio-Ansatz	208
Positionierung	209
Stakeholder	209
St. Galler Management-Modell	209
Strategische Erfolgspositionen	210
Strategische Geschäftsfelder – strategische Geschäftseinheiten	210
Resource-based-View	210
Ressourcen	211
Vernetztes Denken	211
Vision	211
Wertkette	212
Wertschöpfung	212
Wertschöpfungsarten	213
Wettbewerbskräfte	213
Wettbewerbsstrategie	214

Balanced Scorecard (BSC)

Die Balanced Scorecard ist ein Managementkonzept zur Umsetzung von Vision und Strategie in die operative Planung, also in Ziele und Messgrössen. Voraussetzung für ihre Anwendung ist, dass sich alle Entscheidungsträgerinnen und -träger auf eine gültige und allseits akzeptierte Strategie geeinigt haben. Es werden vier verschiedene Perspektiven gleichzeitig betrachtet. Für jede der vier Perspektiven werden Ziele abgeleitet und diese in konkrete Messgrössen übersetzt.

Die klassischen vier Perspektiven der Balanced Scorecard sind:
> die finanzielle Perspektive: Was muss erreicht werden, damit wir für unsere Stakeholder erfolgreich sind?
> die Kundinnen-Perspektive: Was müssen wir für unsere Kundinnen und Kunden leisten?
> die Prozess-Perspektive: Wie müssen unsere Ablaufprozesse gestaltet sein, um unsere Kundschaft zufrieden zu stellen?
> Lernen und Wachstum: Wie können wir unsere Fähigkeiten zu Wandel, Innovation und Verbesserung laufend steigern?

Controlling

Controlling ist eine Führungsphilosophie. Es wird definiert als Planung, Zielbestimmung und Steuerung im finanz- und leistungswirtschaftlichen Bereich. Es leitet sich aus der Führungsverantwortung ab, Resultate zu erreichen. Damit Resultate erreicht werden können, müssen Ziele und Massnahmen zur Zielerreichung definiert werden. Zur Resultatssteuerung werden den Soll-Werten entsprechende Ist-Werte gegenübergestellt und aufgrund der Abweichungen wiederum (Korrektur-)Massnahmen eingeleitet. Die Resultats- und damit die Controllingverantwortung liegen ganz allein bei den Führungskräften.

Diversifikation

Unter Diversifikation versteht man im Strategischen Management den Eintritt in neue, andere Geschäftsfelder als die bisherigen. Prinzipiell kann sich eine Organisation entlang von vier Diversifikationsrichten bewegen. Die nahe liegende Option ist die der verwandten oder horizontalen Diversifikation. Dabei bewegt man sich in ein Geschäftsfeld, das in weiten Bereichen Gemeinsamkeiten mit den bestehenden Geschäftsfeldern aufweist. Tritt ein Unternehmen in ein Geschäftsfeld ein, das seinem momentanen Aktivitätsspektrum entweder vor- oder nachgelagert ist, so spricht man von einer vertikalen Diversifikation. Konzentrisch ist eine Diversifikation dann, wenn bestimmte Fähigkeiten, die in der bestehenden Wertschöpfungskette positiv zum Tragen kommen, auf die Wertschöpfungskette eines anderen Geschäfts übertragen werden können. Hat das neue Geschäftsfeld kaum noch Gemeinsamkeiten mit dem ursprünglichen, so spricht man von einer nichtverwandten, lateralen oder konglomeraten Diversifikation. So wie der Eintritt in ein Geschäftsfeld aktiv zu planen und voranzutreiben ist, gilt dies auch für den Rückzug aus einem Geschäftsfeld.

Economies of Scale

Economies of Scale sind Kostenersparnisse, die aufgrund von Grössenvorteilen entstehen. Als Ursache für die Stückkostendegression wird insbesondere auf zwei Faktoren verwiesen: erstens auf die Lernkurve, die davon ausgeht, dass Mitarbeitende ihre Fertigkeiten sukzessive verbessern und damit Übungsgewinne realisieren. Zweitens wird mit Grössendegressionseffekten argumentiert. So führt dies bei einem Anwachsen der Kapazität zu einer Abnahme der Kosten, da immer weniger Input erforderlich ist, um den gleichen Output zu realisieren. Oder ungekehrt: Eine Erhöhung des Inputs führt nicht zu einer proportionalen, sondern zu einer überproportionalen Erhöhung des Outputs. Die so genannten Economies of Scale hängen von der optimalen Betriebsgrösse ab, was eine allgemeine Aussage über ihre Höhe nicht möglich macht, da diese von Branche zu Branche verschieden ist.

Economies of Scope

Economies of Scope sind Kostenersparnisse, die aufgrund von Verbundeffekten entstehen. Die Zentrale einer Organisation versucht explizit die Aktivitäten einzelner Geschäftseinheiten zu integrieren, um die gemeinsame und kombinierte Ausübung von Aktivitäten zu realisieren (Synergien nutzen). Sie agiert in der Rolle als Koordinationsstelle, die sich aktiv an der Strategieformulierung der Geschäftseinheiten beteiligt und sich in die Umsetzung einzelner Projekte in Funktionsbereichen wie Forschung & Entwicklung, Produktion oder Vertrieb einschaltet und für die Bildung bereichsübergreifender Projektteams einsetzt. Erleichtert wird diese Aufgabe durch Anreizsysteme, die kollaboratives Verhalten belohnen.

Frühwarnindikatoren

Frühwarnindikatoren zielen darauf ab, unerwünschte Entwicklungen rechtzeitig zu erkennen, um dagegen anzusteuern. Sie sind insbesondere im Zusammenhang mit der Umweltanalyse einer Organisation wichtig, weil das Erkennen so genannter «schwacher Signale» es einer Organisation ermöglicht, frühzeitig entsprechende Strategien und Massnahmen zu ergreifen. Dadurch wird die Organisation weniger von Entwicklungen in der Umwelt überrascht und kann rechtzeitig (re)agieren.

Kernkompetenzen

Kernkompetenzen setzen sich zusammen aus Wissen und praktischen Fähigkeiten. Es sind intelligente Abläufe und Routinen, die wertvoll, selten, nicht zu imitieren und kaum zu substituieren sind. Kernkompetenzen sind dadurch gekennzeichnet, dass sie meist gleichzeitig in mehreren strategischen Geschäftsfeldern zum Tragen kommen und damit auch auf andere Bereiche übertragen werden können. Eine Organisation verfügt normalerweise höchstens über ein bis zwei Kernkompetenzen.

Market-based View
Das Ziel des Strategischen Managements ist es, (ökonomischen) Mehrwert zu schaffen. Die Market-based-View sieht die Ursachen für nachhaltigen Erfolg einer Organisation darin, dass sich die Organisation eine attraktive Branche auswählt und versucht, sich dort optimal zu positionieren, also von den Möglichkeiten des Marktes her denkt (Abgrenzung der eigenen Geschäftsfelder und Ableitung geeigneter Wettbewerbsstrategien). Im Gegensatz dazu sieht die Resource-based-View die Ursache für nachhaltigen unternehmerischen Erfolg vor allem in wertvollen Ressourcen innerhalb der Organisation bzw. ihrer Bündelung zu Fähigkeiten (Kernkompetenzen). Resource-based-View und Market-based-View werden heute nicht mehr als konkurrierend, sondern als komplementär betrachtet.

Marketing-Mix
Unter Marketing-Mix versteht man den zielgruppengerechten Einsatz der Marketinginstrumente, also der vier Ps im Marketing (Product, Price, Promotion, Placement). Produkt- und Sortimentspolitik, Preisgestaltung, Kommunikationspolitik und Distribution werden auf die jeweilige Zielgruppe abgestimmt, um diese optimal zu erreichen.

Marktsegmentierung
Unter Marktsegmentierung versteht man die Unterteilung eines Gesamtmarktes in voneinander klar abgrenzbare, in sich aber homogene Kundengruppen, mit dem Ziel der differenzierten Ansprache jeder Gruppe. Kundinnen und Kunden unterscheiden sich in vielerlei Hinsicht, z. B. in ihren Bedürfnissen, Erwartungen, Lebensumständen, Ressourcen und Kaufgewohnheiten. Anhand jedes dieser Kriterien lässt sich ein Markt segmentieren, das heisst, in abgrenzbare Kundengruppen unterteilen. Es gibt mehrere Methoden der Marktsegmentierung, z. B. psychographische, geographische oder soziodemographische Marktsegmentierung. Die Methoden können auch miteinander kombiniert werden. Das Resultat der Marktsegmentierung sind Zielgruppen, die spezielle Produkte/Leistungen bzw. einen speziellen Marketing-Mix erfordern.

Marktstrategie
Die Stellung gegenüber den einzelnen Marktsegmenten bzw. Zielgruppen in einem Geschäftsfeld festzulegen ist Aufgabe der Marktstrategie. Einer Organisation oder einer Geschäftseinheit stehen mehrere Optionen offen, die sich entlang von vier Dimensionen (Variation, Substanz, Feld und Stil) erfassen lassen.

Unter Variation wird dabei die Überprüfung der Marktposition verstanden (Beibehalten, Umpositionierung oder Neupositionierung). In allen drei Fällen ist die Frage zu beantworten, welcher Nutzen für die Kundschaft angeboten werden soll (Substanz einer Marktstrategie). Eine Organisation kann als Feld eine Single-Segment-, Multi-Segment- oder eine auf den Gesamtmarkt gerichtete Strategie einschlagen. Der Stil einer Marktstrategie zeigt sich im gewählten Marketing-Mix für die Ansprache einer Zielgruppe.

Mission

Der Begriff der Mission wird häufig austauschbar mit dem der Vision verwendet, was die Konsequenz nach sich zieht, dass man sich aufschlussreicher Differenzierungsmöglichkeiten beraubt. So ist eine Mission nicht notwendigerweise mit der Annahme einer «besseren» Zukunft verbunden und kann sich explizit auch auf die Gegenwart beziehen. Die Mission konzentriert sich auf eine (oder mehrere) als wertvoll erachtete Aufgabe. Sie kann über Jahre weitgehend unverändert bleiben, wenn sie sich beispielsweise auf nur wenig verändernde Grundbedürfnisse ausrichtet. In einer Mission sind mindestens Aussagen zu den vier zentralen Elementen erforderlich: zum Organisationszweck, zu den Zielen, zu Werten und Verhaltensstandards und zu Strategien.

Nutzwertanalyse

Entscheidungstechnik, die für die Bewertung von Alternativen einsetzbar ist, damit beispielsweise die Angemessenheit einer Strategie nicht nur qualitativ, sondern auch quantitativ bewertet werden kann. Nach der Erstellung eines Zielsystems (situative, vollständige, operationale, überschneidungsfreie Ziele oder Kriterien) ist das Entscheidungsfeld abzugrenzen, d. h. es sind die Alternativen hinsichtlich ihrer Realisierbarkeit auszuwählen. In der Zielergebnismatrix wird für jedes Ziel (Kriterium) das Wirkungsergebnis pro Alternative prognostiziert, wobei eine Gewichtung der Kriterien (Teilziele) einfließen kann. Die abschliessende Wertsynthese ermittelt je Alternative einen Gesamtnutzwert. Die Entscheidung fällt auf Alternativen mit hohem Gesamtnutzwert.

Portfolio-Ansatz

Der Portfolio-Ansatz ist eines der am weitesten verbreiteten Konzepte des Strategischen Managements. Er vergleicht die verschiedenen strategischen Geschäftseinheiten in Bezug auf ausgewählte Kriterien miteinander und ermöglicht so, strategische Empfehlungen abzuleiten. Mit dem Portfolio-Ansatz werden primär zwei Ziele verfolgt: Zum einen dient er der integrierten Steuerung einer Organisation, indem ein guter Mix aller strategischen Geschäftseinheiten einer Organisation angestrebt wird. Zum Zweiten werden aus dieser integrierten Analyse auch die strategischen Leitlinien – die so genannten Normstrategien – für die einzelnen Geschäftseinheiten abgeleitet.

Nahezu alle Portfolio-Ansätze bauen auf einer zweidimensionalen Matrix auf. Einer Umweltachse steht eine Organisationsachse gegenüber. Die Umweltachse repräsentiert dabei in einer verdichteten Form die dort dominierenden Einflusskräfte, ist also extern und durch die Organisation kaum zu beeinflussen. Auf der Organisationsachse werden in einer ebenfalls verdichteten Form die Einflusskräfte/Ressourcen der Organisation dargestellt, die durch die Organisation auch meist beeinflussbar sind. Gerade die verdichtete Form ist der grösste Vor- und Nachteil des Portfolio-Ansatzes.

Positionierung

Positionierung ist die strategische und aktive Gestaltung und Steuerung der Stellung einer Marktleistung im jeweils relevanten Markt. Die Markt- und Wettbewerbsstrategie dient der Positionierung eigener Produkte und Dienstleistungen auf dem Markt. Die Positionierung muss auf Stärken des Angebotes aufbauen und relevante Bedürfnisse im gewählten Zielmarkt ansprechen. Die Positionierung liefert die Leitidee für die Ausgestaltung des Marketing-Mix.

Stakeholder

Unter Stakeholdern (Anspruchsgruppen) versteht man organisierte oder nicht organisierte Gruppen von Menschen oder Institutionen, die von der unternehmerischen Wertschöpfung (und auch Schadschöpfung) betroffen sind. Stakeholder setzen sich aus externen Anspruchsgruppen wie Kundschaft, Zulieferbetrieben, Kooperationspartnern, Mitbewerbern, staatlichen Stellen (Regierungen, Gemeinden etc.), Interessenverbänden, Geldgeberinnen und Geldgebern, Medien und internen Anspruchsgruppen wie Mitarbeitenden, Direktionsmitgliedern, Verwaltungsrat, Eigentümern etc. zusammen. Nicht alle Anspruchsgruppen sind für eine Organisation gleich wichtig. Eine Relevanz-Matrix der Stakeholder liefert erste Anhaltspunkte, welche Anspruchsgruppen aus strategischer Sicht für eine Organisation entscheidend sind und wie die einzelnen Stakeholder zu behandeln sind.

St. Galler Management-Modell

Das neue St. Galler Management-Modell dient – wie andere Managementmodelle auch – als Orientierungskarte, um die Funktionsweise von Organisationen besser zu verstehen. Es hat sich als Landkarte durch den Managementdschungel bewährt und bietet einen Denkrahmen für die verschiedenen Schritte der Analysephase eines Strategieentwicklungsprozesses. Es wurde ursprünglich von Hans Ulrich und Walter Krieg in den siebziger Jahren des letzten Jahrhunderts entwickelt und später von Knut Bleicher weiterentwickelt. Johannes Rüegg-Stürm hat es 2002 überarbeitet und an die neuen Erfahrungen angepasst (u.a. Bedeutung der prozessorientierten Sichtweise und der ethisch-normativen Dimension).

Das neue St. Galler Management-Modell unterscheidet sechs zentrale Begriffskategorien. Alle wertschöpfenden Aktivitäten der Organisation werden in Prozessen erbracht. Die Ordnungsmomente (Strategie, Struktur, Kultur) richten diese Prozesse so aus, dass bestimmte Ergebnisse erzielt werden. Die Entwicklungsmodi beschreiben die kontinuierliche Weiterentwicklung der Organisation, welche durch Veränderungen in der Umwelt nötig wird. Die Anspruchsgruppen sind Menschen und andere Organisationen, welche von den Aktivitäten der Organisation betroffen sind. Sie kommunizieren mit der Organisation; Gegenstand der Kommunikation sind die Interaktionsthemen. Die Umweltsphären bilden schliesslich den zentralen Kontext der Organisation.

Strategische Erfolgspositionen

Strategische Erfolgspositionen sind durch den Aufbau von wichtigen und dominanten Fähigkeiten bewusst geschaffene Voraussetzungen, die es der Organisation erlauben, im Vergleich zur Konkurrenz auch längerfristig überdurchschnittliche Ergebnisse zu erzielen. Der Begriff «Strategische Erfolgsposition» stammt von der Universität St. Gallen (Cuno Pümpin) und markiert folgende Überlegungen:

Die Entwicklungsrichtung der Organisation muss in der Form von SEP definiert werden. Es handelt sich hier um einen gestalterischen Akt, der bewusst vorgenommen wird. Mit diesem Akt wird die Richtung festgelegt, in die sich die Organisation entwickeln soll. Die SEP definieren die Bandbreiten, innerhalb welcher sich die Führungskräfte und Mitarbeitenden bewegen können, um die strategischen Zielsetzungen einer Organisation zu verwirklichen.

Strategische Geschäftsfelder – strategische Geschäftseinheiten

Die Aufteilung der gesamten relevanten Geschäftsumwelt in einzelne Geschäftsfelder dient dem Zweck, angesichts der prinzipiell unendlich hohen Komplexität der Umwelt einige überschaubare Bereiche zu konstruieren, die es dann gezielt zu bearbeiten gilt. Strategische Geschäftsfelder repräsentieren einen möglichst isoliert funktionierenden Ausschnitt aus dem gesamten Betätigungsfeld einer Organisation, der eigene Ertragsaussichten, Chancen und Risiken aufweist und für den relativ unabhängig eigenständige Strategien entwickelt und realisiert werden. Fragen, die in diesem Zusammenhang in der Organisation diskutiert werden sollten, lauten: In welchen Geschäftsfeldern wollen wir überhaupt tätig sein? Wie attraktiv ist ein Geschäftsfeld für uns, wie ist seine zukünftige Entwicklung? Welche Position wollen wir einnehmen? Wie wollen wir diese Position erreichen? Das interne Pendant dazu sind die strategischen Geschäftseinheiten, also organisatorisch abgegrenzte Einheiten, welche die Aufgabe haben, jeweils ein spezifisches strategisches Geschäftsfeld zu bearbeiten.

Resource-based-View

Resource-based-View sieht die Ursache für nachhaltigen unternehmerischen Erfolg in der Mobilisierung wertvoller Ressourcen bzw. im Aufbau von Fähigkeiten (Kernkompetenzen). Damit diese Ressourcen zu nachhaltigem Erfolg führen, dürfen erstens die Wettbewerber nicht über die gleichen Ressourcen und Fähigkeiten verfügen, zweitens sollte diese Heterogenität zu einem Wettbewerbsvorteil führen und drittens muss der Markt daraus einen Nutzen erkennen, d. h. die Fähigkeiten (Kernkompetenzen) müssen wertvoll, selten, nicht zu imitieren und nur schwer zu substituieren sein. Die Resource-based-View betont somit die Notwendigkeit einer systematischen Kompetenzentwicklung als Kernaufgabe des Strategischen Managements. Sie wurde früher im Gegensatz zur Market-based-View konstruiert. Heute werden beide als komplementär betrachtet, um unternehmerischen Erfolg sicherzustellen, und allgemein unter «value based view of strategy» (Wertmanagement-Ansätze) weiterentwickelt.

Ressourcen

Ressourcen sind materielle und immaterielle Mittel, die benötigt werden, um wertschöpfende Aufgaben effektiv und effizient vollziehen zu können. Traditionellerweise werden darunter die Produktionsfaktoren Arbeitsleistung, Gebäude, Betriebsmittel und Werkstoffe verstanden. In den letzten Jahren sind die immateriellen Ressourcen ins Blickfeld getreten. Ihnen wird entscheidende Bedeutung für nachhaltigen Unternehmenserfolg beigemessen. Solche Ressourcen sind beispielsweise der Wissensbestand einer Organisation, die Bündelung von Fähigkeiten zu Kernkompetenzen, eine spezifische Unternehmenskultur oder Marken.

Vernetztes Denken

Die Methodik des vernetzten Denkens ist eine Möglichkeit, die Interaktion zwischen Umwelt und Organisation zu betrachten. Ihr Einsatzfeld ist der Umgang mit komplexen Problemsituationen. Von Beutung für die Anwendung der Methode ist, ob es sich tatsächlich um eine komplexe Problemstellung handelt. Einfache Probleme sind dadurch gekennzeichnet, dass sie nur wenige Einflussfaktoren, Beziehungen und Interaktionen enthalten. Komplizierte Probleme weisen viele Faktoren und Verknüpfungen auf, lösen jedoch als Ganzes nur wenig Dynamik aus. Komplexe Probleme hingegen zeichnen sich durch eine Vielzahl von Faktoren aus, die miteinander vernetzt sind, sich daher wechselseitig beeinflussen und eine Dynamik auslösen, die dem System ein nicht mehr eindeutig prognostizierbares Eigenleben verleiht. Die Methodik sieht 5 Schritte vor.

1. Entdeckung und Identifizierung der relevanten Probleme
2. Das Verstehen der Zusammenhänge und des Spannungsfeldes im abgegrenzten System
3. Erarbeiten der Lenkungsmöglichkeiten im Netzwerk, wobei insbesondere die lenkbaren Faktoren interessieren. Mit Hilfe von Kreativitätstechniken werden Handlungsalternativen und Szenarien entwickelt.
4. Qualitative und quantitative Beurteilung der Handlungsalternativen und Szenarien
5. Auswahl und Umsetzung der Lenkungsmassnahmen

Vision

Man spricht von einer Vision, wenn eine Organisation eine auf die Zukunft ausgerichtete Leitidee über die eigene Entwicklung hat, sie also eine richtungweisende, normative Vorstellung eines zentralen Zieles besitzt und ihre Handlungen auf dieses Ziel konsequent ausrichtet. Eine wirksame Leitidee zeichnet sich durch drei Eigenschaften aus: Erstens wirkt sie sinnstiftend, und dies sowohl für ein Kollektiv als auch für den einzelnen Mitarbeiter bzw. die einzelne Mitarbeiterin. Sie reduziert Komplexität, hilft Umweltbeobachtungen zu verarbeiten und einzuordnen, und schafft damit Ordnung und Orientierung. Zweitens wirkt eine Vision motivierend. Sie entwirft ein Bild der Zukunft, das als besonders erstrebenswert erscheint. Die Divergenz zwischen der momentanen Situation und der neuen, noch zu realisierenden Wirklichkeit weckt Begeisterung und erzeugt im Kollektiv Energie. Drittens wirkt eine Vision handlungsleitend. Eine der grossen Herausforderungen in Organisationen besteht darin, aus den Handlungen Einzelner ein kollektives, aufeinander abgestimmtes Muster zu formen, um als Ganzes handlungsfähig zu werden und dabei Positionierungsvorteile gegenüber der Umwelt zu schaffen, die dem einzelnen Individuum nicht offen stehen.

Wertkette

Die Wertkette kann als Konzept zur Organisationsanalyse eingesetzt werden. Betrachtet man eine Organisation als Ganzes, ist oft nur schwer festzustellen, welche Aktivitäten welchen Beitrag zur Wertschöpfung einer Organisation liefern. Deshalb zerlegt man die Organisation – zur Analyse – in einzelne strategisch wichtige Aktivitäten (Wertaktivitäten). So wird es möglich, die Vor- und Nachteile zu erkennen, die man gegenüber Mitbewerbern hat. Weiter wird es möglich, Ansatzpunkte zu erkennen, wo und wie Aktivitäten einfacher oder billiger erbracht werden können. Die Wertaktivitäten werden dabei in primäre Aktivitäten (wie Forschung und Entwicklung, Beschaffung, Produktion, Distribution, Marketing, Verkauf und Service) und sekundäre, unterstützende Aktivitäten (wie Infrastruktur, Human Resources Management und Beschaffung) unterschieden. Die Wertkette liefert nicht nur wertvolle Hinweise, worauf unterschiedliche Wettbewerbspositionen zurückzuführen sind, sondern zeigt auch auf, wo neue Wettbewerbsvorteile generiert werden können.

Zumeist ist die Wertkette nicht deckungsgleich mit dem tatsächlichen Aufbau einer Organisation, der häufig den Funktionen oder Sparten folgt. Bei Prozessorganisationen wird hingegen versucht, die Aufbauorganisation in Übereinstimmung mit der Wertkette zu strukturieren.

Die Analyse der Wertkette wird über eine Reihe von Kernfragen strukturiert. Z.B.: Welches sind die bezogen auf den erzielbaren Mehrwert interessanten Aktivitäten? Wie viel wird wo verdient? Welche Aktivitäten sollten aufgrund der strategischen Bedeutung auf keinen Fall vernachlässigt werden? Welche Schlüsselerfolgsfaktoren bestimmen heute bzw. zukünftig den Erfolg in diesem Geschäft? Welche der Erfolgsfaktoren wirken dabei wettbewerbsneutral, d.h. alle Mitbewerber müssen sie gleichermassen beherrschen, und welche bieten Ansatzpunkte zur Differenzierung?

Wertschöpfung

Als Wertschöpfung wird der Prozess des Schaffens von Mehrwert durch Bearbeitung bezeichnet. Mehrwert ist das Resultat einer «Eigenleistung», die eine Differenz zwischen dem Wert der Abgabeleistung und der übernommenen Vorleistung schafft. Dieser Mehrwert entsteht dadurch, dass im Rahmen der Bearbeitung bestimmte Fähigkeiten und Ressourcen der Organisation zum Einsatz kommen. Die Organisation kann also als ein System untereinander vernetzter Wertschöpfungsprozesse betrachtet werden, die so angelegt sind, dass am Ende die angestrebte Leistung erzielt wird. Um die Stärken und Schwächen dieser Wertschöpfungsprozesse zu analysieren, eignet sich die Wertkette.

Sind die wertschöpfenden Arbeiten in einem Bearbeitungsprozess bekannt, können diese strategisch relevanten und interessanten Wert(schöpfungs)ketten bewusst verfolgt werden. Die Wertschöpfung ist branchenindividuell. Erst der Vergleich der Wertschöpfung in der Branche mit der Wertschöpfung in der eigenen Organisation schafft Aussagekraft. Beim Benchmarking werden in einem systematischen Prozess die eigenen Produkte, Dienstleistungen und Geschäftsprozesse gegen die stärksten Mitbewerber oder diejenigen Organisationen gemessen, die in diesem Segment als «Spitze» angesehen werden («Peer-Group-Vergleich»).

Wertschöpfungsarten
Wertschöpfung kann innerhalb eines Systems an definierten Messgrössen genau gemessen werden, z. B. durch das interne Rechnungswesen in einer Organisation. Problematisch an dieser Betrachtung ist, dass das, was nicht entlang der definierten Wertkette gemessen werden kann, für die so verstandene Wertschöpfung keine Rolle spielt. Alle die Faktoren, die weder ertrags- noch aufwandwirksam sind, werden ausgeklammert. Ein Beispiel dafür sind die «externen Effekte», wie sie in der Volkswirtschaft diskutiert werden. Daher ist es ratsam, zwischen unterschiedlichen Wertschöpfungsbegriffen zu differenzieren, wie z. B. der volkswirtschaftlichen Wertschöpfung (Leistungsmassstab für die Gesellschaft), der anspruchsgruppenbezogenen Wertschöpfung (z. B. Nutzen für die Mitarbeitenden), der prozessbezogenen Wertschöpfung (Nutzen durch geeigneten Ressourceneinsatz und Prozessgestaltung), der strategiebezogenen Wertschöpfung (u. a. als Wertsteigerung für Investoren), der qualitätsbezogenen Wertschöpfung (Kundennutzen durch Qualität) und der dienstleistungsbezogenen Wertschöpfung (Kundennutzen durch optimale Leistungserstellung).

Wettbewerbskräfte
Für den Erfolg einer Organisation ist die Wettbewerbsintensität in der jeweiligen Branche entscheidend. Fünf Einflusskräfte bestimmen die Wettbewerbsintensität und das Gewinnpotential. Konkret handelt es sich um den Einfluss, den Lieferanten, Kundschaft, potentielle neue Wettbewerber, Substitutionsmöglichkeiten sowie das Wettbewerbsverhalten der etablierten Unternehmen untereinander auf eine Branche ausüben. Lieferanten beeinflussen die Profitabilität, indem sie Güter und Dienstleistungen verkaufen, die als Input für den Wertschöpfungsprozess benötigt werden. Je weniger Lieferanten es in einer Branche gibt, desto grösser ist ihr Einfluss, z. B. in der Preisgestaltung. Was die Position der Abnehmer und Abnehmerinnen verbessert, schwächt die Position der Unternehmen. Je besser die Kundschaft das Angebot kennt und vergleichen kann, desto stärker wird ihre Verhandlungsposition, je geringer die Markttransparenz ist, desto schwieriger wird für sie der Vergleich der Dienstleistungen und Güter. Sind die Markteintrittsbarrieren hoch, wird es für potentielle neue Anbieter sehr aufwändig, sich dort zu etablieren, während niedrige Barrieren ein solches Vorhaben begünstigen. Substitutionsanbieter stellen Produkte oder Dienstleistungen her, welche die Funktion der bestehenden Güter zumindest gleichwertig ersetzen können. Derartige Ersatzprodukte begrenzen die Möglichkeit

zur Preissteigerung der Güter in einer Branche. Im Zentrum steht jedoch das Wettbewerbsverhalten der etablierten Unternehmen. Der Rivalitätsgrad wird massgeblich von den vier anderen Wettbewerbskräften geprägt. So begünstigt beispielsweise eine hohe Konzentration auf der Seite der Kundschaft einen intensiven Wettbewerb der anbietenden Unternehmen um diese wenigen Kunden.

Wettbewerbsstrategie
Bei der Entwicklung von Wettbewerbsstrategien steht die Positionierung gegenüber den Konkurrenten im Vordergrund. Als brauchbarer Kriterienrahmen zur Formulierung von Wettbewerbsstrategien eignen sich die vier Dimensionen Schwerpunkt, Ort, Taktiken und Regeln.

Zunächst geht es darum, wie eine Organisation sich grundsätzlich dem Wettbewerb mit ihren Mitbewerbern zu stellen gedenkt. Entweder kann über geringere Kosten (Kostenführerschaftsstrategie) oder über eine Differenzierung der angebotenen Leistung (Differenzierungsstrategie) konkurriert werden. Ziel ist es hier, die Eigenschaften einer Leistung so zu gestalten, dass sie sich vom Angebot der Mitbewerber markant unterscheidet und die Kundschaft diesen Unterschied als so wichtig beurteilt, dass sie dafür eine Preisprämie zu zahlen bereit ist. Es stellt sich weiter die Frage, wo eine Organisation ihre Wettbewerbvorteile zu erzielen gedenkt. Fokussiert sie sich nur auf ein einzelnes Segment (Nischenstrategie) oder will sie in der gesamten Branche tätig und Leader sein? Bei der Nischenstrategie versucht sich die Organisation in einer Nische zu etablieren, die z. B. für die Grossen der Branche nicht interessant genug ist, oder sie bietet eine Leistungskombination an, die eher ungewöhnlich für die Branche ist.

Bei der Wahl der Taktik kann zwischen offensiven und defensiven Varianten differenziert werden. Zu den defensiven Varianten gehört auch der Rückzug aus einem Segment. Während Taktiken sich im Rahmen der etablierten Spielregeln einer Branche bewegen, stellt sich bei der vierten Dimension die viel grundlegendere Frage, ob man die Spielregeln der Branche so lässt, wie sie sind, und sich hier möglichst vorteilhaft anzupassen gedenkt, oder ob man den Versuch wagt, sie innovativ neu zu gestalten.

Stichwortverzeichnis

A Ablauforganisation *26, 32, 126, 141*
Analysephase *44 ff.*
Anliegen *50, 55, 57, 69*
Anspruchsgruppen
> als Shareholder *56, 68 f.*
> als Stakeholder Analyse *70 ff., 209*
> Definition *50, 68 ff.*
> Erwartungs- und Nutzenanalyse *72*
> Konzept
>> normativ-kritisches,
>> s. Normativ-kritisches Anspruchsgruppenkonzept
>> konzept, strategisches,
>> s. Strategisches Anspruchsgruppenkonzept
> Macht von *70 f.*
> Relevanzmatrix der,
> s. Relevanzmatrix der Anspruchsgruppen
> Priorisierung *72*
Aufbauorganisation *26, 32, 126, 141*
Aussensicht, *s. Market-based-View*

B Balanced Scorecard *167 ff., 205*
Benchmarking
> entlang der Wertkette *101 ff.*
> funktionales *101*
> internes *101*
> wettbewerbsorientiertes *101*
Branche(n-)
> analyse *76 ff.*
> Definition *76*
> mitglieder *76 f.*
Boston Consulting Group (BSC),
   s. Marktanteils-Marktwachstums-Matrix
Businessplan *170 ff.*

C Change Management *165*
Controlling *166 f., 181, 205*

D Differenzierungsstrategien *145 ff.*
Diversifikationsstrategien *148 ff., 205*
Durchführungskontrolle *182*

E Economies of Scale *145, 206*
Economies of Scope *150, 206*
Effektivität *99, 109*
Effizienz *99 f., 109, 117*
Emergente Strategien *36 f.*
Erfahrungskurve *171*
Eskalationstreppe zur Prüfung von Fähigkeiten *109 f.*
Ethik *57*
Evaluation *39, 89, 180 ff.*

F Fähigkeiten
> Analyse der *106 ff.*
> organisationale *106 f.*
Fokusstrategien *145 ff.*
Frühaufklärung *62 ff.*
Frühwarnindikator *206*
Fünf Ps der Strategie *16*
Fünf Wettbewerbskräfte, *s. Wettbewerbskräfte*
Funktionalstrategien *141, 152*

G Gap-Analyse *125 f.*
Generische Wettbewerbsstrategien *145 ff.*
Gesamtorganisation, Strategien auf Ebene der
   s. Strategien auf Ebene der Gesamtorganisation
Geschäftseinheiten, strategische
   s. Strategische Geschäftseinheiten

I Implizites Wissen *107*
Initiierung(s-)
> Bezugsrahmen zur Gestaltung der *37 ff.*
> phase *34 ff.*
Innensicht, *s. Resourced-based-View*
Integrierte Betrachtung *115 ff.*
Interessen
> Definition *50, 57*
> Klärung der persönlichen *58*

K Kernfähigkeiten
   s. Kernkompetenzen

Kernkompetenzen
> Definition *107, 206*
> Eskalationstreppe zur Prüfung von Fähigkeiten
  s. Eskalationstreppe zur Prüfung von Fähigkeiten

Kernprozesse *100*
Klienten/Klientinnen
> als Anspruchsgruppen *69*
> -analyse, *s. Marktanalyse*
> -segmentierung, *s. Marktsegmentierung*

Kontrolle
> Durchführungskontrolle,
  s. Durchführungskontrolle
> Prämissenkontrolle, *s. Prämissenkontrolle*
> Wirksamkeitskontrolle,
  s. Wirksamkeitskontrolle

Konzentrationsstrategien *148 f.*
Konzeptionsphase *128 ff.*
Kooperation *18, 71, 79, 137, 151 f.*
Kostenführerschaftsstrategien *145 ff.*
Kunden/Kundinnen
> als Anspruchsgruppen *69 f.*
> -analyse, *s. Marktanalyse*
> -nutzen *83 f., 99 f.*

L Legitimation *57, 134*
Leistungsangebot *18, 145*
Leitbild
> Definition *134*
> -entwicklung *136 ff.*
> -überarbeitung *138*
> -umsetzung *138*

Lernkurve *206*
Lieferanten *78*
Lücken-Analyse, *s. Gap-Analyse*

M Market-based-View *61 ff., 115 f., 207*
Management
> Strategisches *18 f.*
> -systeme *106, 109*

Marketing-Mix *87, 160, 207*

Markt
> -analyse *83 ff.*
> Eintrittsbarrieren *77 f., 213*
> -entwicklung *158 f.*
> -positionierung, *s. Positionierung*
> -segmente *84 ff.*
> -segmentierung *83 ff., 207*
> -strategien *207*

Marktanteil-Marktwachstums-Matrix *119 f.*
McKinsey, *s. Sieben-S-Modell*
Mission *133, 208*
Mitbewerber *61, 69, 76 ff., 107, 111, 115, 132, 146*

N Nischenstrategien *146*
Non-Profit-Organisation (NPO)
> Definition *46 f.*

Non-Profit-Bereich(e) *76*
Normatives Management *54 ff.*
Normativ-kritisches Anspruchsgruppenkonzept
  55 f., 69
Normen *50, 57, 183*
Normstrategien *74, 117, 119 f.*
Nutzwertanalyse *89 f., 208*

O Operative Planung *165 ff.*
Optionen, strategische, *s. Strategische Optionen*
Organisation(s-)
> -analyse *95 ff.*
> -entwicklung *165*
> -kultur *106, 137*
> -politik *131 ff.*

Organisationale Fähigkeiten *106 f.*
Outsourcing *104, 117*

P Performance-Kontrolle *183*
Phasen des Strategieentwicklungsprozesses
> Definition *19*

Planung
> Bezugsrahmen zur Planung von Strategieentwicklungsprozessen,
  s. *Bezugsrahmen zur Gestaltung der Initiierung*
> operative, s. *Operative Planung*
> strategische, s. *Strategische Planung*

Porter
> die fünf Wettbewerbskräfte nach,
  s. *Wettbewerbskräfte*
> generische Strategietypen nach,
  s. *Generische Wettbewerbsstrategien*

Portfolio-Ansatz *119 ff.*
Positionierung *16, 54, 81, 87, 96, 100, 106, 129 f., 143, 157, 209*
Prämissenkontrolle *182*
Produkt-Markt-Matrix *158 f.*
Produkt-Markt-Strategien *157 f.*
Projekt
> -management *172 ff.*
> -organisation *173 f.*
> -planung *175*

Prozessanalyse *100*
Prozessstrategien *100*

R **Relevanzmatrix der Anspruchsgruppen** *70 ff.*
Resourced-based-View *95 ff., 115 f., 210*
Ressourcen
> Analyse der *106 ff.*
> immaterielle *106, 211*
> materielle *106, 211*

S **St. Galler Management-Modell, das neue** *46 ff., 209 f.*
Scorecards, s. *Balanced Scorecard*
Segmentierung(s-)
> des Marktes, s. *Marktsegmentierung*
> der Klienten, s. *Klientensegmentierung*
> technik *88 ff.*

Shareholder-Value-Ansatz *56, 68 f.*

Sieben-S-Modell *107 ff.*
Stakeholder-Value-Ansatz *56, 68 f.*
Stärken-Schwächen
> -analyse *111 f.*
> -profil *112*

STEP-Analyse *65 f.*
Strategie(-n)
> auf Ebene der Geschäftseinheiten *156 ff.*
> auf Gesamtorganisationsebene *142 ff.*
> beabsichtigte *37*
> begriff *15 f.*
> Bewertung *151 f.*
> Definition *15 f.*
> Differenzierungs-, s. *Differenzierungsstrategien*
> Diversifikations-, s. *Diversifikationsstrategien*
> emergente, s. *emergente Strategien*
> Entscheidungskriterien für *151 f.*
> entwicklung
  > nach den Regeln des Projektmanagements *40 f.*
  > 10 Thesen für die *39 f.*
> entwicklungsprozesse
  > Bezugsrahmen zur Planung von,
    s. *Bezugsrahmen zur Gestaltung der Initiierung*
> Fokus-, s. *Fokusstrategien*
> Formulierung von *141 ff.*
> funktionale, s. *Funktionalstrategien*
> generische, s. *Generische Wettbewerbsstrategien*
> Kostenführerschafts-,
  s. *Kostenführerschaftsstrategien*
> Markt-, s. *Marktstrategien*
> Norm-, s. *Normstrategien*
> Produkt-Markt-, s. *Produkt-Markt-Strategien*
> Prozess-, s. *Prozessstrategien*
> realisierte *37*
> Wettbewerbs-, s. *Wettbewerbsstrategien*

Strategische
> Alternativen *142, 144*
> Erfolgsposition *210*
> Frühaufklärung, *s. Frühaufklärung*
> Geschäftseinheiten *156 f., 210*
> Geschäftsfelder *156 f., 210*
> Gruppen *79 f.*
> Optionen *115 ff., 142*
> Planung, *s. Planung, strategische*
> Positionierung, *s. Positionierung*
> Ziele *166*

Strategisches
> Anspruchsgruppenkonzept *55 f., 69*
> Denken *17*
> Management
  > Definition *18 f.*

Substitutionsanbieter *78*
SWOT-Analyse *116 f.*
Synergien *149, 151*
Szenariotechnik *63 f.*

T Trends *63*

U Umweltanalyse
> weite Umwelt *62 ff.*
> nahes Umfeld *68 ff.*

V Vernetztes Denken *211 f.*
Vision *132 f., 211 f.*

W Wandel *40, 51, 165, 168*
Werte *50, 54 ff., 108 f., 133 ff., 183*
Wertkette
> Analyse *98 ff., 211 f.*
> Benchmarking,
  s. Benchmarking entlang der Wertkette
> Veränderung *103 f.*

Wertschöpfung(s-)
> Analyse *96 ff.*
> arten *97, 213*
> Definition *96 f., 212 f.*
> Manöver *103 f.*

Wertvorstellungen(-s-)
> Analyse *54 ff.*
> profil *57 f.*

Wettbewerb(s-)
> kräfte *77 ff., 213 f.*
> strategien *214*
> Veränderung der Regeln des *147 f.*
> vorteile *55, 109*

Wirksamkeitskontrolle *183*
Wissen
> als Ressource *106 f.*
> implizites, *s. Implizites Wissen*

Z Zielgruppendefinition *83 ff.*
Ziele
> strategische, *s. Srategische Ziele*

Verzeichnis der Fallbeispiele und Fallstudien

Fallstudien
> Entwicklung der Strategie 2010 für ein Mehrspartenhilfswerk *S. 26 ff.*
> Strategische Neupositionierung eines Treffpunkts für Erwerbslose *S. 186 ff.*

Fallbeispiele
> Strategieentwicklung in der Gemeinde R. *S. 41 f.*
> Wertvorstellungsprofil einer Gruppenleiterin eines Kinderheims *S. 58*
> Drei Zukunftsszenarien für das Betreute Wohnen für Drogensüchtige *S. 64 f.*
> STEP-Analyse eines Dachverbandes für Behindertenorganisationen *S. 66 f.*
> Relevanzmatrix des Vereins Suchtfachstelle *S. 73 f.*
> Konzept der fünf Einflusskräfte am Beispiel der Drogentherapiestation Seetal *S. 79*
> Strategische Gruppen in der niederschwelligen Drogenarbeit *S. 81*
> Marktsegmentierung des Jugendtreffpunkts der Gemeinde E. *S. 83 f.*
> Klientensegmentierung des Sozialdienstes der Gemeinde W. *S. 85*
> Definition der Zielgruppe des Wohnheims und Werkstätte für geistig Behinderte Waldhaus *S. 86 f.*
> Verbale Beschreibung der Positionierung einer Kinderkrippe *S. 87*
> Graphische Darstellung der Positionierung einer Werkstätte für Behinderte *S. 88*
> Segmentierung des Spendenmarkts einer Umweltschutzorganisation *S. 90 ff.*
> Zwei Fallbeispiele zum funktionalen Benchmarking *S. 102*
> Wettbewerbsorientiertes Benchmarking der regionalen Arbeitsvermittlungszentren (RAV) *S. 102 f.*
> Analyse der Stärken und Schwächen eines Erwerbslosentreffs mit Hilfe des 7-S-Modells *S. 109*
> Überprüfung der Fähigkeiten des Treffpunktes für Erwerbslose mit Hilfe der Eskalationstreppe *S. 111*
> Stärken-Schwächen-Profil eines Heims für dissoziale Jugendliche *S. 112*
> Ermittlung von strategischen Optionen für eine Hausgemeinschaft für körperlich behinderte Menschen mit Hilfe der SWOT-Analyse *S. 118*
> Portfolio-Analyse eines Hilfswerks *S. 120 ff.*
> Gap-Analyse zur Überprüfung der Positionierung einer teilzeitbetreuten Hausgemeinschaft für körperbehinderte Menschen *S. 125 f.*
> Mission eines Hilfswerks *S. 133*
> Abgleichung der strategischen Option des Sozialdienstes der Stadt U. mit dem Leitbild *S. 134 ff.*
> Differenzierungsstrategie eines Trainingscamps für gewalttätige Jugendliche *S. 146*
> Strategie der Kostenführerschaft dreier Behindertenwerkstätten *S. 147*
> «Regelbrecher»-Strategie eines privaten Unternehmens für die Vermittlung von Erwerbslosen *S. 148*
> Strategie eines Verbandes der Wohlfahrtpflege *S. 152 ff.*
> Fallbeispiele zu unterschiedlichen Formen von Produkt-Markt-Strategien *S 158 f.*
> Strategische Ziele einer Umweltorganisation *S. 167*
> Balanced Scorecard der Drogentherapiestation Kirchhof *S. 169 f.*
> Businessplan für einen Waldkindergarten *S. 172*
> Durchführungskontrolle der Neuausrichtung eines Treffpunktes für Erwerbslose *S. 183*
> Performance-Kontrolle der Heroinabgabe an Schwerstsüchtige *S. 184*

Abbildungsverzeichnis

Abb. 1	Strategisches Denken als Art des Sehens (in Anlehnung an Mintzberg et al. 2004, S. 153)	S. 17
Abb. 2	Inhaltliche Fragestellungen einer Strategie (in Anlehnung an Rüegg-Stürm 2003, S. 40)	S. 18
Abb. 3	Prozess der Strategieentwicklung und -umsetzung (eigene Darstellung)	S. 20
Abb. 4	Auswertung der Strategie 2005 eines Hilfswerks	S. 27
Abb. 5	Umweltanalyse eines Hilfswerks	S. 28
Abb. 6	Organisationsanalyse eines Hilfswerks	S. 29
Abb. 7	Stärken und Schwächen eines Hilfswerks	S. 30
Abb. 8	Strategische Erfolgsfaktoren, zentrale Herausforderungen und Schlüsselfähigkeiten eines Hilfswerks	S. 30
Abb. 9	Vorgehen bei der strategischen Positionierung eines Hilfswerks	S. 31
Abb. 10	Die Entwicklung von Strategien nach Mintzberg et al. (2004, S. 26)	S. 37
Abb. 11	Beispiel eines Bezugsrahmens zur Planung der Strategieentwicklung (in Anlehnung an Müller-Stewens/Lechner 2005, S. 79)	S. 39
Abb. 12	Vielfalt von Non-Profit-Organisationen (in Anlehnung an Schwarz 2001 S. 15)	S. 48
Abb. 13	Das neue St. Galler Management-Modell im Überblick (vgl. Rüegg-Stüm 2003, S. 22)	S. 49
Abb. 14	Grundorientierungen beim Umgang mit gesellschaftlicher Verantwortung (in Anlehnung an Ulrich 2004, S. 146)	S. 55
Abb. 15	Wichtige Begriffe der Ethik (vgl. Ulrich 2001)	S. 57
Abb. 16	Wertvorstellungsprofil einer Gruppenleiterin in einem Kinderheim (vgl. Graf/Spengler 2004, S. 70)	S. 58
Abb. 17	Überblick über die beschriebenen Analyseansätze und -instrumente für die Umweltanalyse	S. 62
Abb. 18	Segmente der allgemeinen Umwelt von Non-Profit-Organisationen und mögliche Einflussfaktoren (in Anlehnung an Müller-Stewens/Lechner 2005, S. 205)	S. 65
Abb. 19	Grundorientierungen und Anspruchsgruppenkonzept	S. 69
Abb. 20	Mögliche Erwartungen der Anspruchsgruppen eines Jugendtreffs	S. 70
Abb. 21	Relevanz-Matrix der Anspruchsgruppen (in Anlehnung an Müller-Stewens/Lechner 2005, S. 179)	S. 70
Abb. 22	Nutzenerwartung und Machtkompetenz der Anspruchsgruppen einer Suchtfachstelle (in Anlehnung an Willimann 2005)	S. 73
Abb. 23	Relevanzmatrix der Anspruchsgruppen für den Geschäftsbereich Prävention der Suchtfachstelle (in Anlehnung an Willimann 2005)	S. 74
Abb. 24	Mögliche Branchen im Non-Profit-Bereich	S. 76
Abb. 25	Das Konzept der fünf Einflusskräfte von Porter (vgl. Porter 1980/1999)	S. 77
Abb. 26	Strategische Gruppen in der niederschwelligen Drogenarbeit	S. 81
Abb. 27	Marktsegmentierung in der offenen Jugendarbeit	S. 84
Abb. 28	Marktsegmentierung in der Sozialhilfe der Gemeinde W.	S. 85
Abb. 29	Graphische Darstellung einer Positionierung	S. 88
Abb. 30	Nutzwertanalyse zur Bestimmung von Abgrenzungskriterien im Rahmen einer Spendenmarktsegmentierung	S. 91
Abb. 31	Segmentierung des Spendenmarkts durch eine Umweltschutzorganisation	S. 92

Abb. 32 Überblick über die beschriebenen Analyseansätze und -instrumente für die Organisationsanalyse S. 95
Abb. 33 Wertschöpfungsarten (in Anlehnung an Wunderer/Jaritz 1999, S. 8) S. 97
Abb. 34 Wertschöpfungsprozesse eines Wohnheims und einer Werkstatt für geistig Behinderte S. 99
Abb. 35 Identifikation von Kernprozessen (vgl. Rüegg-Stürm/Müller 2005, S. 78) S. 100
Abb. 36 Vor- und Nachteile der verschiedenen Typen des Benchmarking
 (vgl. Müller-Stewens/Lechner 2005, S. 384) S. 101
Abb. 37 Benchmarking-Indikatoren der regionalen Arbeitsvermittlungszentren RAV
 (vgl. Nordmann, 2003) S. 103
Abb. 38 Wertschöpfungsmanöver (vgl. Müller-Stewens/Lechner 2005, S. 396) S. 104
Abb. 39 7-S-Modell von McKinsey (vgl. Müller-Stewens/Lechner 2005, S. 219) S. 108
Abb. 40 Verdichtete 7-S-Analyse eines Erwerbslosentreffs (in Anlehnung an Koradi Weber 2004) S. 109
Abb. 41 Eskalationstreppe zur Prüfung von Fähigkeiten (vgl. Müller-Stewens/Lechner 2005, S. 224) S. 110
Abb. 42 Eskalationstreppe des Treffpunkts für Erwerbslose (in Anlehnung an Koradi Weber 2004) S. 111
Abb. 43 Stärken-Schwächen-Profils eines Heimes für dissoziale Jugendliche S. 112
Abb. 44 Die vier Norm-Strategien im Rahmen einer SWOT-Analyse
 (in Anlehnung an Müller-Stewens/Lechner 2005, S. 225) S. 117
Abb. 45 SWOT-Analyse einer Hausgemeinschaft für körperlich behinderte Menschen (vgl. Perron 2004) S. 118
Abb. 46 Die Marktanteil-Marktwachstums-Matrix (Müller-Stewens/Lechner 2005, S. 301) S. 119
Abb. 47 Kriterien für die Bewertung der Umwelt und der Potentiale eines Hilfswerks S. 121
Abb. 48 Gewichtung der Bewertungskriterien eines Hilfswerks S. 122
Abb. 49 Bewertung der Umwelt- und Organisationsdimension von Notwohnungen für Jugendliche S. 123
Abb. 50 Portfolio-Analyse eines Hilfswerks S. 124
Abb. 51 Gap-Analyse einer Hausgemeinschaft für körperlich Behinderte (vgl. Perron 2004) S. 126
Abb. 52 Zweistufiges Verfahren für die Leitbildentwicklung (vgl. Graf/Spengler 2000, S. 88 ff.) S. 137
Abb. 53 Kernpunkte eines Leitbildes (vgl. Graf/Spengler 2000, S. 44) S. 138
Abb. 54 Übersicht über die Strategien auf verschiedenen Ebenen S. 142
Abb. 55 Konzepte/Instrumente für die Formulierung von Strategien der Gesamtorganisation S. 144
Abb. 56 Generische Strategietypen nach Porter (1980/1999) S. 145
Abb. 57 Zusammenhang zwischen Marktanteil und Rentabilität
 (vgl. Müller-Stewens/Lechner 2005, S. 269) S. 146
Abb. 58 Produkt/Markt-Matrix (vgl. Müller-Stewens/Lechner 2005, S. 257) S. 158
Abb. 59 Aufbau der Balanced Scorecard (in Anlehnung an Kaplan/Norton 1997) S. 168
Abb. 60 Arbeitslogik der Balanced Scorecard S. 169
Abb. 61 Die Balanced Scorecard am Beispiel der Drogentherapiestation Kirchhof
 (in Anlehnung an Bätscher/Ermatinger 2004, S.120) S. 169 f.
Abb. 62 Inhalte des Projektmanagements (vgl. Fahrni/Hartschen/Blauenstein 2004, S. 157) S. 173
Abb. 63 Projektorganisation S. 174
Abb. 64 Teil einer Durchführungskontrolle am Beispiel eines Treffpunkts für Erwerbslose S. 183
Abb. 65 Performance-Kontrolle am Beispiel der Heroinabgabe an Schwerstsüchtige S. 184
Abb. 66 Projektplan zur strategischen Neupositionierung eines Treffpunkts für Erwerbslose S. 188

Abb. 67 Einfaches Modell des Strategieentwicklungsprozesses *S. 189*
Abb. 68 Bezugsrahmen des Strategieentwicklungsprozesses des Treffpunkts für Erwerbslose *S. 190*
Abb. 69 Umfeld des Treffpunkts für Erwerbslose *S. 191*
Abb. 70 Stärken-Schwächen-Profil des Treffpunkts für Erwerbslose *S. 194*
Abb. 71 Eskalationstreppe zur Prüfung der Fähigkeiten des Treffpunkts für Erwerbslose *S. 195*
Abb. 72 Ist-Positionierung des Treffpunkts für Erwerbslose im Feld der Mitanbieter *S. 195*
Abb. 73 SWOT-Analyse des Treffpunkts für Erwerbslose *S. 196 f.*
Abb. 74 Neupositionierung des Treffpunkts für Erwerbslose *S. 198*
Abb. 75 Massnahmenplan des Treffpunkts für Erwerbslose *S. 200*

Literaturverzeichnis

Bätscher, R. & Ermatinger, J. (2004). Strategieentwicklung in Sozialinstitutionen. Ein Leitfaden für die Praxis. Zürich: Versus.
Beck, G. (1999). Controlling (2. Aufl.). Augsburg: Ziel.
Berger, U. (2004). Strategie-Entwicklung in der Gemeinde. Eine Konzeptskizze. Zertifikatsarbeit. Zürich: HSSAZ.
Bichsel, A., Knöpfel, C., Linder & Meier, M. (1998). Die Zukunft des Sozialen jenseits von Markt und Nationalstaat. Wie antworten Gesellschaften auf das Diktat der Globalisierung. Luzern: Caritas-Verlag.
Bieger, T. (2004). Märkte und Markttrends. In Dubs, R., Euler, D. & Rüegg-Stürm, J. , Wyss, Ch. (Hrsg.) (2004). Einführung in die Managementlehre. Bern: Haupt, Bd. 3, S. 43–59.
Bieger, T., Tomczak, T. & Reinecke, S. (2004). Marktorientierte Gestaltung und Führung von Geschäftsprozessen – Marketingkonzept. In Dubs, R., Euler, D. & Rüegg-Stürm, J., Wyss, Ch. (Hrsg.) (2004). Einführung in die Managementlehre. Bern: Haupt, Bd. 3, S. 115–181.
Bolman, L. G. & Deal, T. E. (1997). Refraiming Organizations. Artistry, Choice, and Leadership (2nd ed.). San Francisco: Jossey-Bass.
Dubs, R., Euler, D. & Rüegg-Stürm, J., Wyss, Ch. (Hrsg.) (2004). Einführung in die Managementlehre. Bern: Haupt.
Farni, F., Hartschen, M. & Blauenstein, O. (2004). Projektmanagement. In Dubs, R., Euler, D. & Rüegg-Stürm, J. , Wyss, Ch. (Hrsg.) (2004). Einführung in die Managementlehre. Bern: Haupt, Bd. 5, S. 155–179.
Finis Sieger, B. (1997). Ökonomik Sozialer Arbeit. Freiburg im Breisgau: Lambertus.
Gomez, P. & Probst, G. (1997). Die Praxis des ganzheitlichen Problemlösens. Vernetzt denken, Unternehmerisch handeln, Persönlich überzeugen (2. überarb. Auflage). Bern: Haupt.
Graf, P. & Spengler, M. (2000). Leitbild- und Konzeptentwicklung (3. überarb. u. erw. Aufl.). Augsburg: Ziel.
Hamel, G. & Prahalad, C.K. (1990). The Core Competence and the Corporation. In: Harvard Business Review (Mai–June): 79–91.
Hamel, G. (1996). Strategy as a Revolution. In: Harvard Business Review (July–August): 69–82.
Hamel, G. (2000). Das revolutionäre Unternehmen. Wer Regeln bricht: gewinnt. Berlin: Econ.
Horak, C., Matul, C. & Scheuch, F. (1997). Ziele und Strategien von NPO's. In C. Badelt (Hrsg.), Handbuch der Nonprofit Organisation. Strukturen und Management (S. 135–158). Stuttgart: Schäffer-Poeschel.
Kaplan, S. & Norton, D. P. (1997). Balanced Scorecard. Strategien erfolgreich umsetzen. Stuttgart: Schäffer-Poeschel.
Koradi Weber, C. (2004). Arbeitslosentreff: Positionierung und Erarbeitung strategischer Optionen. Zertifikatsarbeit. Zürich: HSSAZ.
Merchel, J. (2001). Qualitätsmanagement in der Sozialen Arbeit. Ein Lehr- und Arbeitsbuch. Münster: Votum.
Mintzberg, H., Ahlstrand, B. & Lampel, J. (2004). Strategy Safari. Eine Reise durch die Wildnis des Strategischen Managements (3. Aufl.). Wien: Ueberreuter.
Müller, C. & Sander G. (2005). Gleichstellungs-Controlling. Das Handbuch für die Arbeitswelt. Zürich: vdf.
Müller-Stewens, G. (2004). Strategische Entwicklungsprozesse. In Dubs, R., Euler, D. & Rüegg-Stürm, J. , Wyss, Ch. (Hrsg.). (2004). Einführung in die Managementlehre. Bern: Haupt, Bd. 2, S. 39–80.
Müller-Stewens, G. & Lechner, C. (2005). Strategisches Management. Wie strategische Initiativen zum Wandel führen (3. aktualisierte Aufl.). Stuttgart: Schäffer-Poeschel.
Nägeli, M. (2004). Business Plan für Waldkindergarten. Zertifikatsarbeit. Zürich: HSSAZ.
Nordmann, J. L. (2003). Anreize zur Wirksamkeit im arbeitsmarktlichen Integrationsprozess. Referat anlässlich des Internationalen AIOSP Fachkongress 2003 Bern. [On-line].Available: http://www.svb-asosp.ch/kongress/data/docs/nordmann_02.pdf

Osterloh, M. & Frost, J. (1996). Prozessmanagement als Kernkompetenz. Wie Sie Business Reengineering strategisch nutzen können. Wiesbaden: Gabler.

Perron, R. (2004). Begleitung und Dokumentation des Strategieprozesses einer Stiftung. Zertifikatsarbeit. Zürich: HSSAZ.

Porter, M. E. (1999). Wettbewerbstrategie (10. Aufl.). Frankfurt: Campus. (Englische Originalversion: Porter, M. E. (1980). Competitive Strategy. Techniques for Analyzing Industries and Competitors. New York: Free Press)

Reibnitz, U. von (1991). Szenario-Technik: Instrumente für die unternehmerische und persönliche Erfolgsplanung. Wiesbaden: Gabler.

Rüegg-Stürm, J. (2003): Das neue St. Galler Management-Modell. Grundkategorien einer integrierten Managementlehre. Der HSG-Ansatz (2. durchgesehene Aufl.). Bern: Haupt.

Rüegg-Stürm, J.; Müller, M.; Tockenbürger, L. & Koller, W. (2004). Optimierung in Unternehmen. In Dubs, R., Euler, D. & Rüegg-Stürm, J., Wyss, Ch. (Hrsg.) (2004). Einführung in die Managementlehre. Bern: Haupt, Bd. 4, S. 202–252.

Rüegg-Stürm, J. & Müller, M. (2005). Organisieren und Führen. Vorlesungs-, Übungs- und Selbststudiumsunterlagen 5. Semester (Bachelor-Stufe BWL), Wintersemester 2005/2006. St. Gallen: Universität St. Gallen.

Sander G. (1998). Von der Dominanz zur Partnerschaft: Neue Verständnisse von Gleichstellung und Management. Bern: Haupt.

Schedler, K. & Proeller, I. (2003). New Public Management (2. überarb. Aufl.). Bern: Haupt.

Schwarz, P. (2001). Management-Brevier für Nonprofit-Organisationen. Eine Einführung in die besonderen Probleme und Techniken des Managements von privaten Non-Profit-Organisationen (NPO) unter Einbezug von Beispielen und Parallelen aus dem Bereich der öffentlichen NPO (2., vollständig überarbeitete und erweiterte Auflage). Bern: Haupt.

Sozialdepartement der Stadt Zürich (Hrsg.) (2001). Zukunftsfähige städtische Sozialpolitik: Modell Zürich. Motivation, Zielsetzung und Stand der Neuorganisation des Sozialdepartementes der Stadt Zürich. Zürich: Edition Sozialpolitik.

Stücheli, R. (2004). Paradigmawechsel beim Management der Sozialberatung der Stadt U. Vom Vorbehalt gegenüber der Geld verteilenden Sozialberatung zur aktiven Sozialpolitik. Zertifikatsarbeit. Zürich: HSSAZ.

Szirta, H. (1997). Schloss Schönbrunn: Szenario-Erstellung zur strategischen Existenzsicherung eines öffentlichen Kulturbetriebes. In R. Buber & M. Meier (Hrsg.). Fallstudien zum Nonprofit Management. Praktische BWL für Vereine und Sozialeinrichtungen (S. 87–112). Stuttgart: Schäffer-Poeschel.

Thommen, J.-P. (2002). Betriebswirtschaftslehre (5. überarb. und neukonzip. Aufl.). Zürich: Versus.

Ulrich, H. (1984). Management. Bern: Haupt.

Ulrich, P. (2001). Integrative Wirtschaftsethik. Grundlagen einer lebensdienlichen Ökonomie (3. Auflage). Bern: Haupt.

Ulrich, P. (2004). Die normativen Grundlagen der unternehmerischen Tätigkeit. In Dubs, R., Euler, D. & Rüegg-Stürm, J., Wyss, Ch. (Hrsg.) (2004). Einführung in die Managementlehre. Bern: Haupt, Bd. 1, S. 143–159.

Willimann, B. (2005). Die Zukunft im Visier. Strategisches Management in einer Sozialwissenschaftlichen Organisation. Master's Thesis. Zürich: HSSAZ

Wunderer, R. & Jaritz, A. (1999). Personalcontrolling – Evaluation der Wertschöpfung im unternehmerischen Personalmanagement. Neuwied: Luchterhand.